U0312203

工业型小城镇
规划研究与实践

白　玮　著

中国计划出版社

图书在版编目（ＣＩＰ）数据

工业型小城镇规划研究与实践／白玮著. —北京：中国计划出版社,2014.12（2015.12重印）

ISBN 978-7-5182-0078-8

Ⅰ.①工… Ⅱ.①白… Ⅲ.①小城镇—城市规划 Ⅳ.①TU984

中国版本图书馆 CIP 数据核字（2014）第 274071 号

工业型小城镇规划研究与实践

白　玮　著

中国计划出版社出版

网址：www. jhpress.com

地址：北京市西城区木樨地北里甲 11 号国宏大厦 C 座 3 层

邮政编码：100038　电话：（010）63906433（发行部）

新华书店北京发行所发行

北京京华虎彩印刷有限公司印刷

787mm×1092mm　1/16　26.5 印张　439 千字

2014 年 12 月第 1 版　2015 年 12 月第 2 次印刷

ISBN 978-7-5182-0078-8

定价：68.00 元

目　　录

上　篇
工业型小城镇规划理论研究

第一章 总 论

改革开放以来，国家对城市发展战略思路几经变化，但始终十分重视和支持小城镇发展。20世纪80年代，我国制定了"严格控制大城市，合理发展中等城市，积极发展小城镇"的城市发展方针。2000年6月13日，中共中央、国务院《关于促进小城镇健康发展的若干意见》全面地阐述了小城镇发展的战略意义、指导原则和重点任务，对指导小城镇发展具有深远影响。《意见》指出发展小城镇，是带动农村经济和社会发展的大战略。发展小城镇具有加快农业富余劳动力转移，提高农业劳动生产率和综合经济效益，扩大国内需求，开拓国内市场，带动第三产业特别是服务业发展，吸纳农村转移人口，降低农村人口盲目涌入大城市的风险和成本，缓解大中城市压力等具有积极的意义。认为加快城镇化进程的时机和条件已经成熟，应抓住机遇、适时引导小城镇健康发展。同时指出，小城镇建设和发展必须尊重客观规律，尊重农民意愿，优先发展具有一定规模，基础条件较好的小城镇，防止不顾客观条件，一哄而起，遍地开花，搞低水平分散建设。

2001年，中共中央第十五届四中全会通过的《关于制定国民经济和社会发展第十个五年计划的建议》认为"随着农业生产力水平的提高和工业化进程的加快，我国推进城镇化条件已渐成熟，要不失时机地实施城镇化战略"。提出"推进城镇化要遵循客观规律，与经济发展水平和市场发育程度相适应，循序渐进，走符合我国国情、大中小城市和小城镇协调发展的多样化城镇化道路，逐步形成合理的城镇体系。有重点地发展小城镇，积极发展中小城市，完善区域性中心城市功能，发挥大城市的辐射带动作用，引导城镇密集区有序发展。小城镇建设要合理布局，科学规划，体现特色，规模适度，注重实效。要把发展重点放到县城和部分基础条件好、发展潜力大的建制镇，使之尽快完善功能，集聚人口，发挥农村地域性经济、文化中心的作用。"

2005年，中共中央《关于制定国民经济和社会发展第十一个五年规划的建议》提出我国经济社会发展进入新阶段，居民消费结构逐步升级，产业结构调整和城镇化进程加快，城镇化健康发展要坚持大中小城市和小城镇协调发展，提高城镇综合承载能力，按照循序渐进，节约土地，集约发展，合理布局的原则，积极稳妥地推进城镇化。

2010年，中共中央《关于制定国民经济和社会发展第十二个五年规划的建议》指出我国工业化、信息化、市场化、城镇化、国际化深入发展，要坚持走中国特色城镇化道路，"按照统筹规划、合理布局、完善功能、以大带小的原则，遵循城市发展客观规律，以大城市为依托，以中小城市为重点，逐步形成辐射作用大的城市群，促进大中小城市和小城镇协调发展。"2011年，《中华人民共和国国民经济和社会发展第十二个五年规划纲要》指出小城镇分类发展方向，提出"有重点地发展小城镇，把有条件的东部地区中心镇，中西部地区县城和重要边境口岸逐步发展成中小城市。"

2014年发布的《国家新型城镇化规划（2014—2020年）》提出"优化城镇规模结构，增强中心城市辐射带动功能，加快发展中小城市，有重点地发展小城镇，促进大中小城市和小城镇协调发展。"对重点小城镇的发展要求为："按照控制数量、提高质量，节约用地、体现特色的要求，推动小城镇发展与疏解大城市中心城区功能相结合、与特色产业发展相结合、与服务'三农'相结合。大城市周边的重点镇，要加强与城市发展的统筹规划与功能配套，逐步发展成为卫星城。具有特色资源、区位优势的小城镇，要通过规划引导、市场运作，培育成为文化旅游、商贸物流、资源加工、交通枢纽等专业特色镇。远离中心城市的小城镇和林场、农场等，要完善基础设施和公共服务，发展成为服务农村、带动周边的综合性小城镇。对吸纳人口多、经济实力强的镇，可赋予同人口和经济规模相适应的管理权。"

可见，随着我国城镇化发展步伐的加快和持续推进，国家对小城镇发展的方向和目标逐渐细化。从《国家新型城镇化规划（2014—2020年）》所提出的城镇化战略格局来看，小城镇对于吸纳人口转移，提高城镇化质量和水平具有重要意义。首先，小城镇是城市群的基本元素，是城市群经济活力和社会发展的重要基础。珠三角和长三角是我国最主要的两个城市群，同时也是我国高水平小城镇聚集区，2005年国家统计局正式发布的全国小城镇综合发展指数测评结果，对全国近2万个小城镇进行了综合测评，评定出1000个综合发展水平的小城镇，其中788个镇集中在长三角和珠三角，这些小城镇具有综合实力强，发展水平高，企业多，吸纳劳动力能力强，基础设施好，人民生活水平高的特点。其次，小城镇推进人口城镇化和吸纳劳动力转移的重要平台。根据《中国建制镇统计年鉴2012》，我国建制镇总人口约为86525万人，占全国总人口比重的65%。国家发改委城市和小城镇改革发展中心研究资料表明，2012年小城镇吸纳外来人口6840万人，约占全国流动人口的29%。从吸纳农业转移人口来看，东部发达地区中小城市和小城镇对外来人口的吸纳作用明显，很多地方外来人口超过本地人口；中西部地区中小城市和小城镇则对本地农民的就地城镇化发挥着重大作用。对于中西部未形成城市群或城市密集区，中小城市和小城镇还承担了主要的公共服务和基础设施供给。第三，小城镇建设是带动农村和农业发展的重要途径。从我国城市行政管理体制来看，小城镇不仅是城市的组成部分，同时连接广大农村地区，是城市之尾，农村之首，起着承上启下的作用，对于破解城乡二元结构，实现城乡发展一体化具有重大意义。第四，小城镇在推进农业转移人口市民化过程中优势明显。2014年发布的《国务院关于进一步推进户籍制度改革的意见》（国发〔2014〕25号）提出针对不同城市等级和规模的户籍管理意见，明确全面放开建制镇和小城市落户限制，有序放开中等城市落户限制，合理确定大城市落户条件和严格控制特大城市人口规模。可见，与大城市相比，中小城市和小城镇具有进入门槛低的优势，将成为吸纳农业转移人口定居的主要载体。此外，中小城市和小城镇具有生活成本、居住成本和社会成本低的优势，承担着为特大市和大城市中心城区人口疏散的功能。

　　我国地域广阔，受到区位条件、自然条件、产业基础等因素的影响，发展小城镇的条件也各不相同，小城镇经济社会发展水平千差万别。不同类型和特点的城镇对人口构成、用地规模、功能布局等规划指标需求不同，城镇特点和类型与规划重点内容联系紧密，是制定小城镇发展规划，促进小城镇健康发展的基础。分析不同类型小城镇经济社会发展特点，科学合理编制城镇发展规划，充分发挥其促进农业劳动力转移和城乡统筹发展的积极作用，提升城镇化发展质量和水平具有重要意义。目前我国学术界和理论界对城镇化和城镇规划研究论述较多，但针对不同类型城镇发展规划的研究较少。界定小城镇基本概念，理顺小城镇规划的类型和不同内涵，明确工业型小城镇基本概念和工业型小城镇规划研究内涵，是进行工业型小城镇规划研究的前提和基础。

第一节 小城镇相关概念解释

一、小城镇概念解释

根据住建部统计数据，2013 年我国建制镇数量达到 20113 个，小城镇作为城市之尾、农村之首，已经成为广大农村地区具有一定市政设施和服务设施的政治、经济、科技和生活服务中心；在产业集聚、劳动力人口转移和促进城乡统筹发展方面，发挥了积极的作用，也是我国城镇化发展的重要主体。

20 世纪 80 年代，我国著名社会学家费孝通先生首先提出了"小城镇、大战略"的发展思路，并在《小城镇，大问题》一文中，将小城镇定义为一种比农村社区更高一层次的社会实体，是以一批并不从事农业生产劳动的人口为主体组成的社区。

2000 年 6 月中共中央国务院出台的《关于促进小城镇健康发展的若干意见》中明确规定"小城镇"的定义是"国家批准的建制镇，包括县（市）政府驻地镇和其他建制镇。"

我国现行的建制镇标准是 1984 年民政部经过调查研究的基础上，经国务院批准公布的设镇标准，即：凡县级地方国家机关所在地，均应设置镇的建制；总人口在 2 万人以下的乡，乡政府驻地非农业人口超过 2000 人的，可以建镇；总人口在 2 万人以上的乡，乡政府驻地非农业人口占全乡人口 10% 以上的，也可以建镇；少数民族地区、人口稀少的边远地区、山区和小型工矿区、小港口、风景旅游、边境口岸等地，非农业人口虽不足 2000 人，如确有必要，也可设置镇的建制。

从城市行政等级来分，建制镇位于我国城市行政等级的第五级，即位于直辖市、副省级城市、地级市、县级市之后。从行政等级来说建制镇指直属于城市的区、县（自治旗、镇）、县级市管理，明确设立镇的行政单位。

二、小城镇分类

出于不同的研究目的，我国学者提出了不同的小城镇分类标准。沈迟提出了四种分类标准。根据地理位置、自然和人文地理特点，将小城镇分为北方、南方、西北和青藏地区小城镇；根据小城镇所处的区位与大城市或中心城市的距离和交通便捷程度，可分为大都市边缘型、地域中心型和孤立型3类；根据人口规模划分，划分为30万人口以上，10万—30万人，2万—10万人，0.5万—2万人和0.5万人以内；按照小城镇发展的动力和职能类型，划分为农贸型、工业生产型、交通服务型、工矿旅游型、安居型小城镇。工业生产型城镇是指受城市辐射比较强，以吸纳和发展工业发展起来的小城镇，其发展历程大体是工业发展带来了人口的聚集，进一步推动交通、餐饮等服务行业和相关产业的发展和市场的繁荣。

田明，张小林用人均国民生产总值、三次产业结构来衡量区域经济发展水平，将小城镇所在区域划分为农业型、资源加工型和综合工业型。其中资源加工型和综合工业型的区别在于，资源加工型城镇主导产业以开掘、开采自然资源为主，制造业在工业生产中所占比重较小，而综合工业型第二产业内部制造业所占比重较大。

郑志霄在《小城镇规模等级与分类》一文中，根据城镇职能性质，以湖北省为例，将城镇分为多种工业城镇、单一工业城镇、工矿城镇、矿业城镇、多功能城镇和其他职能城镇。

陈丽华在《小城镇规划》一书中，对当前小城镇分类方式进行了归纳。目前小城镇分类的依据有地理特征、城镇功能、空间形态和发展模式。按照小城镇比较突出的功能特征，可将小城镇划分为行政中心小城镇、工业型小城镇、农业型小城镇、渔业型小城镇、牧业型小城镇、工矿型小城镇、旅游型小城镇、交通型小城镇、流通型小城镇、口岸型小城镇和历史文化古镇12类。其中工业型小城镇的特征是产业结构以工业为主，乡镇工业有一定规模，生产设备和生产技术有一定的水平，产品质量较高，产品品种能够占领一定的市场，而且全镇工业产值比重大，从事工业生产的劳动力占劳动力总数的比重也大。

王晓霞，杨在军在《中国小城镇发展的主要模式分析》一文中，根据产业理论、区域经济发展理论，将小城镇划分为中心城市依托型、工业型、市场带动型、农业产业化型、旅游开发型和综合型六大类。工业型小城镇的基本特点是主导产业是工业，工业是其社会经济发展的基础，进一步细化为资源依托型工矿业小城镇、传统制造业型工业小城镇和现代工业催生型小城镇三种。

凌日平根据地域特征，将山西省小城镇划分为工矿、农区、城郊、交通集贸和旅游五类。并提出有针对性的发展政策。

综合以上可知，国内专家已经对小城镇进行分类指导达成共识，并且认为工业型小城镇是小城镇的重要类型，应加强对工业型小城镇的研究和指导。而小城镇规划是促进城镇科学健康发展的重要依据，有必要对工业型小城镇规划进行研究。

第二节　小城镇规划类型介绍

目前以小城镇为研究对象编制的规划类型主要有小城镇建设规划，小城镇土地利用规划和小城镇经济社会发展规划。

一、小城镇建设规划

2007 年 10 月公布的《城乡规划法》对小城镇建设规划作了明确的说明和规定。建设类的城乡规划包括城镇体系规划、城市规划、乡规划和村庄规划。其目的是为了规范区域内的建设活动。重点以小城镇为编制对象的包括城镇体系规划和镇规划。其中小城镇规划分为总体规划和详细规划，详细规划分为控制性详细规划和修建性详细规划。小城镇总体规划的主要任务是合理确定城镇发展规模，步骤和建设标准。

（一）小城镇总体规划

小城镇总体规划的主要内容包括城镇的发展布局、功能分区、用地布局、综合交通体系，禁止、限制和适宜建设的地域范围，各类专项规划等。规划区范围、规划区内建设用地规模、基础设施和公共服务设施用地、水源地和水系、基本农田和绿化用地、环境保护、自然与历史文化遗产保护以及防灾减灾等内容，应当作为镇总体规划的强制性内容。

规划期限：小城镇总体规划的规划期限一般为 20 年。

编制审批程序：城乡规划组织编制机关应当委托具有相应资质等级的单位承担城乡规划的具体编制工作。县人民政府组织编制县人民政府所在地镇的总体规划，报上一级人民政府审批。其他镇的总体规划由镇人民政府组织编制，报上一级人民政府审批。镇人民政府根据镇总体规划的要求，组织编制镇的控制性详细规划，报上一级人民政府审批。

（二）控制性详细规划

根据住建部《城乡规划编制办法》，控制性详细规划的主要任务是：以城市总体规划或分区规划为依据，确定建设地区的土地使用性质和使用强度的控制指标、道路和工程管线控制性位置以及空间环境控制的规划要求。控制性详细规划包括下列内容：

1. 确定规划范围内不同性质用地的界线，确定各类用地内适建、不适建或者有条件允许建设的建筑类型。

2. 确定各地块建筑高度、建筑密度、容积率、绿地率等控制指标；确定公共设施配套要求、交通出入口方位、停车泊位、建筑后退红线距离等要求。

3. 提出各地块的建筑体量、体型、色彩等城市设计指导原则。

4. 根据交通需求分析，确定地块出入口位置、停车泊位、公共交通场站用地范围和站点位置、步行交通以及其他交通设施。规定各级道路的红线、断面、交叉口形式及渠化措施、控制点坐标和标高。

5. 根据规划建设容量，确定市政工程管线的位置、管径和工程设施的用地界线，进行管线综合。确定地下空间开发利用具体要求。

6. 制定相应的土地使用及建筑管理规定。

（三）修建性详细规划

根据住建部《城乡规划编制办法》，修建性详细规划主要任务是：满足上一层次规划的要求，直接对建设项目做出具体的安排和规划设计，并为下一层次建筑、园林和市政工程设计提供依据。修建性详细规划应当包括下列内容：

1. 建设条件分析及综合技术经济论证；

2. 作出建筑、道路和绿地等的空间布局和景观规划设计，布置总平面图；

3. 道路交通规划设计；

4. 绿地系统规划设计；

5. 工程管线规划设计；

6. 竖向规划设计；

7. 估算工程量、拆迁量和总造价，分析投资效益。

二、土地利用规划

土地利用规划是由国土部门负责编制和管理的规划。土地利用规划的主要任务是根据社会经济发展计划、国土规划和区域规划的要求，结合区域内的自然生态和社会经济具体条件，寻求符合区域特点的和土地资源利用效益最大化要求的土地利用优化体系。

土地利用规划按性质可分为土地利用总体规划、土地利用专项规划和土地利用详细规划；按照行政级别可分为全国、省、地（市）、县和乡镇级土地利用规划；按照规划期限可分为长期、中期和短期规划。

主要内容包括土地利用现状分析与评价；土地利用潜力分析；土地供给与需求预测；土地供需平衡和土地利用结构化；土地利用规划分区和重点用地项目布局；城乡居民点用地规划；交通运输用地规划；水利工程用地规划；农业用地规划；生态环境建设用地规划；土地利用专项规划；土地利用费用效益分析和规划实施。

（一）土地利用总体规划

《中华人民共和国土地管理法》及相关文件规定："各级人民政府应当依据国民经济和社会发展规划、国土整治和资源环境保护的要求、土地供给能力以及各项建设对土地的需求，组织编制土地利用总体规划。"土地利用总体规划是贯彻土地利用战略，明确政府土地利用管理目标、任务和政策的纲领性文件，是落实土地宏观调控和土地用途管制、规划城乡建设和各项建设的重要依据。土地利用总体规划在我国土地利用管理制度中占有重要地位，是我国土地利用管理和核心工作和龙头工作。

土地利用总体规划的规划期限由国务院规定，1987年以来，我国组织编制和实施了两轮土地利用总体规划。1996—1999年，全国范围开展了第一轮土地利用总体规划编制工作，其背景是：随着经济社会的快速发展和改革开放的不断深入，规划预测的不确定性因素越来越多，特别是在20世纪90年代初期经济过热，中央采取从紧政策，加强宏观调控，加强土地管理和耕地保护。规划实施后，出现了一系列新情况、新问题，经济社会的快速发展和宏观政策的调整，使得这轮规划在许多方面显现出不相适应的地方。根据2005年6月7日《国务院办公厅转发国土资源部关于做好土地利用总体规划修编前期工作意见的通知》（国办发〔2005〕32 号），全国开展了新一轮土地利用总体规划编制工作。目前，新一轮规划修编成果将取代 1999 年版的土地利用总体规划成果，成为各地进行土地利用调控的依据。

土地利用总体规划是以一定的行政区划为单位，根据国民经济建设发展的需要和土地资源现状、适宜性和生产力，进行土地资源在国民经济各部门之间的调整与分配，是对区域土地资源的开发、利用、整治和保护，在时间上和地域上进行的长期的、战略性的总体布置和统筹安排。土地利用总体规划自上而下分为全国、省、市、县、乡五级。不同层次的土地利用总体规划各有侧重，但应包括以下基本内容。

1. 判断土地利用问题。编制规划首先要确定规划期间所要解决的土地利用问题。在土地利用现状分析、土地适宜性评价和土地需求量预测的基础上，比照社会经济发展目标，提出当前存在的和规划期间可能发生的各种土地利用问题，从而确定土地利用总体规划所要解决的问题。

2. 确定规划目标。提出土地利用总体规划的规划目标和任务，制定土地开发利用的方针和措施。

3. 编制规划方案。在规划目标确定的基础上，提出解决土地利用问题、实现规划目标可能采取的各种途径，选择最佳的途径，并据此确定土地利用战略，编制土地利用规划方案。体现规划期间土地利用结构和布局调整的趋向以及实现目标的程度和效果。确定各部门、各类用地的调整控制指标。

4. 土地利用分区。根据土地规划的用途和主要功能的不同划分各种用地区（或划分土地利用地域），确定各用地区的土地利用方向、限制条件、调节手段和保护措施等。编制土地利用规划图。确定重点建设项目的用地规模和范围。

5. 制定规划实施措施。制定实施规划的政策和措施，并对规划实施的可行性及效益进行评价。

土地利用总体规划的目的是为了解决土地利用中存在的主要问题和主要矛盾，以促进国民经济和社会发展计划的实现，而随着时间的推移和地域条件的不同，土地利用存在的主要问题和主要矛盾是不断变化的，因此规划的内容及重点也应相应改变。在一个时期可能主要围绕经济问题，在另一个时期可能主要围绕环境问题或社会问题。我们在编制土地利用总体规划时要有针对性，重点解决当时、当地土地利用中的重点问题。

（二）乡镇级土地利用总体规划

在我国五级土地利用总体规划体系中，乡镇级土地利用总体规划处于规划的最低层次，属于实施性规划，其规划成果以规划图为主，为用地管理提供直接依据。

国家、省、市、县四级规划的战略、目标、任务和各项控制指标通过乡镇级土地利用总体规划落实。受到行政层级和权力设置的影响，乡镇级土地利用总体规划对区域土地利用战略、土地利用重大问题的涉及较少，重点是在县级规划总量控制与用地分区控制的基础上进行详细的土地用途划定，将各类用地定量、定位落实到具体地段，并确定每类用途土地的具体要求和限制条件，为土地的用途管制提供直接的依据。

沈曙文将乡镇级土地利用总体规划的编制要点归纳为"四定"，即定量、定位、定性和定序。定量即确定规划期末各类用地的数量，科学地进行土地利用结构调整，对于小城镇而言，通常这类数据已经由县级土地利用总体规划划定；定位即将各类用地数量调整和土地利用结构调整在空间上落实，确定各类新增建设用地的空间位置、需要调整用途地块的空间位置和各类保护区的空间位置；定性即根据土地使用条件，确定地块用途，实现土地用途管制；定序即确定土地利用结构调整和土地用途转变的时间和顺序。

（三）其他专项规划和详细规划

土地利用专项规划是在土地利用总体规划的框架控制下，针对单项用地的利用规划或为解决土地的开发、利用、整治、保护中某一专门问题进行的规划，如土地整治规划，基本农田保护规划等，是土地利用总体规划的补充和深化。

土地非农化是工业化和城市化发展的客观要求和必然结果。由于小城镇土地利用类型多样，权属关系复杂，肩负耕地保护和建设需求双重压力，小城镇建设用地盘活对于解决城镇建设用地不足，促进耕地保护和建设用地集约利用，促进城乡一体化发展具有重要意义。目前国土部开展了"三旧改造"、城乡建设用地增减挂钩和城镇低效用地再开发等工作，要求符合条件的试点地区和城镇编制相应的专项规划指导用地布局和调整工作。此类规划对于城镇空间布局和用地结构调整具有重要影响，应结合小城镇经济社会发展总体战略，在小城镇发展规划和土地利用总体规划指导下进行。

三、经济社会发展规划

经济社会发展规划是指导地区经济社会发展的总体纲要，具有战略性和指导性，是统筹安排区域内经济社会发展各项工作的重要依据。

经济社会发展规划有广义和狭义之分。广义的经济社会发展规划涵盖领域丰富，即涉及经济社会发展各个领域的规划均属于经济社会发展规划。国务院 2005 年发布了《国务院关于加强国民经济和社会发展规划编制工作的若干意见》（国发〔2005〕33 号），规定国民经济和社会发展规划按行政层级分为国家级规划，省（区、市）级规划，市县级规划；按对象和功能类别分为总体规划、专项规划和区域规划。总体规划是国民经济和社会发展的战略性、纲领性、综合性规划，是编制本级和下级专项规划、区域规划以及制定有关政策和年度计划的依据，其他规划要符合总体规划的要求。专项规划是以国民经济和社会发展特定领域为对象编制的规划，是总体规划在特定领域的细化，也是政府指导该领域发展以及审批、核准重大项目，安排政府投资和财政支出预算，制定特定领域相关政策的依据。区域规划是以跨行政区的特定区域国民经济和社会发展为对象编制的规划，是总体规划在特定区域的细化和落实。跨省（区、市）的区域规划是编制区域内省（区、市）级总体规划、专项规划的依据。国家总体规划、省（区、市）级总体规划和区域规划的规划期一般为五年，可以展望到十年以上。市县级总体规划和各类专项规划的规划期可根据需要确定。

狭义的经济社会发展规划指根据中共中央提出制定国民经济和社会发展规划建议，由国务院编制五年国民经济和社会发展规划。县级以上地方政府会根据全国经济社会发展规划的要求和框架，编制符合地方发展实际的经济社会发展规划。同时各行业主管部门编制行业发展专项规划。我国从 1953 年开始以五年一个时间段来做规划，第一个五年计划简称为"一五"，以此类推，目前我国正在执行的是"十二五"国民经济和社会发展规划。"十二五"规划以转变发展方式和经济结构调整为主线，内容涵盖产业结构、城乡发展、科教文化、改革开放、人民生活、资源环境等方面，对五年内国民经济和社会发展各个方面做出全面的部署和安排。

四、编制小城镇经济社会发展规划的必要性

2000 年，中共中央，国务院发布的《关于促进小城镇健康发展的意见》要求各级政府要按照统一规划、合理布局的要求，抓紧编制小城镇发展规划，并将其列入国民经济和社会发展计划。虽然还没有明确的法律法规要求编制小城镇经济社会发展规划，但现实中，小城镇经济社会发展规划普遍存在，组织编制单位通常为小城镇政府和上一级县或市区政府。编制小城镇经济社会发展规划的必要性体现在以下几点：

1. 小城镇发展多样性需要规划指导。受到自然资源禀赋，交通条件和文化传统等因素的影响，我国小城镇发展基础条件千差万别。在经济社会发展过程中，小城镇发展水平多样性特点更加突出，如在东南沿海发达地区，部分小城镇经济实力强，吸引了大量的就业人口，其常住人口规模已经达到小城市的标准，基础设施和公共服务水平较为完善，已经呈现出小城市特征，与周边大中城市发展逐渐融为一体。而中西部地区小城镇普遍存在产业类型单一，经济发展水平低，社会公共服务供给不足的问题。不同发展阶段，不同功能和特点的小城镇各具优势，同时又面临着不同的发展问题和困境，需要根据实际情况，因地制宜地编制小城镇规划促进小城镇健康发展。

2. 小城镇政府服务基层性需要规划指导。小城镇政府是我国最基层的政权组织，上级政府和各部门的各项考核指标都需要小城镇政府来贯彻实施。小城镇不仅与上级政府一样，肩负着引导促进经济健康发展、工业化和城镇化发展，完善基础设施和公共服务的职能，同时直接面对和处理基层群众的生产和生活诉求。随着城镇化发展，许多地方政府认识到了小城镇政府服务管理的重要性，纷纷出台小城镇政府机构管理的意见，以转变政府职能为核心，充实完善小城镇管理职责，适度下放与职责任务相适应的经济社会管理权限，加大对小城镇发展的财政支持力度，进一步促进基层管理体制创新，解除小城镇发展束缚。在此背景下，小城镇政府需要规划指导，帮助分析所处阶段，理清发展思路，确定近期、中期和远期不同阶段的重点任务，更好地完善小城镇政府服务职能。

3. 小城镇经济社会发展的独立性需要规划指导。从小城镇的发展历史来看，受到长期自然资源、经济发展和民情民俗的影响，小城镇经济社会

发展各具特点。随着城镇化发展，提供公共服务和优化经济发展环境成为小城镇两项最重要的职责，为了适应城镇政府职能转变，城镇管理从条条为主向条块结合、块状转变为主，新的管理模式赋予小城镇更为丰富的职责和权限，小城镇经济社会发展独立性得到强化。这要求小城镇政府更加清晰地明确所处的发展阶段、所面临的发展机遇和问题，明确今后一段时期的发展战略和重点任务，更好地担当起促进城镇经济社会发展的任务。

4. 完善小城镇规划体系的迫切性需要规划指导。经济社会发展规划是全局性、统领性的规划，其规划目标和内容对各类专项规划具有指导和约束作用。目前小城镇建设规划和土地利用规划的编制管理工作已经较为完善，各地小城镇政府都在上级政府的部署和安排下编制实施了小城镇建设规划和土地利用规划。小城镇建设规划由镇政府组织编制，而土地利用规划由县政府组织编制，由于二者编制主体、体系和规划期限不同，造成规划协调性较差。同时由于缺乏经济社会发展规划的统一和指导，导致小城镇在经济社会发展过程中用地需求和建设需求受到严重制约。因此为了更好地促进各类规划协调，形成经济社会发展规划为龙头，城镇建设规划和土地利用规划为基础，其他专项规划为补充的规划体系，促进城镇建设、经济发展、产业布局符合建设、用地和环保要求。

可见，编制小城镇经济社会发展规划，通过认真分析小城镇所处发展阶段和区域环境，明确小城镇发展面临的问题、机遇和挑战，确定规划期间小城镇产业发展、空间布局、土地利用、基础设施建设和公共服务等重点任务，是促进小城镇健康发展和区域协调发展的重要途径。

第三节　本书研究重点和框架

一、工业型小城镇和工业型小城镇规划的基本内涵

根据小城镇分类的研究和分析可得出：工业型城镇的基本内涵包括：一是行政级别属于小城镇或建制镇级别，即直属于城市的区、县（自治县、旗）、县级市管理，明确设立镇的行政单位；二是第二产业就业和产业构成比例较大，即城镇第二产业劳动力比例、第二产业增加值比例和第二产业用地比例占主导的城镇。

工业型小城镇规划即以工业型小城镇为研究对象编制的规划。本书所研究的工业型小城镇规划以促进工业型小城镇经济社会持续健康发展为主要目标和内容，因此属于小城镇经济社会发展规划的范畴。

二、研究重点和框架

（一）研究重点

1. 理论研究。工业型小城镇发展历程及经济社会发展特征、存在问题；

促进城镇健康发展的工业型小城镇规划理论；促进工业型小城镇健康发展的规划编制理念、内容框架和编制方法；提出促进规划实施保障的政策建议。

2. 实践研究。选取部分工业型小城镇作为实践案例，编制小城镇经济社会发展规划，将相关理论基础和方法应用于规划编制实践中。

（二）研究框架（见图1）

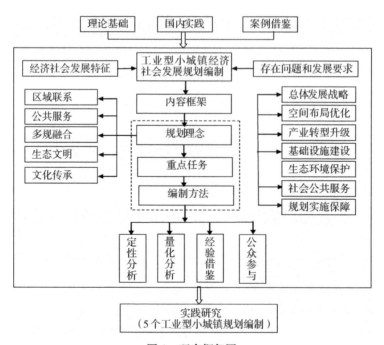

图1　研究框架图

参考文献

1. 文辉. 要让中小城市和小城镇先行先试. 经济观察报〔N〕. 2013年9月6日。

2. 沈迟. 分类指导——有效促进我国小城镇发展的关键〔J〕. 小城镇建设, 2006（12）。

3. 田明, 张小林, 汤茂林. 我国乡村小城镇分类初探〔J〕. 经济地理, 1999（6）。

4. 郑志霄. 小城镇规模等级与分类. 国外城市规划〔J〕. 1983（1）。

5. 陈丽华. 小城镇规划〔M〕. 北京: 中国林业出版社, 2009年版。

6. 沈曙文. 乡镇土地利用总体规划中"四定"内涵及方法〔J〕. 中国土地科学, 2000（3）。

7. 王学锋. 城镇密集地区规划编制与管理〔M〕. 南京: 东南大学出版社, 2007年版。

8. 王万茂, 李俊梅. 小城镇建设中的土地利用问题〔J〕. 中国土地科学, 2000（2）。

第二章　工业型城镇特征及存在问题

第一节　工业型城镇发展模式回顾

小城镇发展虽然呈现出多样化趋势，但从本质上讲，每个城镇的发展离不开外部因素与内部因素两种作用力，通常将促进城镇化发展的主要因素存在于本地社会体系内部的称为内生因素，存在于体系之外的称为外生因素。其中内部因素主要是小城镇的资源条件和禀赋，资源条件包括自然资源、人力资源、资本和信息等等，外因主要指交通、周边经济社会发展环境、上级政府对小城镇发展的扶持政策等，小城镇正是在内部因素和外部因素相互作用的条件下发展起来的。工业型小城镇是以主导产业为标准划分的小城镇类型，是我国农村工业化和城镇化发展的产物。根据农村工业化和城镇化的发展动力和主导产业起源，借鉴已有的研究成果，我国工业型小城镇的发展模式可分为外生型、内生型和综合型三种。

一、外生型模式内涵及特点

外生型模式即小城镇主导产业不是由农村地区或小城镇自身发展起来，而是小城镇通过招商引资的方式或者周边城市产业项目主动向周边小城镇转移对接的方式引进发展起来的。

外生型模式小城镇通常具备以下特点：

1. 小城镇所处区位条件优越。这里所讲的区位条件主要指区域环境和交通便捷度。一般适合外生型模式的小城镇临近大城市或制造业中心，同时交通条件便利，能够快速方便得到达大城市或制造业中心，接受或承接大城市或制造业中心生产项目、技术和信息。我国长三角区域内的很多小城镇，为位于上海市、苏州、杭州等大城市和制造业中心的企业进行配套生产，形成了特色产业，积累了较强的经济实力。如有"中国光电缆之都"的江苏省吴江县七都镇，位于江苏省西南部，南与浙江省湖州市毗邻，东距上海90千米，北依苏州54千米，南距杭州90千米，南靠318国道，203 省道和沪苏浙高速公路穿境而过，七都镇融入临沪 1 小时经济圈，更好地接受上海、苏州以及杭州等长三角大城市对其的经济辐射。

2. 产业发展外部推动力明显。以七都镇为例，20 世纪 80 年代，在上海市无线电缆行业发展的带动下，七都镇开始发展光电缆制造产业，产业发展的原材料、技术和市场信息都来源于上海市，20 世纪 80 到 90 年代，随着我国通信事业的快速发展七都镇光电缆产业经历了快速成长。七都被誉为"光缆之都"，通信电缆、光纤光缆产销量占中国市场的 1/5 强，是国家农业部确定的"全国光电通信科技园"和国家科技部确定的"国家火炬计划光电缆产业基地"。形成了以亨通、新恒通等集团为龙头的骨干企业，在龙头企业的带动和示范下，形成了 30 余家光电缆企业。同时光电缆产业有效带动了以铜为主的金属加工业，有色金属加工业已经成为继光电缆业后的又一支柱产业。

二、内生型模式的内涵及特点

内生型小城镇是指小城镇经济社会发展的重要基础以及未来城镇化发展的主要动力来自于城镇自身资源的利用与开拓，而非来自于外部因素。内生型小城镇具有以下几个基本特征：一是指缺少邻近中心城市的区位优势，虽然小城镇整体对外交通联系条件有所改善，但小城镇与中心城市经济、交通等联系松散，周边中心城市对其辐射带动影响力弱；二是产业特色显著，尤其是第一产业充分利用本地资源条件并形成特色品牌，主导产业根植于本地，具有一定的发展历史和基础，重点企业在原省属或市属企业和乡镇企业通过现代企业制度改造发展起来；三是外来人口较少，常住人口以户籍人口为主，人口流动性不强，农业劳动力转移以本地就业为主；四是由于人口规模有限，三产服务业规模小而分散，服务水平难以满足群众需求，教育、医疗等公共服务设施集中于镇区，农村基础设施配套相对较差。

如临沂市兰山区义堂镇 20 世纪 90 年代，凭借临沂市商贸物流市场的发展，培育板材加工产业，板材产业发展最快速和繁荣的时期，全镇各类板材加工企业 3000 多家，并以本地农民经营为主，经过 20 多年的发展，形成了品种齐全、功能完善的产业链条，享有"中国人造板材之都"的称号。山东省济南市平阴县的孔村镇，主导产业为炭素产业，其产业由 1985

年原平阴铝厂炭素厂转型发展而来，不断发展壮大，如今享有全国"炭素第一镇"的称号，占全国炭素产能的1/5。此外还有部分城镇凭借自身独有的资源条件发展，如东北和山西等地的资源性城镇，凭借本地丰富的矿产资源，发展采矿业和矿产品深加工产业等实现农村工业化和城镇化的发展。

三、综合型模式内涵及特点

综合型模式即小城镇工业发展内部因素和外部因素几乎发挥了同等重要的作用，同时依靠城市工业扩散和农村本身兴办非农产业两方面来推动。如辽宁省北镇市沟帮子镇，镇内客运站和火车站设置齐全，距离京沈高铁盘锦北站仅20分钟车程，同时是省内多条铁路的中转站，交通辐射影响地区范围广。在便利交通带动下，辽宁省在沟帮子镇设立了省级开发区，引进了工业炉和电子元器件制造等新兴产业项目，逐步形成以机械制造、电子制造和粮油加工等产业为主的产业。沟帮子传统商贸服务功能突出，围绕沟帮子熏鸡形成了特色农产品加工和商贸产业，同时镇内教育和医疗等公共服务设施建设标准高，服务水平好，社会公共服务范围辐射周边乡镇，进一步促进了产业和人口的集聚。

第二节 工业型城镇经济社会发展特征

工业型城镇是指第二产业或工业发展成为城镇经济、居民就业的主导的城镇。工业型城镇经济社会发展特征主要考虑了基于产业特点所形成的具有普遍性和规律性的特征，相对于其他的城镇，工业型城镇通常具有如下基本特征。

一、经济发展特征

（一）经济实力较强

工业对于国民经济发展的重要作用主要体现在以下三个方面，一是为其他部门提供技术装备能源原材料，二是为人们提供消费品，三是国家积累和国防建设的重要条件。针对具体城镇而言，工业的发展规模，水平和现代化程度决定了该城镇的经济发展水平和实力。原因在于：与第一、三产业相比，工业产品产值高，对经济总量贡献大，是城镇税收和财政长期而稳定的来源，工业发展水平直接决定城镇经济发展速度和实力；同时，发达的工业是促进农业产业化重要推动力，工业发展为农业人口提供就业机会，带来稳定可观的工资性收入，工业发展提升农业生产效率，促进农业产业化发展；工业发展为第三产业提供物质基础，工业发展带动人口集聚和消费结构调整，工业和服务业人口比重逐渐上升，人口和产业向城镇集聚，增强城镇消费能力和经济活力。从我国 2006 年公布的千强镇名单中也可看出，以第二产业为主的千强镇约占总数的 77%，2003 年千强镇财政收入占全国小城镇的 50% 左右，财政总收入平均每个镇达到 1.55 亿元。

（二）第二产业结构比例高

产业结构是指国民经济中各个物质资料生产部门之间组合与构成的情况，以及它们在社会生产总体中所占的比重。通常用第一、二、三产业增加值占 GDP 的比重情况或比例关系来表达三次产业结构，并作为地区经济发展的重要指标。由第一次产业占优势比重逐级向第二次、第三次产业占优势比重演进，是产业高级化的发展方向。第二产业比例高是工业型城镇的重要属性和基本特征，如在千强镇排名第八位的浙江省杨汛桥镇 2008 年第二产业增加值占地区生产总值的 87.96%；江苏省吴江市七都镇享有"中国光电缆之都"的美誉，具有光电缆、有色金属、针织纺织、家具和机械电子五大支柱产业，第二产业实力雄厚，2008 年第二产业结构比例为 79%。

（三）非农就业比例较高

工业型城镇由于工业发展迅速并占据主导地位，吸引本地农村劳动力和外来人口转移进入工业生产企业和部门，同时随着工业发展加快了商品流通业的发展和繁荣，配套的辅助性行业如餐饮服务等日渐兴起，非农产业就业机会和人数增加，呈现出非农就业比例高的特点。例如杨汛桥镇，根据《绍兴县统计年鉴》，杨汛桥镇户籍人口就业主要分布在第二产业，比例占 80% 左右，从业人数增长稳定，第一产业从业人数逐渐减少，第三产业从业人员数量较为稳定，同时外来人口从事第二产业比例也占到79%。

二、社会发展特征

（一）外来人口占常住人口比重较高

工业型城镇非农产业和非农就业比例高，吸引了大量外来人口进入本镇生产生活，造成外来人口占常住人口比重较高。例如，东莞虎门镇2013年常住人口64.5万，户籍人口13.1万，外来人口51.4万，占常住人口比重高达80%；东莞长安镇2013年常住人口67万，户籍人口6.4万，外来人口60.6万，占常住人口比重为90%；杨汛桥镇常住人口9万人，户籍人口3.5万，外来人口5.5万，占常住人口比重为61%。外来人口占常住人口比重较高的特点对工业型城镇公共服务，促进外来人口融入本地社区提出了更高要求。

（二）人口公共服务供需矛盾多样

工业型城镇对人口具有较强的吸引集聚能力，人口类型丰富，对公共服务需求多样。主要包括几种类型，一是外来常住人口的公共服务需求，外来人口在本地企业就业，很多是子女和家属随迁在城镇生产生活，需要就学、就医、住房和社会保障等服务，虽然目前已经全面放开了小城镇落后政策，但小城镇资金和行政管理权限有限，提供公共服务能力仍然不足，矛盾主要集中在外来人口子女就学和住房等方面。二是工业型城镇经济较为发达，居民收入水平和消费能力较高，而小城镇社会公共服务层次较低，现有学校、医疗等服务水平不高，商贸服务发展滞后、工业区和居民区混杂、工业生产对环境污染等情况与群众公共服务需求矛盾突出。三是涉及征地拆迁或更新改造等本地居民社会保障需求，这部分居民失去了生活生产来源，被动进入城镇生活，对就业保障和社会保障需求较高。

（三）生态环境压力较大

工业型小城镇人口和经济不断增长，与生态环境之间的问题与矛盾也日渐尖锐。首先城镇产业本身会对生态环境造成一定的污染，如杨汛桥镇有纺织印染、经编家纺、建筑建材、机械皮革四个产业，其中纺织印染、水泥生产和电镀等环节对空气和水造成严重的污染；其次工业型城镇早期由于缺乏合理的规划和政府财政实力制约，环境保护基础设施建设不完善，垃圾处理，污水处理等设施处理能力低；第三是城镇早期无序建设和扩张，工业区和居住区混杂，居民生活环境质量较差。

第三节　工业型城镇存在的问题

一、土地利用矛盾突出

（一）土地利用供需矛盾突出

随着我国城镇化加速深入发展，工业型城镇受到产业发展，人口集聚，社会事业等多种因素综合作用，建设用地需求规模不断扩张，集中表现为以下两个方面。

一是产业和经济发展对建设用地需求旺盛。随着产业发展，企业规模扩大和数量增加，造成经济总量增加，二、三产发展对用地需求不断扩张，如北京市昌平区南口镇，由于三一重工企业项目落地，项目建设期用地需求达到 3000 亩，产业用地需求成为工业型城镇用地扩张的根本动力。

二是城镇人口集聚增加建设用地需求。产业发展增加城镇就业机会，促进本地农村劳动力和外来人口向城镇转移集聚。城镇常住人口增加推动居住、道路交通等基础设施，教育、医疗等公用设施用地扩张。同时随着城镇化深入发展，居民物质生活改善的同时，对居住、城市交通、商贸服务、文化娱乐等方面需求增加，转化为居住建设用地，交通用地，商业用地和文化娱乐等方面的用地需求。

我国目前实行的是土地用途管制制度，核心内容是土地按用途分类实行用途管制，土地利用总体规划是实行用途管制的依据，农用地转为建设用地预先进行审批是关键，农用地保护是土地管制的目的。在我国行政地域管理中，小城镇管理范围不仅包括镇区，还包括城镇范围内的广大农村地区，因此小城镇承担着基本农田和耕地保护的任务，城镇用地空间扩张受到耕地和基本农田保护红线的严格限制。新增建设用地指标是规划期农用地和未利用地可转换为建设用地的规模，在经济高速发展时期，新增建设用地指标是城镇用地主要的供给来源。新增建设用地指标分解是土地利用总体规划的核心和重要内容，目前我国新增建设用地指标分解主要采取自上而下的分解方式，而由于乡镇行政级别低，乡镇土地利用总体规划处于规划体系的最底层，在新增建设用地指标紧缺的情况下，上级政府通常将指标用于城区建设和开发，乡镇一级很少获得新增建设用地指标，加剧了城镇用地供需矛盾。2006 年，为了促进城乡统筹发展，破解保护与保障"两难"的问题，国土资源部开展城乡建设用地增减挂钩政策，具体是指依据土地利用总体规划，将若干拟整理复垦为耕地的农村建设用地地块（即拆旧地块）和拟用于城镇建设的地块（即建新地块）等面积共同组成建新拆旧项目区（以下简称项目区），通过建新拆旧和土地整理复垦等措施，在保证项目区内各类土地面积平衡的基础上，最终实现增加耕地有效面积，提高耕地质量，节约集约利用建设用地，城乡用地布局更合理的目标。城乡建设用地增减挂钩政策实施以来，对于解决城镇建设用地紧缺的问题发挥了积极作用，但由于拆迁复垦资金量大，整理复垦难度大等问题，可操作性和实施性面临很多问题，城镇土地利用供需矛盾依然尖锐。

（二）土地利用粗放，集约水平低

尽管工业型城镇土地供需矛盾突出，但是土地粗放利用，土地利用效率低下的现象也很严重，具体表现为以下几个方面。

一是表现建成区土地利用效率低下。工业型城镇产业发展反映在用地方面的重要特征就是工业用地比例高，在多数工业型城镇中，工业用地占到了 30% 左右，超过了发达国家和新兴经济体的水平。部分工业型城镇受到容积率和建筑密度等规划指标的影响，建成区存在大量一层厂房和低层建筑，同时工业型城镇还存在基础设施不完善，土地产出效率和承担就业人数少等粗放利用的情况。

二是新区建设贪大求洋，空间浪费严重。部分工业型城镇为了培育新的经济发展动力，搞新区和新城建设，盲目预测人口规模，建设宽马路、大广场等不符合城镇发展实际的形象工程，同时工业企业在以较低价格获得土地后，长期闲置，空间浪费严重。

（三）土地利用结构不优化，空间布局混乱

多数工业型城镇各类建设用地比例不合理，表现为公共设施和绿地比

例较低，工业用地和居住用地占地大，比例高，布局散。由于在城镇发展初期缺乏科学合理的规划和引导，功能分区不合理，工业用地、仓储用地、商服业用地和居住用地混杂，相互干扰和影响，制约了产业发展空间，同时给居民生活带来很多的不便利。此外工业型城镇在土地利用方面还可能存在交通对城镇空间分割，地形地貌造成可拓展空间受阻等问题。

二、产业发展可持续能力不强

产业是城镇发展的重要基础，产业发展繁荣对于增强城镇经济实力和财政收入，吸纳就业，富余群众，提升城镇发展水平发挥重要的作用。因此各级政府也都将促进产业发展作为工作的重点。2008年国际金融危机后，我国以出口型为主的实体经济受到冲击，对我国产业和经济发展方式敲响警钟，同时随着土地、能源紧缺和生态环境保护压力逐步增大，产业发展面临挑战，工业型城镇发展面临着巨大的压力，具体表现为以下几个方面。

（一）主导产业过度集中

根据多数地区和国家工业化进程的一般特征，经济结构丰富、产业链条完整，产品附加值不断提高，城镇化和工业化水平才会越高。工业型城镇第二产业占主导，在三次产业结构中，第二产业的比例占绝对优势，主导城镇经济发展；同时大部分工业型城镇产业类型较为单一，如济南省平阴县孔村镇，享有"中国炭素第一镇"的称号，炭素产能占全国的1/6，炭素行业税收占到全镇总税收的90%，过度依赖炭素行业的发展对孔村镇经济存在一定的风险，2011年由于全球经济不景气，炭素行业受到市场波动的影响，效益下滑，孔村镇第二产业增加值和地区生产总值明显下降，分别从2010年的213779万元和263338万元下降到2011年的143506万元和197869万元。江苏省吴江市七都镇2007年第二产业增加值占GDP约为70%，以光电缆、纺织和有色金属加工为主，光电缆产业约占到第二产业的30%，被誉为"中国光电缆之都"，随着国家"八纵八横"工程建设完成，光电缆市场需求量减少，加之受到2008年国际金融危机影响，有色金属加工产业原材料成本大涨，主导产业不景气，造成七都镇经济发展受到很大影响。在市场波动影响下，城镇经济过度依赖单一产业对造成经济发展和财政收入波动，不利于小城镇经济可持续发展。

此外，工业型小城镇企业普遍存在人才紧缺，科技研发投入不足，企业自主创新能力不足，缺乏品牌建设，造成第二产业发展水平和质量偏低，不利于经济持续发展。

（二）服务业发展滞后

发展服务业对于促进城镇就业，完善城镇服务功能，优化创业投资环境，增加城镇吸引力具有重要意义。而工业型小城镇普遍存在服务业发展滞后的问题，具体表现为：一是商贸服务业业态零散层次较低，工业型小城镇商贸服务业业态以商品批发零售和住宿餐饮为主，商业网点经营规模小，经营范围单一，基本以生活所需的小百货，小餐饮为主，多采用家庭式的门店作为主要的经营模式，缺乏一定规模和档次的零售、大型餐饮及住宿项目。二是大部分工业型城镇缺乏新兴的仓储物流、金融保险、房地产、文化娱乐等现代服务业发展滞后，影响了城镇投资环境。三是服务业布局不合理，小城镇服务业在空间布局上较为零散，形式上以马路经济为主要模式，商业街区建设存在规模过大，影响人群集聚，造成商业气氛冷清，还有的城镇商业街区与人口集聚区距离较远，交通不便利，人口和服务业空间不匹配，增加服务业发展难度。如孔村镇0%以上商业网点分布在镇政府驻地的主要街道及周边铝厂路及105国道两侧的地区，镇政府驻地的核心区域内目前已有三条规模相对集中的商业街：府前街、振兴街、财源街。这三条街道无论是设计的街道规模，还是商业经营类型，基本大致相同。在孔村镇这样一个本地人口规模较少，外来人口较多的小城镇中，有限的消费需求难以同时促进几个商业街的升级发展，人口和服务业的配比及分布极为不协调。

工业型城镇存在的制造业发展与生产性服务业滞后，人民收入快速提高与消费服务业滞后，经济高速发展与城镇建设滞后严重影响了城镇投资环境，难以留住人才和企业项目，造成城镇经济实力和知名度下降，如浙江省杨汛桥镇通过工业兴镇，企业兴镇，经济发展经历了20世纪80年代与90年代初的起步阶段，90年代中后期的快速发展阶段，杨汛桥人创办的上市企业达8家，但目前仅剩5家，大部分上市企业外迁到绍兴的柯桥、滨海等区域，随着企业搬迁，导致经济总量流失，小城镇经济实力迅速下降。

（三）农业产业化水平低

工业型城镇农业产业占 GDP 的比重较低，对经济发展的贡献和影响不大，但农业产业化发展水平对发展农村经济，提高农民收入，促进城乡一体化发展具有重要意义。农业产业化是以市场为导向，以经济效益为中心，以农户为基础，以龙头企业为纽带，对当地农业的主导产品和支柱产业，实行区域化布局，专业化生产，一体化经营，社会化服务、企业化管理，形成种植养殖、生产、加工、销售产业链条的经济运行方式。工业型小城镇农业产业化水平低主要表现在以下几个方面，一是由于农民收入主要来自于工资性收入和资产性收入，加之本身农业生产规模偏小，镇政府和农民对农业生产的重视不够，对现有农业资源利用不充分，特色农产品的开发、加工不足；二是由于农业生产种植周期、季节性、受地形地貌气候影响大、产品附加值不高的特点，小城镇农产品生产规模有限，规模性生产难度大，影响了农产品品牌化建设；三是利益机制不完善，龙头企业带动作用有限。受到价格，质量和土地流转等因素的影响，龙头企业和农户之间的风险共担，利益共享机制不完善，农业龙头企业贷款、扶持政策申请难度大等因素影响了龙头企业发展，进而制约了农业产业化发展。

三、公共服务供需矛盾突出

公共服务是为满足居民生产，生活和发展的需求，能使城镇居民受益或获得享受的公共产品和服务。一般而言，公共服务包括生产类公共服务和生活类公共服务，前者主要包括基础设施建设、科技服务、金融信贷、政策咨询等，后者主要包括教育、医疗卫生、就业、社会保障和文化娱乐等。公共服务水平是衡量城镇发展的重要条件和内容，决定城镇发展的水平和质量。根据工业型城镇基本经济社会特征，工业型城镇既存在居民需求与生活性服务水平差距之间的矛盾，也存在产业发展和生产性服务支撑不足之间的矛盾，针对城镇不同群体对公共服务需求类型，将工业型城镇公共服务供需矛盾梳理如下。

（一）产业发展对生产型服务的需求迫切

在对工业型小城镇的企业调研中发现，随着产业转型升级的要求逐步深入，企业发展对用地空间，高素质技术人才和基础设施需求突出。而小城镇受到用地指标约束和土地利用方式不合理的影响，制约了企业扩大再生产，同时由于基础设施和服务配套不足，城镇居住和生活环境较差，缺乏对中高级技术人才的吸引力，企业人员流动性大，数量不足，劳动力数量短缺和技能有限增加企业成本，企业失去自主创新的人才动力，影响了产业发展。产业发展的生产性服务需求长期得不到满足，会导致企业流失，城镇经济基础不稳。

（二）外来人口公共服务压力大

工业型小城镇由于就业机会较大，吸引了大量的外来人口就业和生活，外来人口已经成为城镇经济建设和繁荣的重要力量。外来人口公共服务需求集中体现在子女教育、就业服务、住房和社会保障等方面。随着各级政府对外来人口以保障权益提供服务为宗旨的政策逐步推行，小城镇在外来人口公共服务水平做了大量的努力和工作，外来人口公共服务水平逐步提升。小城镇公共服务支出占财政支出的最主要部分，受到行政层级较低，财政实力和支配权有限等因素的约束，小城镇在基础设施建设、住房保障、教育等公共事业投入方面压力很大，现有的服务水平难以满足需求，不利于城镇长期繁荣稳定。

（三）本地居民物质文化需求不断增长

工业型城镇经济实力较强，本地居民收入水平较高。针对本地居民而言，落后的基础设施建设，城镇环境、商贸服务业和公共服务水平与居民需求之间的矛盾尖锐，从根本而言就是工业型小城镇的城镇化发展水平滞后于工业化发展水平。受土地资源紧缺、人口密集和缺乏合理规划引导等因素影响，工业型小城镇在工业化发展过程中出现了厂房、商贸区与居民区混杂，城镇生活居住环境恶劣问题。存在环境基础设施建设不足和运行效率低两方面的问题，还有的城镇境内高污染、高耗能的工业企业对镇区环境影响较大，本地居民对杂乱无章的居住环境不满。小城镇缺乏高档次商业服务业设施，现有的商贸服务业标准难以满足本地居民购物、娱乐和商务活动的需求，同时随着居民收入水平的提高，对子女教育、医疗服务和社会保障的要求也在提升，而大部分居民认为现有的公共服务水平难以满足需求，亟待提升和解决。

四、生态环境保护问题突出

工业型小城镇在经济发展和人口规模增加的同时，对生态环境的污染和破坏也在不断加剧，由于城镇是城市之尾，农村之首，小城镇的环境污染问题极容易延伸到农村腹地，工业型小城镇的生态环境问题不仅带来了经济损失，同时严重制约着城镇的可持续发展。工业型小城镇环境污染问题主要表现为以下几个方面：

（一）污染物种类和排放量多

工业型小城镇生产经营范围较广，几乎涵盖了我国所有的工业行业。工业型城镇起步阶段，小城镇环境保护意识淡薄，环境保护监管不严格，很多高污染、高耗能的企业和产品生产环节如造纸、电镀、印染、炼焦、水泥和农药等在小城镇落地。这些行业和生产环节所产生的废水、废气和废渣对大气、水资源和土壤等造成不同程度的污染。同时污染物排放量也较多，近年来有调查表明，全国小城镇企业废水化学需氧量，粉尘和固体废物的排放量占全国污染物排放总量的比重约为50%。

（二）小城镇环境处理设施不完善，处理效率低

由于缺乏合理规划和环保意识，小城镇环境处理基础设施建设滞后，布局不合理，尤其是生产性废水，废气和废渣处理设施欠缺。为了降低成本，大多数工业企业环境保护意识淡薄，在经济利益驱动下，对污染处理的技术和资金投入较少，处理水平难以达到治污标准要求，城镇工业污染处理效率极低，给城镇环境造成极大危害。

（三）资源利用效率低下，浪费严重

工业型小城镇水资源、土地资源存在不同程度的浪费，由于处理设施不完善，工业废水收集处理和重复利用效率极低，造成水资源的浪费。工业企业占地批而未用，任意开采，破坏生态的现象屡有发生，废弃工矿用地复垦水平和质量较低。部分资源型小城镇对矿产资源开采缺乏合理规划，掠夺性开采，开采水平低下，矿产资源的综合利用率低。不注重生态景观的保护，随意破坏绿地、水系，或者不合理开发生态景观资源，对生

态环境造成不同程度的破坏。

五、城镇管理体制不合理

小城镇管理体制不合理集中表现为财权和事权的不匹配。从财权角度来看，我国先行执行的分税制财政体制主要解决中央和地方的财政收入分配关系，对地方各级政府间的收入分配并没有做出明确规定。目前全国也尚未形成统一的关于小城镇财政税收分配的统一规定，各地对小城镇财政税收体制的要求和规定也不尽相同。由于小城镇财政的预决算权由上级政府做出，因此小城镇的财政税收分配体制由上级政府根据经济社会发展情况制定，并不断更新变化。实地调研中发现，目前小城镇财政多执行"划分收支，核定基数，超收分成"为主要内容的财政体制，通常每三年对基数和分成比例进行调整。这种财政体制的主要内容包括，上级政府每年划定小城镇的利税基数，小城镇的主体税种逐级分享，如增值税和个人所得税的75%归中央，企业所得税的60%归中央，其余由省以下分享，这些中央地方共享税小城镇分成比例约占20%。通过层层分享，最后划分给小城镇财政收入的税收比例和金额较少，小城镇财政能力有限。实地调研中，大部分小城镇财政支出除保障人员经费之外，大部分投入到教育、医疗等社会公共事业领域，而随着城镇化发展，小城镇基础设施建设等领域需要大量投资，居民对公共服务水平和质量的要求不断提高，需要在环境保护、社会治安、文体设施等方面的投入日益增加，有限的财力难以承担基础设施建设，教育等公共服务职能，削弱了小城镇政府提供公共服务的能力。

而另一方面，小城镇承担的公共服务责任较大，出现了权责不对等的情况。小城镇政府承担着本地区经济社会发展的各项事务，如环境卫生、社会治安、市场管理、文化教育、交通消防、科技服务等，而现有小城镇实行条块分割的管理体制，以上相关管理处罚权归属县级行政部门，镇政府无权实施处罚，管理难度大，效率低。决定小城镇经济社会发展的核心因素如土地、税收、工商管理、公共治安等均有县级派出机构负责，制约了政府管理公共事务的能力。

东部发达地区，小城市近郊区和中西部发展较快的部分小城镇，经济规模和人口规模已远远超过传统小城镇，人口规模超过10万人，经济总量达到几十亿元的大镇和强镇。但受到行政管理体制的约束，这些小城镇在人员、机构设置、管理权限等方面还沿袭传统的乡村管理的职能。工业型城镇外来人口规模大，而基础设施和公共服务的支出和投入按照户籍人口进行配置，致使基础设施和公共服务水平严重滞后于城镇化发展需求。

参考文献

1. 李五四，陈康. 中国小城镇发展动力研究〔J〕. 北京化工大学学报（社会科学版），2003（4）。

2. 杜志雄，张兴华. 从国外农村工业化模式看中国农村工业化之路〔J〕. 经济研究参考，2006（73）。

3. 欧阳坚. 论工业经济在区域经济发展中的地位和作用〔J〕. 经济问题探索，2002（6）。

4. 邱道持，廖万林，廖和平. 小城镇建设用地指标配置研究〔J〕. 西南师范大学学报（自然科学版），2002（27）。

5. 宋萍. 实施农业产业化经营的意义及发展对策〔J〕. 安徽农学通报 2010（16）。

6. 孙波，王婧静. 现代工业型小城镇环境问题及其生态规划探讨〔J〕. 安徽农业科学，2009（37）。

7. 赵月，葛长银. 我国小城镇财政体制现存问题分析及其改革方向〔J〕. 中国农业大学学报（社会科学版），2002（1）。

第三章 工业型城镇规划理论

工业型城镇规划是指导城镇经济社会发展的综合性规划，其规划理论根植于现有的经济社会发展理论，在城镇规划、土地利用总体规划、生态环境规划和产业规划等不同类型的规划中均可找到。随着新型城镇化发展，对不同类型城镇特点和问题认识的深化，如何在新的发展形势下，更好地指导城镇发展，提高城镇化发展水平和质量是一个值得研究的命题。本章在对相关理论进行分析的基础上，结合工业型城镇发展特点和问题，指明相关理论对工业型城镇规划的要求和影响，为规划编制研究提供更好的理论支撑。需要说明的是，这些理论对于其他类型城镇同样具有指导意义，同样可以合理广泛地应用于其他类型城镇规划的编制和实施。

第一节 可持续发展理论

一、可持续发展理论的起源背景

可持续发展理论起源于人类对增长发展模式的怀疑与反思，其起源到可持续发展概念的正式提出并被世界认可经历了大约 30 多年的历史。1962 年，美国女生物学家 Rachel Carson（莱切尔·卡逊）发表了名为《寂静的春天》的环境科普著作，描绘了一幅由于农业污染危害环境的景象，引起人类对发展观念和方式的反思。10 年后，罗马俱乐部发表了研究报告《增长的极限》，提出"持续增长"和"合理的持久的均衡发展"的概念。1987 年，以挪威首相 Gro Harlem Brundt land（布伦特兰）为主席的联合国世界与环境发展委员会发表了一份报告《我们共同的未来》，正式提出可持续发展概念，并以此为主题对人类共同关心的环境与发展问题进行了全面论述，受到世界各国政府组织和舆论的极大重视，1992 年在联合国环境与发展大会上，可持续发展要领得到与会者共识与承认。1994 年，《中国 21 世纪议程》通过，表明可持续发展已成为新世纪我国各项发展的战略选择。2000 年，由全国推进可持续发展战略领导小组组织各有关部门制定了《可持续发展行动纲要》。《纲要》的颁布标志着我国可持续发展进入了一个新的阶段。

二、可持续发展的主要内容

可持续发展概念提出之初，基本内容是指既满足当代人的需要，又不损害后代人满足需要的能力发展，即代际发展的可持续性。可持续发展概念起源于环境保护问题，但随着各国学者和专家的讨论和深化，结合了经济、社会、生态等方面的内容，可持续发展理念成为指导人类如何发展的理论。现在世界各国普遍接受，可持续发展的核心内容是实现经济、生态和社会三方面的协调统一，人类在发展经济的同时，关注生态环境保护和社会公平，实现人类的全面可持续发展。

可持续发展重视和鼓励经济增长，因为经济增长发展是国家实力和社会财富的基础，但反对片面追求经济增长速度而破坏生态环境和社会公平的发展方式，可持续发展要求转变传统的"高投入、高能耗、高污染"的生产方式和消费模式，提高经济效益，节约资源和减少废弃物，降低对生态环境的危害，我国所提的集约型经济发展方式，实施清洁生产和文明消费，以提高经济活动中的效益、节约资源和减少废物，在追求经济增长速度的同时，重视经济发展质量。

可持续发展要求人类生产活动应与生态环境的承受能力相适应，正确处理人类发展和生态环境保护的关系。可持续发展是一种有限发展，发展不能盲目扩张，改变掠夺式、挥霍式的生产和生活方式，审慎地考虑生态环境的承受能力和对生态环境造成的后果，促进人类和自然协调共处。

可持续发展强调社会公平，认为发展的本质不仅是改善人类生活质量，提高人类健康水平，还包括满足人类在社会生活、精神生活、政治生活等多方面的价值需求，使人体力和智力潜能得到展现。综合而言，经济可持续是基础，生态可持续是条件，社会可持续是目的，可持续发展追求的是以人为本位的自然—经济—社会复合系统的持续、稳定、健康发展。

三、可持续发展理论的内涵

可持续发展的内涵有两个，即发展与可持续性，其中发展是前提，是基础，可持续性是约束条件。发展的第一要义是人类物质财富的积累和增长，即经济增长是发展的基础，其次，发展应以生态环境承载能力为基础，以社会公平正义为目标；可持续性也有两层含义，一是自然资源和生态环境承载力有限，是人类经济活动最大的约束条件，其次，发展不应该只考虑当代人的利益，要注重代际公平性，在自身发展的同时，兼顾后代人的利益，为后代发展留有余地。

可持续发展是发展与可持续的统一，两者相辅相成，互为因果。放弃发展，则无可持续可言，只顾发展而不考虑可持续，长远发展将丧失根基。可持续发展战略追求的是近期目标与长远目标、近期利益与长远利益的最佳兼顾，经济、社会、人口、资源、环境的全面协调发展。

四、可持续发展理论对规划的指导

小城镇是国民经济和社会发展的重要组成，是连接城乡，容纳农业人口就业转移的重要平台。目前，工业型小城镇面临资源紧缺与浪费严重并存，生态环境保护难度大和人口规模增加社会公共服务压力大等问题，应用可持续发展理论指导工业型城镇规划编制，对于确保发展战略落实，实现整个社会可持续发展具有重要意义。

可持续发展理论要求编制工业型小城镇规划时要树立几个理念：

一是集约理念。即在编制规划时，因地制宜，实事求是地分析本地经济发展情况和资源承载能力，不盲目制定经济，人口和用地指标，不盲目建设贪大求洋，不切实际的项目，本着节约集约的原则，制定合理的规划目标和建设要求。

二是绿色理念。重视环境保护，不单纯追求经济发展目标，忽视环境保护甚至对环境的破坏，将资源环境承载能力研究、生态环境保护和景观保护作为规划的重要内容，与经济发展社会发展相协调。

三是公平理念。以人为本，尊重不同收入群体、不同利益主体的生产生活需求，尽量在规划中对不同群体的利益需求进行妥善的安排，重视外来人口和农业转移人口对于就业、居住、教育等公共服务方面的需求。充分尊重发挥群众的积极性，鼓励群众参与城镇建设和发展。

第二节　城乡统筹发展理论

从行政管理的角度来看，小城镇管辖范围不仅包括城镇建成区，还包括广大农村地区，小城镇是农村之首，城市之尾，具有联接协调城乡、集聚农业农村资源和辐射带动农业农村发展的功能，2013 年，中央城镇化工作会议也将推进农业转移人口市民化作为推进新型城镇化的主要任务，因此，小城镇规划必须处理好城市和农村的关系，需要城乡统筹发展的理论作指导。

城乡统筹的理论最早可追溯到恩格斯提出的"城乡融合"的概念，他在《共产主义原理》一书中说："通过消除旧的分工，进行生产教育、变换工种、共同享受大家创造出来的福利，来实现城乡融合和全体成员的全面发展。"同时指出"城乡融合"是未来城市的发展方向，要逐步消灭城乡差别。随后西方发展经济学家和城市经济学家都从各自研究领域提出了城乡统筹融合的理论，20 世纪 60 年代，费景汉和拉尼斯指出只有同时提高工、农业劳动生产率，才能减少农业劳动力的转移对农业总产量的影响。乔根森二元结构模型认为，农业剩余是工业部门积累资本的必要条件，农业富余劳动力向工业部门转移的速度取决于农业剩余的增长速度和工业部门的技术进步速度。英国城市学家霍华德也倡导城乡一体的结构，此外，协同论和系统论也从不同的角度支持城乡融合和城乡一体的理论。

我国是农业大国，城乡统筹理论研究起步较晚。新中国成立以后，尤其是 1956 年计划经济体制基本形成以来，我国确立了重工业优先发展的战略，加上户籍管理制度的实施，我国逐渐形成了城乡二元的经济结构和体制。城乡二元结构体现在经济社会的方方面面，经济方面存在工农业产品剪刀差，我国长期农村养老、医疗等社会保障制度无法实现，农村基础设施建设，就业教育等与城市存在巨大差距。城乡二元结构导致的社会经济矛盾逐渐尖锐，严重制约了我国国民经济发展。2002 年党的十六大报告明确提出了"实施城乡统筹发展战略"，十六届三中全会提出科学发展观的重要战略思想，并把"统筹城乡发展"作为落实科学发展观的重要战略任务，十六届五中全会提出实行工业反哺农业、城市支持农村，推进社会主义新农村建设的要求，并于 2007 年成立设立了重庆和成都两个国家级统筹城乡综合配套改革试验区，积极实践和探索城乡统筹协调发展之路。十七大报告提出把统筹城乡发展作为解决好"三农"问题，建立城乡经济社会发展一体化新格局的重要举措。十八大报告对统筹城乡发展的要求进一步细化，要求着力在城乡规划、基础设施、公共服务等方面推进一体化，促进城乡要素平等交换和公共资源均衡配置，形成以工促农、以城带乡、工农互惠、城乡一体的新型工农、城乡关系。

城乡统筹发展的基本内涵是以人为本，使城市居民和农村居民享有平等权利，均等化的公共服务水平和生活条件，共享改革发展的成果。现阶段统筹城乡发展的基本内容包括：

一是城市带动农村经济发展。加快工业化和城市化进程，城市尤其是小城镇要注重培育和发展能带动农村劳动力就业的产业，促进农村劳动力向二三产业转移，促进农业生产规模经营和生产，加快现代农业发展，带动农村经济发展。

二是加强农村基础设施建设。促进城市基础设施向农村延伸，在完善农村道路、环境卫生和交通信息等技术设施建设的同时，重视对农村基础设施管理维护的投入，改变农村基础设施落后的局面，缩小农村和城市之间的差距，促进城市文明向农村辐射。

三是提高农村公共服务水平。按照以人为本和经济社会协调发展的原则，完善农村教育、文化和卫生等社会事业发展，统筹城乡社会事业和社会保障，提高农村公共服务水平，实现城乡公共服务均等化。

四是尊重农民平等发展权利。当前的重要内容赋予农民更多的财产权利，推进城乡要素平等交换和公共资源均衡配置，改革征地制度，加强农民土地权益保护，提高农民在土地增值收益中的分配比例，在统一规划要求下，允许农民利用自由土地参与城镇发展和建设。

统筹城乡理论要求在编制小城镇发展规划时，要认真分析农业，农村发展中所存在的问题，对农业发展，农村劳动力转移和农村基础设施建设等做出安排和部署，对于涉及农民切身利益的问题，如征地拆迁，旧村改造等，要充分调研，详细了解项目区农民的需求，保障农民权益，实现城乡经济社会一体化发展。

第三节　空间布局理论

在我国，空间布局是我国三大规划即经济社会发展规划、土地规划和城镇规划的主要研究内容之一。从宏观层面，空间布局主要对经济社会生产中所涉及的产业、用地类型、重大基础设施、生态空间和城镇体系等内容在空间方面进行具体实现和落实。空间布局的目的在于指导各类要素在空间上合理配置和优化组合，更好地促进公平，提升效率，实现平衡发展。空间布局涉及要素多，涵盖范围广，不同的资源要素有其自身的空间配置和组合规律，空间结构理论综合考虑区域内各种经济活动在相互作用下所形成的空间集聚程度和集聚形态。目前对区域空间结构的研究较多，而对小城镇空间结构研究较少，本章借鉴区域空间结构理论研究成果，结合小城镇经济社会发展特点，为小城镇空间布局优化提供理论指导。

　　小城镇空间结构主要是指小城镇主要社会经济体在空间上的相互关系和相互作用，以及相互联系的空间集规模和集聚形态。小城镇空间结构的要素包括点状、线状和面状要素。点状要素具有明确的区位属性，一般而言点状地物发展程度远远高于周边地区，是小城镇经济社会发展的制高点和聚合点。线状地物在空间形态上看是按照某个方向或规则排列的点，在小城镇中，交通线路（包括高速公路，主干道，铁路等）、河流水系等是线状地物的典型，线状地物对于沟通空间联系和扩展空间活动发挥重要作用。面状地物是指具有某种同质性，并且在空间上向四面延展。区域空间结构理论主要包括核心—边缘理论，点轴理论和圈层理论。核心—边缘理论是解释经济空间结构演变模式的一种理论。核心边缘理论揭示了经济发展水平和空间结构的变化关系，即区域间如何由互不关联，孤立发展，变成彼此联系，不断发展的区域系统，对于小城镇而言，对外而言，小城镇均试图通过交通联系、产业发展等方式与上一级区域经济核心建立关系，促进发展，而对于小城镇内部而言，镇区是城镇经济、公共服务的中心，对周边乡村起到辐射带动作用，应合理优化镇区和乡村功能布局，加强镇区和乡村的经济联系，起到辐射带动周边乡村发展的作用。

　　点—轴渐进扩散理论包括据点开发理论、轴线理论和点—轴渐进扩散理论，据点是地域极化理论的一种，认为集中建设一个或几个点，通过点的开发和建设来影响带动周边地区经济的发展。轴线开发理论认为区域的发展与基础设施的建设密切相关，将道路、供电、供水等基础设施线路为轴线，辐射城镇等经济社会中心会较好地引导区域发展。点轴渐进扩散理论对城镇建设的指导就是要确定城镇发展的核心，并加强核心与周边辐射地区的基础设施建设，通过轴线带动周边地区的发展。对于小城镇而言，中心镇区、工业园区等集聚人口就业等经济活动频繁丰富的地区是城镇的核心，连接核心或者辐射带动区域的主要道路为发展轴线，区域内主要交通道路为发展的轴线。

　　圈层结构理论最早由德国农业经济学家冯·杜能提出。其主要观点是，城市在区域经济发展中起主导作用，城市对区域经济的促进作用与空间距离成反比，区域经济的发展应以城市为中心，以圈层状的空间分布为特点逐步向外发展。根据圈层理论，区域空间可以划分为内圈层，中圈层和外圈层，①内圈层：即中心城区或城市中心区，该层是完全城市化了的地区，基本没有大田式的种植业和其他农业活动，以第三产业为主，人口和建筑密度都较高，地价较贵，商业、金融、服务业高度密集；②中圈层：即城市边缘区，既有城市的某些特征，又还保留着乡村的某些景观，呈半城市、半农村状态，居民点密度较低，建筑密度较小，以二产为主；③外圈层：即城市影响区，土地利用以农业为主，农业活动在经济中占绝对优势，与城市景观有明显差别，居民点密度低，建筑密度小，是城市的水资源保护区、动力供应基地、假日休闲旅游之地。圈层理论对于指导小城镇规划有两方面的意义，一是小城镇在区域中所处的圈层，是处于上一级核心城市的哪一层辐射范围，中心城市对于小城镇具有哪方面的带动作用，另一方面是小城镇核心和辐射范围的大小和不同圈层的发展方向和重点。

第四节　产业发展理论

在传统的经济学领域中，产业主要指经济社会的物质生产部门，随着社会经济发展，产业的内涵和外延不断丰富，产业有时泛指一切生产物质产品和提供劳务活动的集合体。目前，比较统一的认识为产业是指由利益相互联系的，具有不同分工的，由各个相关行业所组成的业态总称，尽管它们的经营方式、经营形态、企业模式和流通环节有所不同，但是，它们的经营对象和经营范围是围绕着共同产品而展开的，并且可以在构成业态的各个行业内部完成各自的循环。在产业经济学中，产业包括三个层次即产业组织、产业联系和产业结构。城镇规划具有宏观性和综合性的特点，针对规划编制的角度，产业分析和规划主要集中在产业联系和产业结构方面。产业发展理论就是研究产业发展过程中的发展规律、发展周期、影响因素、产业转移、资源配置和发展政策等问题。产业发展理论主要包括产业结构演变理论、区域分工理论和发展阶段理论。

一、产业结构演变理论

产业结构的内容包括三个方面，一是指区域产业构成，即产业数目，产业的动态演变，处于不同发展阶段的产业类型；二是各产业在国民经济中所占的份额，包括增长份额；三是产业间的相互联系。产业结构与经济发展水平相对应，当产业类型不断由低级向高级演变的过程中，产业间的相互联系也由简单向复杂演变，推动产业结构向合理化方向发展。

（一）配第—克拉克定理

配第—克拉克定理是科林·克拉克（C. Clark）于 1940 年在威廉·配第（William Petty）关于国民收入与劳动力流动之间关系学说的基础上提出的。随着经济的发展，人均收入水平的提高，劳动力首先由第一产业向第二产业转移；人均收入水平进一步提高时，劳动力便向第三产业转移；劳动力在第一产业的分布将减少，而在第二、第三产业中的分布将增加。人均收入水平越高的国家和地区，农业劳动力所占比重相对较小，而第二、三产业劳动力所占比重相对较大；反之，人均收入水平越低的国家和地区，农业劳动力所占比重相对较大，而第二、三产业劳动力所占比重则相对较小。

（二）库兹涅茨法则

库兹涅茨（Simon Kuznets）在配第—克拉克研究的基础上，通过对各国国民收入和劳动力在产业间分布结构的变化进行统计分析，得到新的理解与认识，基本内容：①随着时间的推移，农业部门的国民收入在整个国民收入中的比重和农业劳动力在全部劳动力中的比重均处于不断下降之中；②工业部门的国民收入在整个国民收入中的比重大体上是上升的，但是，工业部门劳动力在全部劳动力中的比重则大体不变或略有上升；③服务部门的劳动力在全部劳动力中的比重基本上都是上升的，然而，它的国民收入在整个国民收入中的比重却不一定与劳动力的比重一样同步上升，综合地看，大体不变或略有上升。

（三）技术升级与产业链延伸

在没有新的产业形式出现的情况下，通过产业技术的不断升级而对传统产业进行改造，不断提升产业自身的质量，在某种程度上也算是一种产业升级，如用高新技术产业改造传统产业，可以催生出一些新的产业形态，如光学电子产业、汽车电子产业等等。除了技术升级外，对现有产业的价值链进行延伸，增加附加值也是产业结构升级的一种方式，如培育与现状主导产业有前向、后向和测向联系的其他产业等。

二、区域分工理论

从区域分工的角度确定城市产业发展定位是城市发展的客观要求。从区域角度分析城市在区域中的优势、劣势和发展潜力等，确定城市在区域中所发挥的作用、扮演的角色，进而确定城市产业，避免"就城市论城市"的产业确定方式。

（一）比较优势理论

比较优势理论是城市规划过程中产业定位比较常用的理论之一，主要包括绝对优势理论和相对优势理论。

1. 绝对优势理论：1776 年亚当·斯密在其《富国论》中，对国际分工与经济发展的相互关系进行了系统阐述，提出了绝对优势理论，认为不同国家或地区在不同产品或不同产业生产上拥有优势，对于相同产业来说，各国则存在生产成本的差异，贸易可以促使各国按生产成本最低原则安排生产，从而达到贸易获利的目的。

2. 相对优势理论：1817 年大卫·李嘉图在《政治经济学及赋税原理》中以劳动价值论为基础，用两个国家、两种产品的模型，提出和阐述了相对优势理论。他指出，由于两国或两个地区劳动生产率的差距在各商品之间是不均等的，因此，在所有产品或产品生产上处于优势的国家和地区不必生产所有商品，而只应生产并出口有最大优势的商品；而处于劣势的国家或地区也不是什么都不生产，可以生产劣势较小的产品。这样，彼此都可以在国际分工和贸易中增加自身的利益。长期以来，相对优势理论成为指导国家或地区参与分工的基本原则，并得到许多经济学家的进一步阐释和发展。

（二）新贸易理论

随着传统产业理论缺陷的逐步显现以及现实经济发展的不断提速与变化，美国经济学家保罗·克鲁格曼提出了新贸易理论。他认为，不同国家或地区之间的贸易，特别是相似国家或地区同类产品的贸易，是这些国家根据收益递增原理而发展专业化的结果，与国家生产要素禀赋差异关系不大。发展任何一种专业在一定程度上都具有历史偶然性，在不完全竞争和同类产品贸易的条件下，生产要素的需求和回报状况取决于微观尺度上的生产技术条件。生产技术的变化，可以改变生产要素的需求结构和收益格局，从而影响相似要素条件下的贸易，促成同类产品的贸易。

新贸易理论还认为，不完全竞争和收益递增的存在，为国家和地区采取战略性贸易政策，创造竞争优势提供了可能。比如，有一些部门规模经济（特别是外向型经济）十分突出，可通过促进这些部门的出口和发展获得竞争优势，从而改变其在国际或区域经济中的专业化格局，向着有利的方面发展。

（三）产业集群理论

产业集群作为一种新的产业空间组织形式，其强大的竞争优势引起了国内外学者的广泛关注，在城市规划产业发展定位与组织中受到越来越多的重视，特别是在发展中国家和地区。在城市规划与城市研究中，产业集群主要指以中小企业为主体，相关的企业、研究机构、行业协会、政府服务组织集结成群的经济现象，既是行为主体的一种结网、互动，又是一种市场化行为催生的产业组织模式，最基本的特征是基于分工基础上的竞争性配套与合作，具有产业链条长而且配套、内部专业化分工细、交易成本低、人才集中、科技领先、公共服务便利等优势，因而具有强大的竞争力。从产业发展定位角度看，一个区域或城市在产业选择或引进时，应注意其与已有企业或产业之间的关联程度，是否能延伸现有产业链或提升现有产业技术水平，最终融入集群中，增强地区或城市的产业发展潜力并提升整体的产业竞争力。

三、发展阶段理论

（一）H·钱纳里的"标准结构"理论

美国经济学家 H·钱纳里运用投入产出分析方法、一般均衡分析方法和计量经济模型，通过多种形式的比较研究考察了以工业化为主线的第二次世界大战以后发展中国家的发展经历，构造出具有一般意义的"标准结构"，即根据国内人均生产总值水平，将不发达经济到成熟工业经济整个变化过程分为三个阶段六个时期：第一阶段是初级产品生产阶段（或称农业经济阶段）；第二阶段是工业化阶段，第三阶段为发达经济阶段。

（二）霍夫曼定理

德国经济学家 W·霍夫曼通过对当时近 20 个国家的时间序列数据的统计分析，提出著名的"霍夫曼定理"：随着一国工业化的进展，霍夫曼比例是不断下降的。霍夫曼比例是指消费资料工业净产值与资本资料工业净产值之比，即霍夫曼比例 = 消费资料工业的净产值/资本资料工业的净产值。霍夫曼定理的核心思想是：在工业化的第一阶段，消费资料工业的生产在制造业中占主导地位，资本资料工业的生产不发达，此时，霍夫曼比例为 5（±1）；第二阶段，资本资料工业的发展速度比消费资料工业快，但在规模上仍比消费资料工业小得多，这时霍夫曼比例为 2.5（+1）；第三阶段，消费资料工业和资本资料工业的规模大体相当，霍夫曼比例是 1（±0.5）；第四阶段，资本资料工业的规模超过了消费资料工业的规模。

第五节　公共服务理论

公共服务，是 21 世纪公共行政和政府改革的核心理念，是以政府等公共部门为主提供的，满足社会公共需求，供全体公民共同消费与平等享用的公共产品和服务。

公共服务可以根据其内容和形式分为基础公共服务，经济公共服务，公共安全服务，社会公共服务。基础公共服务是指那些通过国家权力介入或公共资源投入，为公民及其组织提供从事生产、生活、发展和娱乐等活动都需要的基础性服务，如提供水、电、气，交通与通信基础设施，邮电与气象服务等。经济公共服务是指通过国家权力介入或公共资源投入为公民及其组织即企业从事经济发展活动所提供的各种服务，如科技推广、咨询服务以及政策性信贷等。公共安全服务是指通过国家权力介入或公共资源投入为公民提供的安全服务，如军队、警察和消防等方面的服务。社会公共服务则是指通过国家权力介入或公共资源投入为满足公民的社会发展活动的直接需要所提供的服务。社会发展领域包括教育、科学普及、医疗卫生、社会保障以及环境保护等领域。社会公共服务是为满足公民的生存、生活、发展等社会性直接需求，如公办教育、公办医疗、公办社会福利等。

公共服务对于城镇经济社会发展具有重要意义，是城镇规划的重要内容。具体表现在以下几个方面：

公共服务是政府管理的应尽职责。公共服务最大的特点是非排他性和非竞争性，公共服务的规模效益是社会公共利益，关系国计民生，需要巨大的初始投资，这些特点要求政府承担公共服务的供给职责。实际调研中发现，社会事业和公共服务支出是小城镇政府财政支出的主要内容，尤其是教育方面的投入，约占财政支出的50%左右。

公共服务水平高低是衡量区域经济社会发展水平的重要标志，对经济社会发展具有积极的促进作用。一方面公共服务需要大量的资金，技术和人力资本的投入，而经济增长为公共服务水平的提高提供了物质基础，一般而言，经济发展水平的地区公共服务质量也较高。另一方面公共服务水平增长，提高了社会运行效率，社会就越稳定，现代程度就越高，提高了经济运行效率，进而促进经济增长。从西方国家发展规律来看，最发达的国家同时也是公共服务体系完善的福利国家。

公共服务是城镇化发展的重要内容。我国正处于快速城镇化发展时期，其基本内涵就是由农业（第一产业）为主的传统乡村社会向以工业（第二产业）和服务业（第三产业）、高新技术产业和信息产业（第四产业）为主的现代城市社会逐渐转变的历史过程。这必然带来就业、生产和生活方式的改变，而我国长期以来形成的城乡二元结构，造成城乡基础设施和公共服务方面存在较大的差距，提供完善均等的公共服务，使城乡居民共享发展成果是城镇化发展的重要内容。当前时期，我国正处于快速城镇时期，2014年发布的《国家新型城镇化规划（2014—2020）》针对我国国情，提出了新时期公共服务要求，具体包括有序推进农业转移人口落户城镇，推进以保障随迁子女义务教育，完善就业创业服务，扩大社会保障覆盖面，改善基本医疗和拓宽住房保障等为核心内容基本公共服务。作为基层政府工作的核心，小城镇规划应根据本镇人口特点，类型和需求，对公共服务做出合理科学的部署和安排。

参考文献

1. 熊君. 统筹城乡发展的理论渊源〔J〕. 中国集体经济, 2008 (6)。

2. 韩长赋. 实现中国梦基础在"三农", 人民网－人民论坛, 2013 年 11 月 12 日。

3. 杨忠臣. 区域空间布局的理论与方法——以江苏省高淳县为例. 南京师范大学硕士学位论文, 2004 年。

第四章　工业型城镇规划编制

工业型城镇规划是基于工业型城镇发展现状、存在问题和发展要求，对一定时期工业型城镇经济社会发展做出统筹安排和全局部署。由于工业型城镇既具有一般小城镇的共性问题，同时也有其个性特点，本章对工业型小城镇的规划编制流程，规划编制理念，基本内容框架和编制方法进行系统的阐述。

第一节　编制流程

工业型小城镇规划编制主要包括以下几个阶段。

一、准备工作阶段

准备工作包括成立规划编制小组，拟定规划工作方案和工作计划，落实规划经费和人员，制定调研安排和规划资料收集清单。具体包括：

（一）组织准备

工业型小城镇经济社会发展规划编制涉及多个行业和部门，同时也是一项综合协调工作，规划编制应成立包括规划编制技术人员，地方领导和工作人员为成员的规划编制小组。其中规划编制技术人员专业应包括城市规划、土地利用、产业经济、社会学、交通、生态等多学科。地方领导小组和工作人员主要承担综合协调等工作。

（二）业务准备

包括编制规划任务书，业务分工培训，制定切实可行的工作计划，落实经费等。

规划任务书：要求明确规划的范围、时间安排、指导思想、目的、成果要求以及方法步骤。

工作计划：详细列出需搜集的各种信息资料及来源，进行人员分工和业务培训，确定时间进度安排，确定工作步骤、目标和具体要求。

二、实地调研与资料收集

通过工业型小城镇政府主要领导，各部门相关负责人座谈的形式，详细了解工业型小城镇经济社会发展现状、存在问题和发展思路。针对重点问题，有针对性地实地走访村庄、居民和企业，了解居民需求和产业发展现状。召开规划座谈会，邀请上级政府领导及主要部门负责人座谈，了解上级政府对工业型小城镇规划定位和思路想法。将座谈内容整理成访谈记录，为规划编制提供依据。

资料收集范围包括近年来工业型小城镇编制的各类规划，上级政府发布的相关文件，统计资料和工作总结等文本资料、数据和图件。要对资料进行整理和分析，对资料中不完善或不准确的部分，将进行补充和核实。

三、规划研究与编制阶段

这一阶段主要是在对资料分析和研究的基础上，梳理工业型小城镇发展现状，存在问题，明确总体发展战略和重点任务。以上内容综合成为规划文本、规划说明和规划图件。主要的步骤是编制写作提纲，初稿写作，规划统稿和图件制作。重点开展以下几方面的研究：

（一）找准经济社会发展特征和问题

对工业型小城镇的主要经济指标，如地区生产总值，人均纯收入，三次产业增加值，三次产业结构，社会固定资产投资总额，财政收入等进行时间序列分析；横向对比分析工业型小城镇与周边小城镇或条件类似存在竞争关系的小城镇经济指标，归纳提炼出小城镇经济发展特征及存在问题。

对工业型小城镇人口数量，就业和空间分布，基础设施、生态环境和社会事业设施数量，分布情况进行分析，得出小城镇社会发展现状及存在问题。

（二）制定经济社会发展总体战略思路

以现状分析为基础，结合发展优劣势、机遇背景分析，提出工业型小城镇规划期发展定位，以及促进经济社会环境多方面可持续协调发展的目标。内容上包括战略依据，战略意义，战略定位和战略目标等。

（三）细化经济社会发展重点任务

根据总体发展战略，细化工业型小城镇空间布局，产业发展，基础设施建设，公共服务和生态环境保护等方面的发展思路目标和重点工作任务。

（四）编写规划报告和图件制作

在以上工作的基础上，将分析和研究内容归纳综合成为规划报告，包括文本和说明，对涉及空间落实的内容制作成图件。

四、评审与公示

规划（初稿）完成后，要征集小城镇及上级政府对规划的修改意见，要在各部门之间进行协调。邀请有关部门领导、专家以及相关人员进行论证和评审，根据评审结果修改后形成规划终稿，在地方进行公示。

第二节 规 划 理 念

规划理念与小城镇特点，发展目标，指导思想，存在问题和发展背景密切相关。改革开放三十多年来，我国的发展思路从单纯的经济增长转向经济、社会和自然协调可持续发展，经济发展、公众需求、公共服务、生态环境和文化传承等成为政府的几大主要工作内容和公众关注焦点。可持续发展，以人为本，四化同步，绿色低碳等理念逐步深入人心，也成为编制规划的重要指导思想。结合小城镇经济社会发展特点和规划实施要求，提出以下规划理念。

一、区域联系的理念

随着我国市场经济体制的逐步建立完善，地区间合作和竞争加强，任何区域都不可能置身于市场和区域之外，孤立地谋求发展。小城镇处于城市之尾，农村之首，位于我国行政体系的最低端，其发展的自主性和独立性相对较差，对周边区域发展的影响更加敏感，因此必须树立区域联系的理念，核心就是借助周边区域发展优势，规避发展风险，为小城镇经济社会发展拓宽市场和空间。区域联系的理念，落实在规划编制过程中，主要做好以下几方面工作。一是区域环境分析，基于小城镇的空间地理位置，分析小城镇与周边主要城市的交通联系，主要对外交通联系方向和通达性，分析主要经济联系方向。二是小城镇在区域范围内的经济社会发展情况，优劣势分析及自身发展定位分析，尤其是小城市郊区的小城镇，周边区域市场潜力如何？如何借助大城市的市场辐射带动，发挥自身资源优势促进小城镇发展。三是区域间既有合作，也有竞争，区域联系理念不仅要求分析小城镇在上一级区域中发展的地位和条件，更要分析同区域内具有类似区位，资源条件的小城镇的竞争和合作关系，认清发展形势。区域联系的理念还要求小城镇发展不盲目自信，辨析区位交通条件等带来的风险和弊端，积极做好应对措施。如对于工业型小城镇而言，一些过境交通干线虽然提高了通达性，但造成城镇空间分割，一方面对城镇形象和环境造成影响，另一方面空间分割对于土地利用效益也造成负面影响。最为明显的例子就是，一些具有旅游景点和设施的城镇，交通通达性提高一方面提高了旅游人群大小城镇的便利性，但同时可能会缩短旅游人群的逗留时间，造成旅游收入降低。四是注重城乡联系，小城镇下辖广大的农村地区，农村、农业和农民的发展是工业型小城镇发展的重要任务之一，区域联系还要求根据农村发展水平，构建镇村发展体系，为合理配置基础设施，提高城乡资源利用效率提供依据。

二、公共服务的理念

党的十七届二中全会通过的《关于深化行政管理体制改革的意见》将政府职能概括为改善经济调节，严格市场监管，加强社会管理和注重公共服务。小城镇直面居民的各种生产生活诉求，小城镇规划作为政府职能的重要内容，体现政府管理思路和目标，必须树立公共服务的理念。结合工业小城镇经济社会发展特征，工业型小城镇的公共服务需求集中体现在以下几个方面：一是随着工业型小城镇经济增长和经济实力的不断增强，小城镇居民物质文化需求相应提高，对教育医疗，文化休闲等要求提升，同时镇内企业对以城镇基础设施，服务水平为核心的投融资环境提出了更高要求；二是随着小城镇落户政策的完全放开，工业型小城镇就业带动能力强，增加了外来人口吸引力，随着外来人口的快速增加，外来人口子女教育，医疗和社会保障等方面的需求亟待满足；三是工业型城镇大多存在空间布局不合理，用地紧缺和利用效率低下等问题，在城镇用地内涵式和集约式发展的要求下，需要对用地进行整治，这必定会涉及本地城乡居民的利益，必须要充分考虑这部分居民生产和生活各方面的需求，同时在当前小城镇建设和规划中，出现了重视经济建设，轻视公共服务，追求政绩和形象工程，不注重民生等问题，为了避免出现这些问题，应树立公共服务的理念。

工业型小城镇规划中，公共服务理念的核心包括以下几层含义：一是重视公众需求，在规划编制时，对于关系城镇发展的重大问题和重点项目要做好公众参与，征求本地或项目相关人员的意见，不损害居民利益，不盲目决策；二是规划编制时，规划目标的制定要符合需求，符合当地财力，不盲目追求政绩和经济效益，不建设贪大求洋的政绩工程；三是公共服务要以覆盖常住人口为原则，即为外来人口提供与本地户籍人口统一的、均等的公共服务，同时公共服务支出要量力而行，积极利用社会组织和社会资本，采用政府购买服务的方式解决服务问题。

三、多规融合的理念

目前我国主要有三大规划体系：经济社会发展规划，城镇规划和土地利用规划。从规划编制体制、规划内容等方面还存在很多不协调的地方，严重影响了规划目标的实施落地，无法发挥规划的实施指导作用，影响规划的严肃性和可操作性。实地调研中，城镇规划不协调的问题主要体现在城镇规划和土地利用规划两者在规划范围、人口规模预测和用地分类标准方面不一致。在用地规模的确定上，土地利用总体规划的编制一般采取从总部到局部、逐级进行的方法，而城市总体规划基本上采用的是从上到下与从下到上相结合的工作路线；土地利用总体规划的编制强调土地尤其是耕地的保护，耕地占用和保护指标的分配采取层层下达的方式，不得突破，带有很强的计划性、城市总体规划侧重于城市的建设和发展，规划编制一般从各行业用地需求的角度进行各种土地利用的时空安排。造成土地指标的分解结果很难满足所有城市的发展、建设对土地的需求。由于规划所采用的基础数据在统计口径和预测基期方面的不同，导致规划目标不一致，增加了规划实施难度。从规划层次和体系而言，小城镇规划属于最基层的规划层级，是实施性质的规划。而本书所针对的小城镇经济社会发展规划侧重于对小城镇宏观战略的研究，统领城镇规划和土地利用规划，是为城镇规划和土地规划编制的依据，同时涵盖人口公共服务和用地布局等内容，为了确保规划的实施性和可操作性，必须树立多规融合的理念。

多规融合的理念要求做到以下几点，一是加强规划编制组织协同，成立规划联合研究、协调课题组；制订统一的工作计划；进行规划基础资料的调查分析，进行各项规划专题的研究；进行专题研究间的协调分析，制订规划的初步方案；协调论证初步方案，确定最终规划方案。二是规划技术方法的协调统一，在规划编制时首先对各类各级规划对小城镇的定位和要求进行梳理，分析之前规划定位的一致性，以及在新的经济社会发展水平下，规划定位和要求的科学合理性，分析城镇规划和土地利用规划在用地规模和空间布局方面的差距；要对人口、用地等基础数据进行调整，保证数据的一贯性和连续性，尤其是对城乡接合部地区的用地数据进行分析，确保数据与实际情况相吻合，实现规划在用地指标、布局和保护控制等方面的协调一致。

四、生态文明的理念

所谓生态文明，是人类文明的一种形式，它以尊重和维护自然为前提，以人与人、人与自然、人与社会和谐共生为宗旨，以建立可持续的生产方式和消费方式为内涵，以引导人们走上持续、和谐的发展道路为着眼点。生态文明强调人与自然环境的相互依存、相互促进和和谐。党的十八大报告针对我国发展面临的资源能源约束趋紧，生态环境污染严重，生态系统退化的严峻形势，提出有要求树立生态文明的理念，并融入经济、社会、文化和政治建设，建设五位一体的中国特色社会主义。工业型城镇由于过去快速发展，造成土地等资源无序利用，工业企业环境污染加剧，加之长期以来环境基础设施建设滞后，生态环境恶化严重。

针对这些问题，必须在规划编制时树立生态文明的理念，生态文明的理念不同于经济、文化、政治和社会建设等，具有明确独立的边界，而是渗透融入其他四个方面建设之中的。工业型小城镇规划编制时，生态文明理念主要贯彻落实在以下几个方面：一是指导思想上，认识生态环境保护与经济发展的关系，生态环境优良是城镇投融资环境的重要内容，忽视生态环境保护，盲目追求经济发展，一方面增加环境治理成本，另一方面长此以往必将会造成城镇可持续发展能力和区域竞争能力减弱；二是重视环境基础设施建设，在工业企业集中和居民集中区域，重视污水、垃圾等环境基础设施建设，提高管网覆盖率和处理水平；三是在制定产业进入的环境保护约束条件，规范企业环境保护处理方式，避免环境不友好和高耗能、高污染的产业发展；四是生态文明理念还要充分发挥小城镇生态景观优势，有条件的地区将生态景观打造成小城镇的品牌和名片，将生态景观优势转变为经济发展的动力；五是与绿色、低碳和紧凑城市建设相融合，提高用地空间旅游效率，将先进绿色的城市建设理念融入实践。

五、文化传承的理念

工业型小城镇虽然在就业、产业发展、居民生活方式等方面更加接近于城市，正在经历或面临生产生活方式的转变，但工业型小城镇同样保留有一定数量的文化遗产和传统，历史文化资源是小城镇内生发展的动力之一。为了避免由于经济利益的驱动，在城镇化过程中造成历史文化资源流失和文化传统割裂，完整地保护与传承好传统文化，地方文化和特色文化也是制定工业型小城镇规划必须注意的问题。《国家新型城镇化规划（2014—2020）》提出："把以人为本、尊重自然、传承历史、绿色低碳理念融入城市规划全过程。"文化传承理念要求城镇规划过程中，首先要对城镇历史文化遗迹和历史文化价值进行梳理，挖掘不同历史文化价值，确定保护内容和方式，二是重视硬件建设，加强对历史文化遗迹保护，为文化发展留出发展空间，把新的文化设施建设和城镇规划有机结合。三是特色历史文化的传承和发扬，将文化特色在城镇化过程中变成居民的文化生活方式，将城镇特有的历史文化和人文精神与城镇建设，经济发展方向融合，形成城镇特色和品牌。

第三节　内　容　框　架

工业型小城镇发展规划是指导小城镇经济社会全面发展的依据，是区域规划的重要类型，期内容框架与其他区域规划具有共性特点，但同时工业型小城镇规划对实施性和可操作性要求较高，在具体内容上面有特殊的要求。目前我国城镇规划编制取得了较大的进展和丰富的成果，形成了较为完整的框架。基于对工业型小城镇经济社会发展特征、主要问题和工业型小城镇规划内涵、特点和重点任务的认识，认为我国工业型小城镇规划内容框架应包括总体战略思路、空间布局优化、产业转型升级基础设施建设、生态环境保护、社会公共服务、近期行动计划以及规划实施保障等内容。

一、总体战略思路

在对工业型城镇区位、经济、社会和生态等基本情况进行分析的基础上，明确工业型城镇发展优势，存在问题，面临挑战和发展机遇，提出工业型城镇发展指导思想，基本原则，功能定位和发展目标，确定提升工业型小城镇竞争能力和经济社会全面可持续发展的策略，包括空间优化、产业转型、基础设施完善和提升公共服务水平等。总体战略思路一般应包括如下内容。

（一）基本情况分析

在工业型小城镇地理位置、交通联系、人口就业和资源条件、经济发展等基本情况进行分析的基础上，梳理出小城镇发展优势和存在的突出问题。

（二）战略思路

在结构上可包括战略意义，指导思想，规划原则和发展战略等内容，其核心内容是对规划期间，工业型小城镇发展重点任务的发展意义，主要内容和发展目标的归纳、概括与提炼，是指引具体发展重点任务的关键依据，为以下具体的空间布局优化、产业转型升级、基础设施建设、生态环境保护、社会公共服务等具体发展战略和任务指明了原则和方向。

（三）战略定位和目标

在对国家和区域相关发展环境、政策分析的基础上，明确小城镇发展背景，面临的机遇和挑战，结合基本情况分析，明确工业型小城镇的战略定位，提出发展目标。战略定位需要突出研究对象与其他城镇的本质差别，创新个性化的城镇形象，包涵自身发展目标、希望承担的区域角色和竞争位置，揭示城镇发展的方向和理想模式。战略定位的角度有多种，有区域定位、功能定位等不同提法。发展目标既包括以定性为主的总体目标，也包括以定量指标为主的具体目标。

二、空间布局优化

合理的空间布局是城镇功能发挥的重要保障。工业型城镇空间布局优化分为三个层次即镇域，镇区和规划准备实施用地调整的重点区域，从内容上包括空间问题分析、空间优化策略、空间增长结构、功能分区和重点任务。

（一）空间问题分析

包括指标分析、建设适宜性分析和利用方式分析。指标分析即对城市规划用地指标和土地利用规划用地指标的数量和空间分布进行对比分析，得出两种规划在指标分配上的矛盾和冲突。建设适宜性分析主要是对城镇空间的区位、交通通达性、地形地貌、生态敏感程度和农地保护等进行分析，判断城镇用地空间建设约束条件。利用方式分析主要对镇域空间土地利用的经济、社会和生态效率进行评价，分析其土地利用合理性。

（二）空间优化策略

基于空间问题分析，根据工业型小城镇的宏观发展战略，解决空间问题，提高用地效率的行动方针和方法。

（三）空间增长结构

确定工业型小城镇各功能区的地理位置及其分布特征的组合关系，是各功能分区在地域空间上的组织关系。

（四）功能分区

明确各功能区的范围和定位，并提出各功能区建设的基础设施建设，功能完善，城市管理和支持政策等方面的重点任务。此外，如果工业性小城镇涉及"三旧"改造，城乡建设用地增减挂钩和城市更新等工作，还要对具体的用地空间和指标调整方案在空间布局优化部分进行融合。

小城镇经济社会发展规划需要对规划期小城镇做出宏观战略展望，同时基于规划的实施性和可操作原则，规划还应对近期对小城镇经济社会发展起到关键作用的抓手工作进行部署和安排。实地调研中，基于用地空间布局和指标紧缺等问题，工业型小城镇普遍存在用地调整的要求，调整的方式有"三旧"改造、城乡建设用地增减挂钩和城市更新等。本书所研究的规划不包括具体的调整方案，但应在空间优化布局的框架下，对用地调整的类型、模式和调控重点做出提出要求。

三、产业转型升级

产业是城镇经济发展的核心和基础。产业转型升级是增强工业型小城镇经济实力和竞争力的关键。产业转型升级的内容首要是对工业型小城镇现有产业发展情况进行分析。针对产业规划方面，内容主要包括以下几个方面：

（一）小城镇产业发展现状分析

主要对小城镇产业发展的条件，包括历史基础、现有产业发展基础、自然条件、人力资源、技术因素和周边地区产业发展基础、国家相关产业政策要求等因素进行分析，得出小城镇产业发展基本情况、优劣势和面临的问题。

（二）确定产业功能和产业体系

基于城镇经济发展功能定位，自身产业和周边区域产业发展情况，以充分发挥自身资源优势，满足市场需求和促进撑着发展为原则和依据，进一步完善产业体系，明确主导产业，支撑产业和城镇生产生活所需要的其他产业类型。

（三）产业发展思路

主要包括发展思路、目标和重点任务三部分内容。产业发展思路和目标是针对各类产业类型，提出规划期间产业发展方向，重点内容和目标。重点任务即各项产业发展建设的重点，总体的思路是产业转型升级部分的规划内容要厘清政府和市场的关系，尊重市场的自发性，因此主要内容不是针对具体产业和产品发展的，而是侧重从政府如何做好产业发展环境培育和平台搭建的角度，为创造良好的产业发展投融资环境的角度来确定产业发展方向，空间布局，安排支持产业发展的资金和项目，制定实施计划和具体措施。针对目前招商引资和政府引进培育产业发展方面的问题，产业规划部门要制定产业发展负面清单，明确当地不适宜发展的产业类型。根据发展阶段，在规划现代新兴产业过程中，给传统产业和劳动密集型产业留出发展空间，合理确定产业发展方向和层次。

对于工业型小城镇而言，普遍存在城镇化滞后工业化发展的问题，城镇商业服务业发展不足，集聚人气培育服务业发展是工业型小城镇产业发展的重点。由于人口规模有限，小城镇商服业发展忌搞大设施，大空间，要慎重改造传统商业街区和旧城区，注重小地块开发，降低服务业发展成本。

（四）产业空间布局

产业在城镇空间内的分布与组合，将小城镇产业发展实际与空间布局理论相结合，是产业发展战略和任务在空间区位上的具体落实。确定主导产业和重点产业的主要发展区域的范围、定位以及为了配合产业发展需要进行的建设任务。

四、基础设施建设

基础设施是为经济社会发展提供公共服务的设施的总称，对于促进经济增长，保障社会平稳运行具有重要意义。一般而言，城镇基础设施包括运输、通信、动力、供水、文化、教育、科研以及公共服务设施。世界银行《世界发展报告（1994）》将基础设施分为经济基础设施和社会基础设施。经济基础设施主要包括公共设施、公共工程和其他交通部门，例如电力、电信、卫生设施与排污、固体废弃物、自来水、道路、水利设施和铁路等。社会基础设施包括科教文卫等方面。由于社会基础设施建设和社会公共服务水平紧密相关，因此将社会公共基础设施的内容纳入社会公共服务方面。

（一）基础设施承载力分析

分析一定时期，工业型小城镇现有的公共设施、公共工程和其他工程对经济社会发展和居民需求的满足程度。主要的衡量指标是基础设施承载能力与承载对象的比值得到单位基础设施分量的承载力。通过指标体系评价或与地区和全国平均水平的比较，判断出基础设施承载能力的状态，一般有低载、平衡和超载三种状态。通常而言受到资金和项目约束，小城镇基础设施建设较为薄弱，许多小城镇排污和固体废弃物等设施建设仍处于起步阶段，工业型小城镇对环境保护，道路交通等设施需求更为紧迫。

（二）基础设施建设任务

基于承载力分析和估算，明确小城镇基础设施建设类型，由于电力、电信等基础设施建设专业性很强，有专业、具体的工程建设标准，因此规划重点是提出交通运输，环境保护等基础设施建设项目申请，项目空间分布和服务目标。

五、生态环境保护

生态环境是城镇发展的基础与平台，因此其规划内容与其他方面紧密联系。针对工业型小城镇而言，生态环境方面的内容主要是三个层次，一是针对现实生态环境问题提出治理方向、目标和措施；二是细化生态环境与产业、城镇建设的关联，提出生态建设、产业发展和城镇建设和谐发展的方案；三是结合工业型小城镇的生态景观特点，和小城镇历史人文资源，提出生态景观优化方案。具体内容框架如下：

（一）生态环境问题分析

通过对区域生态环境状况、环境污染和自然生态破坏的调研，找出生态环境存在问题，发掘生态景观优势。对于工业型小城镇而言，产业污染、环境保护处理设施建设不足、产业用地布局不合理等是造成生态环境问题的根源。

（二）生态环境建设目标

提出生态环境保护和建设的总体方向和目标。

（三）生态环境建设的重点任务

提出生态环境问题的解决方案，如产业准入政策，生态环境处理设施建设和城镇建设的要求等；对于生态景观优势，结合历史人文资源，提出绿色生态景观的范围、建设目标和重点建设内容。

对于重点任务的把握，需要注意以下的细节：首先不切实际，盲目追求视觉的生态和绿色的规划理念不可取，容易产生政绩工程和形象工程。工业型小城镇要注重发展集约、智能、绿色和低碳产业，保护生态环境。城镇建设和重点街区景观的打造要坚持绿色、紧凑的原则，倡导绿色的消费模式。

六、社会公共服务

新型城镇化发展的核心是以人为本，注重人的发展和需求。公共服务与居民生活和发展紧密相关，是城镇发展的重要内容。工业型小城镇由于经济实力强，就业前景较好，因此人口吸纳能力较强，同时随着小城镇落户政策的全面放开，为常住人口提供全面均等的社会公共服务是小城镇政府的重要职责，对小城镇公共服务数量和质量提出了较高的要求。因此社会公共服务首先要对规划期人口规模、就业收入类型和需求进行分析。根据人口规模和需求类型，提出社会公共服务设施建设要求和服务管理政策。

（一）人口规模及需求分析

应用多种人口分析预测方法对工业型小城镇规划期人口规模进行预测。根据产业和就业方向分析人口的年龄和学历结构，对人口的教育、医疗、住房和消费等方面的需求进行分析。

（二）公共服务设施建设

依据社会公共服务设施建设配置标准，结合人口规模和需求预测结果，明确教育、医疗等社会公共服务设施建设数量、标准和规模。

（三）公共服务管理

工业型小城镇普遍存在外来人口和农村转移劳动力比例较高的特征，

同时基于用地空间调整，可能存在涉及征地拆迁居民。注重特殊人群的公共服务需求。要根据特殊人群需求，完善社会公共服务和社会保障服务内容。

七、规划实施保障

为规划的实施提供政策和制度保障。根据城镇发展需求，对支持城镇发展的相关政策、资金项目支持和机制构建提出要求和建议。

（一）组织保障

规划实施主体是小城镇政府，而规划实施是一个需要多方参与、多方执行的过程，同时由于小城镇政府的基层特点，规划实施受到上级政府及相关部门的指导和支持，需要协调各部门和各方面的力量。组织保障即在指导支持规划实施层面，建立协调组织，增强规划实施的指导协调力量，保障规划内容诉求落实。通常的做法是成立专门的规划协调机构，给予规划协调机构较高的行政级别和管理权限，从管理的角度赋予小城镇政府更大的自主权和决策权；邀请上级政府各部门参与规划协调机构，增强上级部门对小城镇规划实施的了解和执行情况，及时给予指导和支持。

（二）资金保障

小城镇发展和规划落实离不开资金和项目的支持。但受到财政管理体制的约束，小城镇财政收入与庞大的财政支出相比，显得很薄弱，需要外部资金力量的支持。资金支持通常来自两个方面，一是给予小城镇政府特殊的财政倾斜政策，如调整分成比例，加大转移支付力度等；另一方面是积极引入社会力量和社会资金，在社会资金投入城镇建设方面给予宽松的政策支持。

（三）政策支持

工业型小城镇发展过程中，受到体制机制的约束，同时随着区域竞争日趋激烈，工业型小城镇想要实现率先发展，政策支持为工业型小城镇发展提供了机制体制的保障，拓宽了发展空间，注入了持久发展的动力。具体在规划实施中，根据小城镇经济社会发展的需求，给予政策的突破和支持，如目前各地正在或已经开展的强镇扩权和小城市培育试点等工作。政策支持的主要方面包括赋予县级政府经济社会管理权限，完善机构设置，财政政策倾斜，水费支持，用地指标优先保障，专项资金支持等。

（四）公众参与

工业型小城镇规划与城镇居民生产生活密切相关，为了尽量避免城镇规划与公众需求矛盾，确保规划的顺利实施，公众参与是必要的途径。公众参与是以人为本理念在规划方面的体现，是社会公众需求多样化的情况下采取的一种协调对策，强调公众对城镇规划编制实施全过程的参与，公众参与的深度和广度对规划编制的科学性和可操作性有重要的作用。公众参与在规划编制，不仅体现在规划评审和公示阶段的告知作用，而且要在规划编制全过程中，就公众关心的问题，合理设置公众参与环节，选择多种公众参与方式，如问卷调查，实地访谈，意见征求和参与讨论等收集分析公众意见需求，融合在规划内容中。在规划公示和实施阶段，开展多层次、多种形式的规划宣传，向居民介绍规划主要内容，对规划实施情况进行监督等。

第四节　编　制　方　法

随着技术手段和数据资料的不断更新，小城镇规划编制方法也处于不断地完善过程中。与中小城市和大城市相比，小城镇受到技术条件所限较多，如缺乏信息基础支撑，小城镇区域遥感资料难以获得且清晰度不高，增加了空间数据获取难度。加之数据资料统计不完善、准确性低，增加了分析的难度。基于现有小城镇数据资料情况和规划编制情况，主要采用以下几类编制方法。

一、定性分析及经验借鉴

规划编制应坚持定量分析和定性分析相结合的方法。定量分析和定性分析是相互结合、互为补充的。但由于小城镇层次较低，数据资料收集不完善，准确度低，资料收集较为困难。因此，对于小城镇发展现状问题分析、战略制定和总体目标等方面，通常采用定性分析为主的方式。规划编制中常用的方法有特尔菲法、SWOT 分析、头脑风暴法等等。

SWOT 分析方法主要应用于城镇发展战略的制定，在对工业型小城镇经济社会发展现状进行分析的基础上，梳理出工业型小城镇发展的竞争优势、竞争劣势、机会和威胁，按照矩阵形式排列，用系统分析的思想，将各种因素相互匹配起来加以分析，得出相应结论。S（strengths）、W（weaknesses）是内部因素，O（opportunities）、T（threats）是外部因素。从整体上看，SWOT 可以分为两部分：第一部分为 SW，主要用来分析内部条件；第二部分为 OT，主要用来分析外部条件。利用这种方法可以从中找出对城镇发展有利的、值得发扬的因素，以及对城镇发展不利的、要避免的因素，明确城镇发展机遇和不利条件，将这些因素列举出来，依照矩阵形式排列，然后用系统分析的思想，把各种因素相互匹配起来加以分析，发现存在的问题，找出解决办法，制定城镇发展的战略总体目标。

特尔菲法也叫专家调查法，借助专家丰富的经验和判断分析能力，对无法定量分析的问题进行判断和预测。特尔菲法主要应用于城镇发展战略方面的判断和分析，同时也可就城镇规划编制中具体的任务咨询专家意见。应用特尔菲法首要明确咨询主题和任务，清晰地向专家提供咨询主题的性质、内容和范围，邀请具有丰富实践经验和理论修养的城镇发展专家，征求专家意见。规划编制课题组在咨询专家意见的基础上，进行深入讨论和分析，融合专家意见，编制规划。

城镇规划编制过程中，另一个较为重要的分析方法就是案例经验借鉴，根据城镇经济社会发展特征，针对分析问题，找出与城镇具有类似条件和发展背景的城镇，或者在某方面取得成功经验的案例，为城镇发展战略和规划编制提供依据和参考。案例经验借鉴融合了类比分析的特点，该方法的应用，比较和借鉴对象的选择是关键。对象选择的恰当与否，直接影响分析的结论。针对不同的分析角度，选择的对象特点也不同，如进行区位分析时，就要选择与研究对象具有类似交通，区位条件的城镇进行比较，如大城市郊区、临近航空港等条件。

二、广泛应用多种技术量化分析

虽然定性分析是定量分析的基本前提，定量分析增强了定性分析的科学性和准确性，增强结论的说服力。随着规划编制技术方法和数据资料的不断完善，采用多种技术方法进行量化分析和预测，使定性分析得出深入而广泛的结论，为规划提供科学的依据十分必要。量化分析的方法主要有比率分析法、趋势分析法、相互对比法和数学模型法。量化分析方法主要应用在对主要经济指标、人口指标和用地指标的分析。比率分析法对主要指标近年来增长率做纵向对比，趋势分析法对同一指标连续几年数据绝对值做纵向对比，得出工业型小城镇在经济、人口和用地方面的变化趋势。结构分析法，主要应用于经济结构，人口就业结构和用地结构方面比重和组成成分的分析，分析引导城镇发展的主要因素。相互对比法通过经济指标的相互比较来揭示经济指标之间的数量差异，既可以是本地数据的纵向比较，也可以是同类型数据不同城镇之间的横向比较，还可以与区域和全国平均水平进行比较，通过比较得出城镇发展水平和发展阶段的判断，为规划提供依据。同行业不同企业之间的横向比较，还可以与标准值进行比较，通过比较找出差距，进而分析形成差距的原因。数学模型法，用数学符号、函数关系将评价目标和内容规定下来，并将相互间的变化关系通过数学公式表达出来，在经济社会发展规划编制过程，如投入产出分析、土地利用变化因素分析等方面都可应用数学模型法。

工业型小城镇规划编制中，量化分析的主要应用于现状分析和规划预测两部分。我国目前处于快速城镇化发展阶段，影响城镇发展内部因素和外部条件较为复杂，变化也较快。但城镇发展多为常规发展为主，很难实现跨越式的发展，因此应用量化分析方法进行主要规划指标如人口、地区生产总值和建设用地需求量预测时，在权重、增长比率选择时要注意合理性，不能盲目提出规划预测指标，同时注意控制指标的弹性，有些内容以定性内容为主，不必过于具体，刚性太强弹性不足也会影响规划的实施。同时由于城镇发展涉及大量的空间问题，因此无论是定量分析还是定型分析，都要与空间分析相联系，借助 GIS 手段，在电子地图上体现量化分析的过程和结果，增强规划的直观效果。根据工业型小城镇规划编制的经验，定量分析方法主要应用在以下几个方面：

1. 工业型小城镇人口的增长、变化、结构和分布的预测。如本镇人口在镇区和农村的空间分布情况，常住人口增长和流动情况，外来人口的构成、分布和变化情况等。

2. 工业型小城镇经济因素的增长、变化、结构和分布的基本情况和预测。如本镇历年主要经济指标变化情况，产业结构情况，预测经济增长、就业增长对土地和人力资源的需求等。

3. 工业型小城镇的土地利用变化，结构和用地调整方案等。如历年土地利用数量变化情况，用地空间分布情况，以及经济社会发展对用地需求等。

4. 工业型小城镇主要经济联系方向，自然资源和环境对工业型小城镇开发建设的承载能力分析等。

三、注重规划编制的公众参与

规划编制中引入公众参与，更好地了解公众意愿，满足公众需求，为公众服务，体现公众利益是城镇规划应有的理念。我国公众参与的理念和方法主要来自于国外，2008 年开始实施的《中华人民共和国城乡规划法》首次确立城乡规划的公众参与机制，实际操作中，存在公众参与重视度不高、参与意识淡薄、参与方式简单不深入等问题。随着城镇化的深入发展，以人为本、科学发展的理念不断深入，为了增强工业型小城镇规划的科学性和可操作性，公众参与是必不可少的手段和方法。工业型小城镇经济社会发展规划直接面对基层的居民，实施性和可操作性是小城镇规划的基本属性和重要的衡量标准，公众参与应深入到规划的各个环节。将规划编制的过程分为前期调研、规划编制、规划修改和公示等阶段，每个阶段都可引入不同的公众参与方式，来完善规划。

在前期调研阶段，通过座谈会、问卷调查访谈等社会调查方法，以实地调研、召开讨论会或借助新媒体等形式收集公众意见，分析公众需求，确定规划的原则和目标；规划编制阶段，可邀请相关人员，如企业家和普通居民等参与要求强的公众，表达规划思路；规划修改阶段通过展览、网络平台等方式，广泛收集修改意见，并进行修改。在方案修改过程中适时反馈修改方案，通过公众满意度调查等手段确认公众的需求修改方案的满意程度；公示阶段，通过展览宣传告知公众，同时进行二次意见征集，如有必要可再次进行修改完善。

参考文献

1. 赵楠，申俊利，贾丽静. 北京市基础设施承载力指数与承载状态实证研究〔J〕. 城市发展研究，2009 (16)。

2. 殷会良 . 国外城市规划编制中公众参与方法的借鉴〔J〕. 贵州工业大学学报（自然科学版），2007（36）。

3. 曾祥添 . 浅谈小城镇产业发展规划的编制方法〔J〕. 韶关学院学报（社会科学版），2008（4）。

下　篇
工业型小城镇规划实践研究

杨汛桥镇经济社会发展战略规划
（2010—2020 年）

杨汛桥镇是国家可持续发展实验区、全国发展改革试点镇和浙江省中心镇，自然资源和生态环境基础较好。杨汛桥镇快速的工业化发展积累了较强的经济实力，在发展过程中率先遇到城市化严重滞后于工业化的问题，制约了杨汛桥镇经济社会全面协调可持续发展。随着全国、浙江省、绍兴市和绍兴县城镇化发展战略的逐步推进，杨汛桥镇迎来了工业化和城市化提升发展的重大机遇。

为深入贯彻落实科学发展观和《国家发展改革委办公厅关于开展全国小城镇发展改革试点工作的通知》（发改办规划〔2004〕1452 号）要求，以实现杨汛桥镇工业化和城镇化全面协调可持续发展和推进杨汛桥镇全面建设小康社会进程为目标，依据浙江省、绍兴市和绍兴县城镇建设的文件、杨汛桥镇各部门相关文件、统计资料和调研访谈记录，制定《杨汛桥镇经济社会发展战略规划（2010—2020 年）》（以下简称《战略规划》）。

《战略规划》在经济社会发展水平总体评价的基础上，对杨汛桥镇经济社会发展的优势、问题及机遇进行了分析，提出杨汛桥镇总体发展战略和思路，并对杨汛桥城镇空间布局优化、产业结构调整升级、公共服务和社会事业发展、生态环境景观美化等重点任务进行了阐述，是未来 10 年杨汛桥镇指导经济社会发展的重要依据。

战略规划期为 2010—2020 年，其中 2015 年为近期目标年，2020 年为规划目标年。范围为杨汛桥镇行政范围，面积 37.85 平方千米。

第一章 经济社会发展水平总体评价

第一节 基础条件

一、地理位置

杨汛桥镇位于绍兴县西北部半山区，东接钱清镇，南连夏履镇，西北以西小江为界，与杭州市萧山区的所前镇、新塘街道、衙前镇隔江相望。地理位置在北纬 30°5′30″至 30°9′27″之间，东经 120°17′5″至 120°23′24″之间。镇域东西长 12.2 千米，南北距离 6.7 千米，总面积 37.85 平方千米。

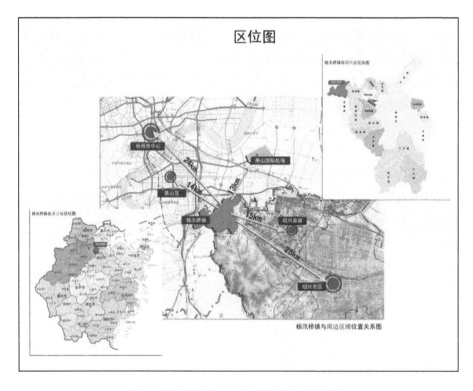

图 2　杨汛桥在长江三角洲经济区中的位置

二、气候和地形

杨汛桥镇属亚热带季风气候区，水、光、热基本同步，春、夏季雨热相宜，秋、冬季光热互补，四季分明、气候温和、湿润多雨。

杨汛桥境内地形主要包括平原、山地、水域三大类，平原面积 17.19 平方千米，占总面积的 45.4%；山地（包括 5°—25°缓坡及 25°以上山地）面积 17.09 平方千米，占总面积的 45.2%，主要山体有和穆程山、牛头山、大尖山等；水面面积为 3.57 平方千米，占总面积的 9.4%，主要有西小江、芝塘湖等。

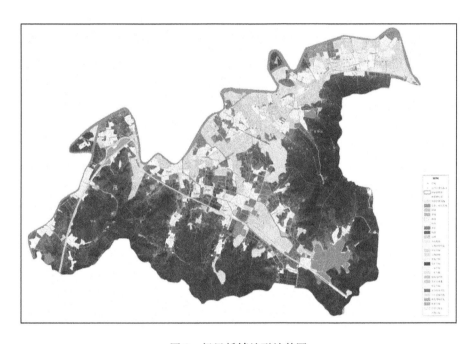

图 3　杨汛桥镇地形地貌图

三、人口和劳动力

杨汛桥镇下辖 12 个行政村，9 个居委会；镇域总人口 9 万，其中户籍人口 3.5 万，外来常住人口 5.5 万。户籍人口中，非农业人口 13030 人，名义城镇化率①为 38.44%（见图 4）。

———————

①　名义城镇化率指以户籍人口中非农业人口与总人口的比例。

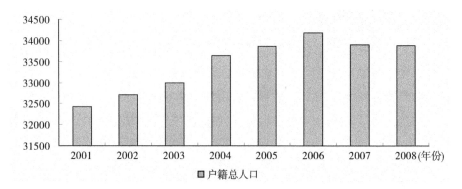

图4 杨汛桥镇近年户籍总人口变化情况

根据上图所示，杨汛桥镇的户籍人口规模变化比较稳定，年均增长率为6.3‰，人口自然增长率较低，长期保持在5‰，近年来已经接近零增长水平。名义城镇化在2004年有一次较大幅度的提高，从之前的20%提到近年来的约40%，但仍然处于较低水平。

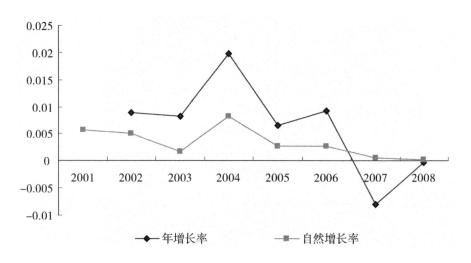

图5 杨汛桥镇近年户籍人口增长率变化情况

四、历史沿革

根据《绍兴县地名志》记载，杨汛桥镇因辖区内有著名的杨汛桥而得名，至今有300多年的历史。历史上杨汛桥乡和江桥镇经历了数次分合，于1992年合并而成目前的杨汛桥镇。具体如图6：

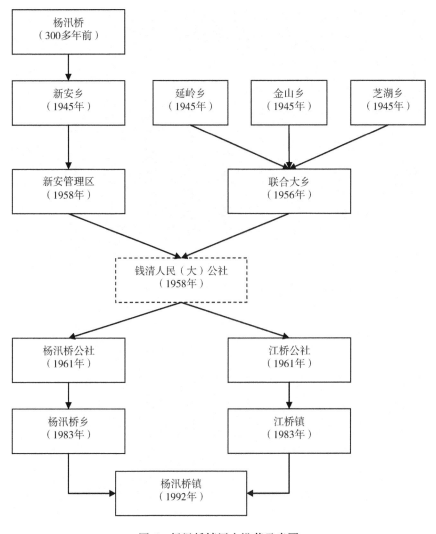

图 6　杨汛桥镇历史沿革示意图

第二节　经济发展水平评价

一、经济总量变化情况

杨汛桥镇的地区生产总值从 2002 年的 19.82 亿元增加至 2009 年的 45.98 亿元；其中，2002—2004 年间，地区生产总值有较大幅度的增长，年均增长率达 42.87%，在 2005 年有小幅度的下滑之后，又以 18.52% 的增长率逐年增长，2009 年主要受到 2008 年经济危机的影响，GDP 下降为 45.98 亿元；人均生产总值除 2005 年和 2009 年有小幅度的回落之外，均呈现缓慢上升的趋势，具体动态变化趋势如图 7 所示。

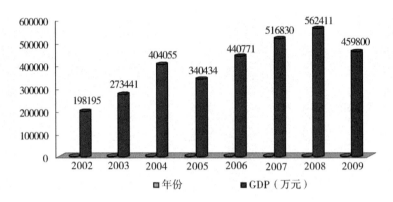

图 7　2002—2009 年杨汛桥 GDP 增长情况

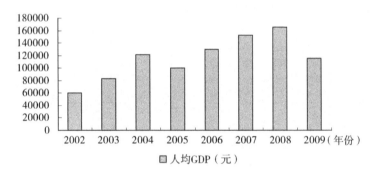

图 8　2002—2009 年杨汛桥人均 GDP 增长情况

二、产业结构分析

杨汛桥镇呈现出二产独大、三产迅速崛起的产业发展格局。2003—2008 年间，第一产业增加值变化幅度很小，仅从 2003 年的 3077 万元增长到 2008 年的 5011 万元，占 GDP 的比重不及 1%；第二产业占据绝对主导地位，第二产业增加值由 2003 年的 23.74 亿元增长到 2008 年的 49.44 亿元，其中 2004 年占 GDP 比重最高，为 96.42%，此后随着第三产业的发展，第二产业占 GDP 的比重有所降低；第三产业增加值呈增长态势，从 2003 年的 3.29 亿增长到 2008 年的 6.30 亿，发展迅速。三次产业增加值变化趋势如图 9 所示。

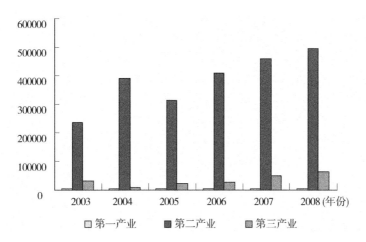

图 9 2003—2008 年杨汛桥三次产业增加值变化趋势

从产业结构比例变化情况来看，2003 年三次产业结构比例为1.13：86.85：12，2008 年三次产业结构比例为0.89：87.91：11.2。可以看出，近 5 年杨汛桥的产业结构比例变化不大，具体如图 10 所示。

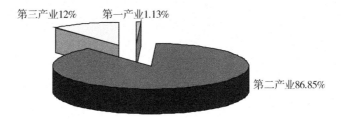

图 10 2003 年杨汛桥三次产业结构比例情况

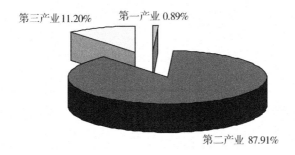

图 11 2008 年杨汛桥三次产业结构比例图

三、人口就业结构分析

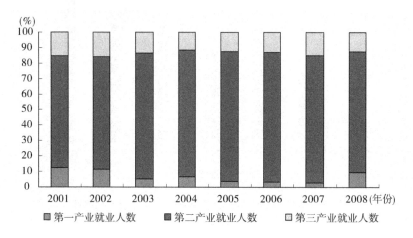

图12　杨汛桥镇近年户籍劳动人口就业分布情况

根据《绍兴县统计年鉴》资料，杨汛桥镇的户籍人口就业主要分布在第二产业，比例占80%左右，近年来从业人数稳定增长；第一产业从业人数逐渐减少；第三产业从业人员数量较为稳定。杨汛桥镇外来人口以非农就业为主。

第三节　城市化发展水平评价

利用城市化指标体系，以2008年杨汛桥镇经济社会发展数据为指标值，判断城市化水平。

表1　杨汛桥镇城市化水平评价体系及指标

一级指标	二级指标	具体指标	指标值（2009年）
人口城市化水平	人口数量	1. 非农业人口占总人口比重	38.44%（户籍） 95%（常住）
	人口质量	2. 平均预期寿命	—
		3. 大学普及率	—
	人口就业结构	4. 第三产业就业人口比重	24%

续表

一级指标	二级指标	具体指标	指标值（2009 年）
空间城市化水平	基础设施	5. 人均拥有公共道路面积	13.3 平方米
		6. 人均生活用电量	—
		7. 万人拥有公共汽（电）车数量	—
	环境条件	8. 污水处理率	生活污水建管但未纳管处理，工业污水处理率 100%
		9. 生活垃圾无害化处理率	100%
		10. 空气质量好于二级的天数比重	—
		11. 城市人均公共绿地面积	1.30 平方米
经济城市化水平	经济规模	12. 人均 GDP	19319 美元（户籍）7513 美元（常住）
	经济结构	13. 非农产业增加值占 GDP 比重	99%
		14. 第三产业增加值占 GDP 比重	11%
	可持续发展	15. 单位 GDP 能耗	—
		16. 研究与发展支出占 GDP 的比重	0.25%
社会城市化水平	居民生活质量	17. 城市居民人均可支配收入	2 万元
		18. 人均住房使用面积	80 平方米
		19. 恩格尔系数	40%
	信息化程度	20. 信息化综合指数	—
	医疗条件	21. 婴儿死亡率	—
		22. 万人拥有医生数	10 人
	社会保障	23. 社会保障覆盖率	50%（养老）

一、人口城市化水平

杨汛桥镇总人口 9 万人，其中户籍人口 3.5 万人，外来人口 5.5 万人，户籍人口中农业从业人员约为 2000 人，约占户籍人口比重的 5%，外来人口以非农就业为主。从人口数量角度衡量，杨汛桥镇人口城市化水平处于中等，而人口非农就业比例较高。杨汛桥全镇95%的常住人口以非农生产为主，因此杨汛桥镇实质的人口城市化数量和就业水平较高。而受到人才和资金的限制，杨汛桥镇居民大学普及率水平较低，人口城市化质量较低。

二、空间城市化水平

杨汛桥镇人均公共道路面积为13.3平方米，2007年全国县城人均公共道路面积为10.68平方米，杨汛桥镇人均公共道路建设水平较高。目前杨汛桥镇工业污水处理率达到100%，已经建成生活污水管道，但尚未投入使用；杨汛桥镇生活垃圾集中处理率达到100%，城市人均公共绿地面积仅为1.3平方米，低于2007年全国建制镇平均2.58平方米的水平。因此从空间城市化水平而言，杨汛桥镇城镇污染处理能力不足，不能为镇域居民提供舒适的生产和生活环境（其中对比数据参考《2008年全国城市建设统计公报》）。

三、经济城市化水平

杨汛桥镇2009年人均GDP达到19319美元，非农业增加值占GDP比重高达99%，经济发达。但第三产业比重仅为11%，研究与发展支出占GDP比重仅为0.25%，可持续发展水平较低。

四、社会城市化水平

杨汛桥镇居民收入和住房水平较高，恩格尔系数保持中等水平。杨汛桥镇已经形成小学、初中、职业高中兼有，义务教育、职业教育和外来人口子女教育覆盖全面的教育布局，以两所中心医院为主体的医疗服务体系较为健全。杨汛桥镇社会公共服务水平较好，但外来人口的流动增加了公共服务的难度，现有的公共服务资源的数量日益难以满足不断增加的外来人口需求，公共服务质量难以满足本地居民的需求。社会保障具有"广覆盖、低水平"的特点，难以适应居民需求。

杨汛桥镇政府科技工作与经济管理部门合二为一，每年向企业以各种形式投入约2000万到3000万元。镇域内一些大型企业集团，如精工集团、宝业集团等建有自己的研发基地，一些企业与全国范围内的大学和科研机构形成了合作研发的关系，但镇域内真正进行科研创新、核心技术开发和人才引进的不多，对于镇域内产业的升级、转型，还缺乏全面的支持。

杨汛桥镇工业经济基础雄厚，居民收入水平较高，为人口提供稳定的就业机会，且人口以非农就业为主，城镇建设初具规模，从人口、产业发展和城镇建设等方面可以得出杨汛桥镇已经具备小城市规模。

第四节　居民和企业需求分析

杨汛桥镇企业代表、居民代表和外来务工人员代表集中反映了对生产和生活方面的评价与需求，具体如下。

一、企业对生产型服务的需求迫切

对于企业来说，主要存在三个方面的问题。

（一）土地资源紧张

杨汛桥镇域规模狭小，受到地形地貌影响，可开发利用土地面积有限，企业扩大再生产规模受到制约。同时由于土地利用方式不合理，城镇空间结构混乱，基础设施不完善，已经出现了部分上市企业和大型集团公司将总部、研发中心或新型产业搬迁、落户到其他地区的现象。当地企业家认为杨汛桥城镇发展空间和城镇投资环境不利于企业发展，对杨汛桥镇城镇基础设施和生产生活环境改善需求迫切。

（二）高素质劳动力短缺

杨汛桥镇纺织印染、经编家纺等产业劳动力需求量大，但由于本地产业相似度较高，外来务工人员掌握技术后便流动到镇内和周边地区的企业，本镇企业普遍存在产业工人流动性高、工人数量不足的问题。劳动力数量短缺和技能水平有限导致企业用工成本增加，产品质量难以提高，生产技术难以创新的等问题，进而制约了产业发展。同时由于杨汛桥镇城市化发展速度慢、镇区居住环境不佳、生活配套服务不完善，缺乏对中高级人才在本地落户就业的吸引力，企业也失去创新发展的核心动力。企业代表认为政府应下力气改善城镇形象，搭建技术工人招聘培训平台，增强城镇对高水平人才的吸引力。

（三）环保政策和要求对部分产业形成制约

杨汛桥镇现有的建筑建材、纺织印染等行业存在重污染和高耗能问

题，部分生产环节不符合国家环保政策要求，近年来地方政府环境管制和
"退二进三"政策力度加大，杨汛桥现存的污染企业面临搬迁转产的问题。
企业代表建议政府出台相关产业布局规划，引进多元投资主体，建立集中
有效的环境治理设施，解决产业发展和环保矛盾。

二、农民自建房需求旺盛

农村自建独立式或联排式住宅是杨汛桥镇居民长期以来形成的居住模
式。虽然出于工作、子女教育等因素的考虑，大部分居民已在邻近地区购
置商品房居住。在高收入和传统文化作用下，本地居民在农村自建住房的
需求旺盛。在严格的土地管理政策要求下，杨汛桥镇严格限制审批农民宅
基地申请，加剧了农民自建房的供求矛盾。

针对自建房屋的拆迁补偿，本地居民对拆迁补偿的要求较高，并认为
异地安置比货币安置更易接受。

三、居民强烈要求改善居住环境

受土地资源紧缺、人口密集和缺乏合理规划引导等因素影响，杨汛桥
镇工业化发展过程中出现了厂房、商贸区与居民区混杂，城镇生活居住环
境恶劣的问题。目前杨汛桥镇已经建立了垃圾收集清运体系和环卫工作体
系，但仍存在环境处理基础设施不足，运行效率低等问题；同时境内高污
染、高能耗的工业企业产生的污染物对全镇环境的影响较大；镇域内豪华
美观的独立式住宅和杂乱无章的村居环境格格不入，本地居民强烈呼吁政
府加大生产和生活环境治理工作力度。

四、居民对公共服务水平和规模要求提高

杨汛桥镇缺乏高档次商业服务业设施，本地居民购物、娱乐和商务活
动外流到杭州市的萧山区或主城区。杨汛桥镇的私家车保有量较高，但停
车和车辆管理服务落后，同时本地居民希望突破行政管理界线，建立杨汛
桥直接到萧山的公共交通联系。

杨汛桥镇的居民经济收入主要来源于自主经营性收入，收入水平高，
养老保障能力强，对社会保险、小城镇保险或商业保险需求不强烈。在教
育方面，本地居民选择将子女送到绍兴县柯桥区就读。本地居民认为杨汛
桥镇目前基本公共服务水平难以满足居民需求，亟待提高改善。

五、外来务工人员服务管理

外来人口对杨汛桥镇提供的教育、医疗等基本公共服务较为满意，希望在社会保险关系转接方面有所突破，加大对劳动者权益的保护。

第二章 发展优劣势及机遇分析

杨汛桥镇是绍兴市唯一的国家可持续发展实验区、全国小城镇综合改革试点镇和中国经编家纺名镇，先后荣获省级文明镇、卫生镇、环境优美镇、浙江省"东海明珠"等荣誉称号，2009年杨汛桥镇被评为浙江省十佳最具投资价值乡镇，浙江省建筑名镇和浙江省森林城镇。杨汛桥镇发展具有以下优势、问题和劣势。

第一节 发展优势

一、资源优势

杨汛桥东南部以山体为界，地势南高北低，环抱中部平原和北部西小江地区，山上林木郁郁葱葱，四季常青，为天然的生态屏障。杨汛桥镇气候宜人，境内水资源丰富，镇域西北边界西小江蜿蜒18千米，镇域东南部芝塘湖拥有67.2万平方米浩渺水面，构成了杨汛桥镇天然水体景观资源，极具生态休闲开发潜力。

二、区位优势

杨汛桥镇东南距绍兴市区26千米，距绍兴县城15千米，西北距杭州市24千米，萧山区14千米，距上海市200千米，东北距萧山国际机场13千米，与杭州主城、萧山区、绍兴县城柯桥及绍兴市区连成直线，全镇处在杭州都市经济圈二环内，主要接受杭州市的经济辐射。

杨汛桥镇境内104国道南复线、杭金衢高速穿越镇区，北临杭甬运河和杭甬铁路干线，位于杭州向东与绍兴、宁波地区交通的网络节点，交通区位优越。

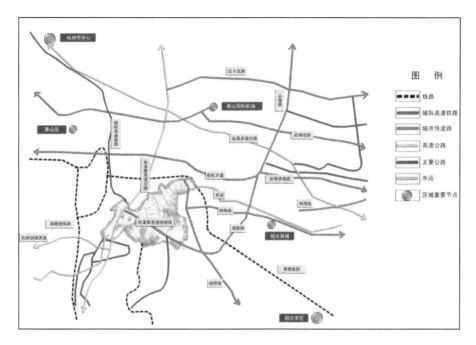

图 13　杨汛桥镇主要交通联系图

三、产业优势

杨汛桥自 80 年代成功研发第一台提花经编机，经编行业在杨汛桥蓬勃发展，享有"中国经编名镇"的美誉。目前杨汛桥已经形成纺织印染、建筑建材、经编家纺、机械制造四大支柱产业并正在向家用电器、汽车配件、电子信息等领域拓展。2009 年全镇拥有 954 家工业企业，其中 11 家拥有自主知识产权、主业突出、核心力强，全镇 500 万以上的规模企业产值占全镇的 80％以上。先后有浙江玻璃、永隆实业、宝业集团、展望股份等 8 家企业上市，标志着杨汛桥以工业为主导的镇域经济已完全融入国际化进程。

四、人文优势

杨汛桥最早历史足迹距今已有 6000 年的历史，是绍兴县最早的人类发源地。历史上本地区曾划归萧山、钱清、新甸，杨汛桥、江桥也经历了分分合合，区位上的边缘，文化上的交融，加之水陆交通要道，形成了"勤劳勇敢、积极进取、敢于竞争"的地域文化。20 世纪 80 年代以来，杨汛桥镇经济发展快速，所伴生的文化基因也发育成长，杨汛桥人将创业发展历程中体现出来的理念和意志提炼成"永不平庸、永不放弃、永不满足"

的杨汛桥精神，这种精神必将激励杨汛桥人取得更大的成就。

第二节　问题及劣势

一、城市化滞后于工业化发展

从城市化要求总体而言，杨汛桥镇经济城市化水平较高，而人口城市化、空间城市化水平和社会城市化水平总体质量不高。杨汛桥镇工业化和城市化发展集中表现为四大不适应：经济发展水平与城市化发展程度不适应；城镇产业发展水平与城市化发展要求不适应；城镇生活服务功能与居民生活需求不适应；城镇综合服务功能与经济发展水平不适应。

二、杨汛桥发展空间受到制约

杨汛桥镇42.8%的土地资源利用难度较大，在21.65平方千米的土地上，为9万人提供生产和生活空间，人口密度高达4157人/平方千米。

杨汛桥镇工业用地和居住用地占土地总面积的27%，根据《全国土地利用总体规划纲要（2006—2020年）》，2020年浙江省全省建设用地比例仅为11%，杨汛桥镇工业用地和居住用地比例远远高于全省平均水平。公共服务设施和基础设施配套相对滞后，镇区和杨江大道沿线工业发展和城镇建设重叠；城镇内生活区与生产区功能混杂，居民生活空间拥挤，且环境质量恶化。土地利用方式不合理进一步加剧了发展的空间制约。

三、城镇功能划分不明确

杨汛桥和江桥两大镇区分别位于镇域东西两端，由杨江大道相连，城镇空间格局呈"哑铃"状。而两大镇区功能定位不明确，城镇功能同构，未能发挥对人口、商贸服务等资源进行合理配置，形成空间相互依存，功能互补的格局。具体表现为一是城镇生产生活服务设施档次低，不能适应当地企业商务发展需求；二是杨汛桥镇居民经济实力较强，商业服务业功能不能满足居民物质文化需求。城镇服务功能不完善导致镇域内部分企业总部外迁，本地居民生活消费外流，杨汛桥镇集聚能力较弱。

四、经济结构转型升级压力较大

杨汛桥镇纺织印染和经编家纺业仍以传统的生产模式为主，产品质量档次以中低档为主，缺乏设计等高附加值和高效益的生产环节；受到环保政策的制约，建筑建材等产业环保成本高；同时受到金融危机的影响，上市企业和大型企业深陷债务危机困境，外部融资环境恶化。杨汛桥在农村工业化、企业规模化和资本国际化发展进程中，面临传统产业向现代产业转型的挑战，但受到土地空间制约，企业财务危机和市场前景不明朗等问题的影响，杨汛桥经济转型结构升级压力很大。

五、社会管理矛盾凸显

首先，杨汛桥镇经济发展水平与本地人民群众物质文化需求严重不匹配，居民收入水平较高，经济实力较强，而镇内教育、医疗等公共资源配置不均匀和质量有限，污水处理、交通、商贸服务业等基础设施建设滞后，难以满足居民需求。其次，随着大量外来人口规模急剧增加，公共服务供给相对不足，社会治安、外来人口居住、就业、子女教育等方面的社会管理压力激增；第三，制约杨汛桥镇长期发展的土地空间和城镇布局优化问题尚未解决，杨汛桥城镇吸引能力严重下降，经济活力降低，对人才引进、产业结构调整升级、就业等方面带来严重的负面影响，公共财政压力加大；第四、政府、企业、村民委员会、居民委员会、本镇居民和外来人口在城镇改造方面尚未达成协议，如不能谨慎处理，维持社会和谐稳定的难度加大。

第三节　与周边乡镇竞争合作潜力分析

杨汛桥镇与绍兴县钱清镇、夏履镇，萧山区所前镇，衙前镇和新塘街道相临。杨汛桥与周边乡镇基础条件相类似，具体表现为：一是 6 个镇主要交通联系道路均以萧山国际机场、104 国道、杭金衢高速路，交通条件均很便利。二是 6 个镇土地面积有限，其中面积最大的为钱清镇，总面积约 55 平方千米，最小的为衙前镇，总面积仅为约 20 平方千米。三是产业发展相类似，所前镇和夏履镇在生态观光农业方面具有一定的基础和知名度，钱清镇享有"中国轻纺原料城"、新塘街道享有"中国羽绒家纺名城"的称号。

第三产业发展和城镇形象相对薄弱。杨汛桥镇整体经济实力较强，人均 GDP 水平较高，经济基础较强。战略发展期内，杨汛桥与周边乡镇竞争加剧，发展期内要明确区域内定位和分工，积极寻求与周边的合作。目前杨汛桥周边的 6 个乡镇尚未形成集中突出的商服业中心，而杨汛桥镇处于 6 个乡镇的中心位置，凭借经济实力和联系萧山的便利条件，以成为所前、衙前、夏履和新塘街道的综合服务中心为目标，以塑造城镇形象为抓手，以城镇改造为手段，促进空间格局优化，为第三产业和服务业发展提供良好的发展平台，吸引周边社会资本积聚，为周边乡镇人口和产业提供生活和生产性服务，促进周边乡镇人口向杨汛桥集聚。加强与所前镇和夏履镇在生态观光农业发展方面的联系，积极开展生态旅游观光农业合作。

第四节　发展背景与机遇

一、金融危机促使经济结构调整

杨汛桥镇形成了建筑建材、纺织印染、经编家纺和机械制造四大主导产业，建筑建材行业以宝业股份、浙江玻璃等上市企业为主；纺织印染和经编家纺行业以中小规模的民营企业为主，产品以出口为主；机械制造企业为本地纺织印染、经编家纺提供重要支撑。杨汛桥镇第二产业主要依赖 10 家龙头企业，中小规模企业占企业总数比例的 95%，整体经济具有工业化、资本化和国际化的特点。金融危机后，杨汛桥上市企业和依赖出口的中小规模企业均受到不同程度的冲击，企业景气指数急剧下降。在抗击金融危机，促进经济持续稳定发展的大背景下，中央和地方各级政府提出产业结构调整升级的发展策略，杨汛桥镇应认真对待金融危机过程中所暴露出来的问题，充分利用各级政府鼓励产业调整升级的机遇期，促进第二产业结构调整升级和三次产业协调发展，实现经济持续稳定发展。

二、国家加快城镇化发展政策信号明显

中央政府一直高度关注我国的城镇化发展，2010 年 10 月 15 日召开的中共中央十七届五中全会形成的"十二五"规划建议明确提出促进区域协调发展，积极稳妥推进城镇化的要求；坚持走中国特色的城镇化道路，科学制定城镇化发展规划，促进城镇化健康发展；在形成以大城市为依托，中小城市为重点，逐步形成辐射作用大的城市群，促进大中小城市和小城镇协调发展的布局基础上，提出增强小城镇公共服务和居住功能，推进大

中小城市交通、通信、供电、供排水等基础设施一体化建设和网络化发展的建设要求，将符合落户条件的农业转移人口逐步转为城镇居民作为推进城镇化的重要任务。

三、长江三角洲区域发展定位更加明确

2008 年 8 月，国务院出台的《关于进一步推进长江三角洲地区改革开放和经济社会发展的指导意见》提出中小城市和小城镇要进一步增强实力，完善服务功能；合理规划城市规模，优化城镇建设布局，促进城镇集约紧凑发展，统筹规划建设覆盖城乡的基础设施，统筹新区开发与旧城保护，切实维护城镇历史风貌。

2010 年 5 月 24 日，国务院正式批准实施《长江三角洲地区区域规划》，为长江三角洲地区发展提出战略定位和阶段性发展目标：即亚太地区重要的国际门户、全球重要的现代服务业和先进制造业中心、具有较强国际竞争力的世界级城市群；到 2015 年，长三角地区率先实现全面建设小康社会的目标；到 2020 年，力争率先基本实现现代化。

杨汛桥镇紧邻杭州市萧山区，位于杭州城市群核心，产业基础雄厚，劳动力就业容纳能力较强，具备城镇化发展的条件，《长江三角洲区域发展规划》实施必然给杨汛桥镇带来新的发展机遇和良好的政策环境。杨汛桥镇应在《规划》指引下，积极探索加快转变发展方式，发挥示范带动作用。

四、浙江省扩权强镇发展战略

2007 年 5 月浙江省下发《关于加快推进中心镇培育工程的若干意见》，杨汛桥作为首批选定的省级中心镇，享有了涉及财政、规费、资金扶持、土地、社会管理和户籍等 10 个方面的部分县级经济社会管理权限。"扩权强镇"政策为杨汛桥镇理顺了财权、事权，为改进管理体制，增强财政实力、统一规划思路和完善社会公共服务构建了较为完善的制度框架；浙江省政府"十二五"规划思路研究中提出了"十二五"期间在转型发展的主线引领下，正确处理好推进新型工业化和新型城市化为导向，统筹城乡发展、区域协调、城乡有机更新与扩容集聚的关系；2010 年 10 月召开的浙江省中心镇发展改革暨小城市培育试点工作会议提出要加快推进中心镇人口集中、产业集聚、功能集成、要素集约，提高中心镇的发展质量、环境

质量和人民群众生活质量，并提出了从规划引导、加大试点力度、加快产业集聚、加大公共投入和加快体制改革五个方面提出了明确的要求和保障措施，为杨汛桥镇城市化发展指明了方向，提供了规划保障和良好的政策条件。

五、绍兴县中心镇培育工作扎实推进

根据浙江省中心镇发展工作要求，绍兴县委、县政府于 2008 年发布了《关于深化完善强镇扩权工作推进新型城镇科学发展率先发展的意见》，提出了"将新型城镇建设为小城市"的理念，通过政府推动、政策扶持、体制创新，提高新型城镇经济转型发展、城乡统筹发展、社会和谐发展的水平。给予新型城镇优惠政策，如财政体制倾斜，加大对新型城镇建设项目，重点工程，金融信贷等方面的投入，优先考虑新型城镇发展用地需要，支持新型城镇通过挖潜、改造旧镇，开展迁村并点、土地整理、宅基地整治，促进集中用地和集约用地。绍兴县中心镇培育工作为杨汛桥城镇化发展搭建了良好的政策平台，给予了强有力的支持，为杨汛桥镇全面城市化、深度城市化发展创造了良好的机遇。

六、上级及上轮相关规划梳理

浙江省政府"十一五"期间重点发展战略中将杨汛桥列为第一批中心镇，力求建设成为布局合理、特色明显、经济发达、功能齐全、环境优美、生活富裕、体制机制活、辐射能力强、带动效应好、集聚集约水平高的小城市。

绍兴县委县府把杨汛桥镇列为全县五个新型城镇之一，赋予开发区的职权。《绍兴市城市总体规划（2008—2020 年）》将杨汛桥界定为 12 个三级省级中心镇，作为钱杨片区的重要组成部分，要求杨汛桥在城镇的和谐集约发展与提高资源利用效率、加强环境保护和生态建设、转变增长方式、构建和谐社会等的结合上做出新的探索和开拓。

杨汛桥镇政府先后编制了《绍兴县钱杨副城发展概念规划（2002—2020）》、《绍兴县杨汛桥镇总体规划（2007—2020）》等城镇规划，对杨汛桥的发展思路、战略和重点提出了一些有意义的借鉴。

在一些具体区域发展上，编制了《杨汛桥镇芝塘湖新区城市设计》、《杨汛桥镇江桥片区控制性详细规划》、《杨汛桥经编产业城控制性详细规划》等区域发展规划，这些规划对不同的区域给出了发展战略、方向和路径界定，对区域的发展有着鲜明的指导意义。

在专业规划上，先后编制了《杨汛桥镇综合管线规划》、《绍兴县杨汛桥镇给水规划》、《绍兴县杨汛桥镇污水规划》，这些规划对于杨汛桥的基础设施建设提供有效可靠的支撑和保障。

但是随着经济全球化和区域一体化的快速推进，加之产业结构优化升级和城市化速度质量的提升成为杨汛桥经济社会发展的必然趋势，对杨汛桥城镇的发展提出了新的要求，空间结构优化和产业升级对资源整合优化的要求也迫切需要对杨汛桥城镇空间发展进行新的战略考虑。

第三章 总体发展战略

第一节 指导思想及总体思路

一、指导思想

以邓小平理论和"三个代表"重要思想为指导，深入贯彻落实科学发展观，统筹经济社会发展全局，抓住国家鼓励城镇化发展的战略机遇期，紧紧围绕浙江省深化扩权强镇、加快将中心镇培育为现代化小城市的工作，推进杨汛桥镇全面城市化、深度城市化，优化杨汛桥城镇空间布局，根据功能区发展要求，合理配置杨汛桥公共资源，完善城镇服务功能，提升城镇形象；以空间优化调整为抓手，促进产业结构调整升级，稳定发展第一产业，优化调整第二产业，提升第三产业规模和水平；加强城市化发展公共服务支撑体系建设，到2020年把杨汛桥镇建设成为经济繁荣、生活富裕、功能完善、社会和谐、环境优美的现代化小城市。

二、总体思路

杨汛桥今后5—10年的主要任务是全面城市化、深度城市化。全面城市化包括全域城市化和全民城市化，即杨汛桥镇不再划分农村和城镇社区，也不再区分农业和非农业户口，将全部区域和全部人口纳入城市化考虑的范围。深度城市化是指提升城镇形象、完善城镇功能，改善人居环境，为三产服务业发展提供平台，促进城镇从形象到内在品质的转化。针对杨汛桥镇而言，深度城市化的重要任务包括以下四点：明确城市核心区，改造城市形象；优化城市空间布局，适应产业发展和居民居住要求；提升城镇服务功能，实现城市化生活需求；以城市化发展的要求促进产业结构调整升级。

第二节 定位和发展方向

根据指导思想，充分考虑杨汛桥镇现状和发展需求，杨汛桥镇的总体功能定位是：长三角工业强镇城市化发展的示范区、企业创业基地以及杭州城市群核心区特色小城市。

一、长三角工业强镇城市化发展的示范区

紧紧抓住城市化发展机遇，明确城镇发展核心区，优化城镇空间布局，完善城镇服务功能，合理配置资源，统筹协调各方利益为工业强镇破题城市化发展树立榜样，成为长三角工业强镇城市化发展的示范区。

二、长三角次中心民营经济创业实验基地和特色产业制造基地

传承杨汛桥人"永不平庸、永不满足、永不放弃"的创业精神，总结提炼杨汛桥镇创业故事和经典案例，与本地企业运行管理实践相结合，为企业管理层、企业管理专业研究人员和高校提供教学实践基地，成为长三角次中心民营经济的创业实验基地。

积极进行产业结构调整升级，提升产品质量和档次，继续发挥杨汛桥镇在经编家纺、纺织印染等方面的产业集聚优势，打造中国窗帘窗纱等特色产业制造基地。

三、杭州城市群核心区的特色小城市

《长江三角洲地区区域规划》提出杭州为长三角副中心城市，构建杭州城市群的目标，杭州城市群主要包括杭州湾区域的宁波、绍兴、台州和舟山等城市。杨汛桥镇位于绍兴县西北部，毗邻杭州市萧山区，是绍兴与杭州沟通联系的桥梁和纽带。杨汛桥镇应以对接杭州为发展方向，成为绍兴县对接杭州桥头堡，打造杭州城市群核心区的特色小城市。

第三节　战略目标

到 2015 年，城镇核心区初具规模，城镇空间布局和功能区形态基本实现，产业结构调整工作基本完成，城镇发展的核心和增长极培育成熟，镇内污水管网、道路、通信等基础设施建设达到小城市标准要求。

到 2020 年，科技和创新对经济增长的支撑能力进一步提升，城镇第三产业长足发展，经济发展水平总体有较大的提升，城镇空间布局合理，形

态良好，生态环境得到极大改善，努力实现生态环境优美、经济繁荣、社会和谐的发展局面，积极参与区域合作与分工，建成长三角地区民营企业创业和特色产业基地、宜居宜业的特色小城市。

表 2　杨汛桥镇经济社会发展目标

	指　标	单位	2009 年	近 5 年平均增长率（%）	2015	2020	指标属性
经济发展	地区生产总值	万元	459800	15	1496024	3266054	预期性
	人均 GDP	元	130000	20	573309	1549487	预期性
	三次产业结构	—	0.9：87.9：11.2	—	0.5：82.7：16.8	0.4：76.2：23.4	预期性
	财政收入	万元	36900	12	100794	202732	预期性
	城镇化率	%	38	10	61	98	预期性
社会生活	常住人口	人	90000	5	110000	140000	预期性
	人均受教育年限	年	9	5	12	12	约束性
	新农村合作医疗参保率	%	93	—	100	100	约束性
	新农村社会养老保险参保率	%	40	5	70	100	约束性
	自来水普及率	%	99		100	100	约束性
生态建设	绿化覆盖率	%	30	1.5	40	45	预期性
	城镇生活污水处理率	%	0	3.6	100	100	约束性
	镇域垃圾处理率	%	90	5	100	100	约束性

第四节　战　略　构　想

一、加强与杭州市的区域联系

杭州市历史上就是经济繁荣地区，长江三角洲中心城市之一，目前主要经济指标已经达到或接近发达国家水平，对周边城市具有重要的辐射带动作用。萧山区属于杭州市江南城副中心，江南城规划建设成为以高科技工业园区为骨干，产、学、研协调发展的现代化科技城和城市远景商务中心，南部建设重点为商贸、居住生活区，东部建设重点是工业和文科教研区。杨汛桥镇紧邻萧山区东南部，仅一江之隔，经和门程大桥进出萧山区仅需10分钟时间，交通快捷便利，两地纺织业和苗木花卉种植业建立了部分产业联系，且传统文化习俗相近，人流来往频繁，杨汛桥镇作为距离杭州和萧山最近的地区，具有对接融入杭州和萧山的便利条件，同杭州对接，接受杭州人口和经济辐射联系，也是杨汛桥镇的重要战略内容之一。

杨汛桥镇应积极承接杭州和萧山区产业转移，如花卉苗木、纺织产业等，同时提升自身科技创业水平，积极开展制造业和科技创业方面的合作，其次为所前、衙前和新塘街道等地人口转移集聚提供生活服务。

二、努力推进产业结构调整升级

积极贯彻落实科学发展观，以现有资源和产业为基础，充分发挥地方比较优势，不断优化产业结构，提升产业竞争力。根据产业政策和环保政策的要求，对杨汛桥镇现有产业进行调整升级。

产业调整升级的思路是，第一产业作为对接萧山的重要通道，予以保留，并在现有规模种植的基础上，延伸花卉苗木种植产业链，向生态观光休闲农业方向发展，发挥农业的休闲观光、科学教育和生态环保的综合功能，提高农业附加值和综合服务能力。

杨汛桥镇第二产业已经形成了经编家纺、建筑建材、纺织印染和五金机械制造为主导的产业体系。随着经济社会条件转变，杨汛桥镇第二产业发展的机遇和优势发生了变化，产业发展方向也需要随之调整。其中经编家纺、纺织印染是杨汛桥镇的传统特色产业，对于富裕百姓、吸纳就业和塑造品牌具有重要的作用，应坚持低碳、高附加值、高技术含量的发展方向，限制印染等生产环节的发展，重视产品设计环节的投入，提升经编家纺产品的科技含量和附加值。延伸纺织机械开发制造产业链条，打造具有本地特色的五金制造产业。一是积极进行产业转型，限制不符合产业政策和环保政策产业的发展，走提高产品质量和科技含量的发展路径，继续做大做强；二是根据本地产业发展需求，积极吸引与本地产业实现配套和上下游关联的产业，对现有资源进行有效配置整合，丰富工业产业类型。

第三产业：改造提升传统服务业，着力发展需求潜力大的物流、高档商贸、生产性服务等现代服务业，提高服务业产业的整体规模和水平。

三、积极促进杨汛桥镇城市化发展

杨汛桥镇常住人口规模已接近 10 万，达到小城市人口规模，形成了四大主导产业，经济发展基础好，人口就业稳定，公共服务和基础设施建设水平均已经达到城市标准，可以说杨汛桥镇已经具备小城市的规模和特点。但杨汛桥镇仍存在城镇空间布局不合理，公共服务和基础设施建设滞后，经济发展压力等问题。全面城市化和深度城市化成为杨汛桥镇今后发展的第一要务。根据人口就业和生活居住分布情况，合理安排学校、医院、市民活动中心等公共服务设施的规模和位置，满足不同知识层次和不同年龄段人口的需求；构建完善的外来人口服务工作体系，在职业培训、就业、子女教育、社会保障等方面深入改革，为外来人口真正融入本地社区和城市生活建立良好的基础。

四、土地空间优化整合

土地资源已经成为制约杨汛桥经济社会发展最重要的要素，提高土地集约利用水平，进行土地空间调整和整合是增进杨汛桥经济社会繁荣的重要内容。战略规划期内，杨汛桥镇在空间布局优化和功能分区的基础上，制定较为详细的控制规划，利用产业政策和调整公共服务资源配置的手段，促进土地利用集约程度低、利用效益低下的老旧工业用地、厂房土地进行腾退，搬迁到规划的产业集聚区。积极争取上级政策，鼓励老旧居民和村民住宅用地置换搬迁。根据统一规划，充分发挥各利益主体的积极性，对节约集约利用出的土地进行综合开发，一方面增强杨汛桥镇经济发展活力，另一方面提升杨汛桥镇城镇形象。

第四章　城镇空间布局优化

第一节　优化城镇空间布局

明确杨汛桥镇增长核心，充分地发挥增长核心的带动作用和集聚效应，实现区域发展的合理分工和各项经济服务功能的有效集聚，促进产业链整合和企业组织结构建设，构建"一心三片区"的城镇空间布局。

一、空间增长模式

杨汛桥发展具有鲜明的区域集中性，形成了以杨汛桥至江桥的杨江公路发展轴带和从江桥至芝塘湖的江夏公路发展轴带为主轴的"哑铃"型发展格局，存在增长极不明显，功能区混杂和轴线区域开发程度饱和的问题。战略期内立足杨汛桥城镇空间现状，构建"核心化、片区化和网络化"的空间增长模式。

（一）增长中心核心化

充分利用江桥商贸发展基础好、人口集聚力强、对外交通联系便利的优势，建设江桥核心区。

（二）区域发展片区化

围绕功能核心区，有效地放大其辐射扩散效应，形成以功能核心区为主导，以大面积发展片区为支撑的片区化发展模式。具体而言，依托特色产业园建设产业集聚区，以杨汛桥为中心建设商务宜居片区，以芝塘湖新城为核心建设高端商务休闲活动区。

（三）增长模式网络化

通过各种物流、信息流、人流等通道将各功能核心区连接成一个增长网络，实现由点状增长—片状增长—面状增长的转变。具体而言，通过杨江公路、江夏公路（杭金衢高速公路连接线）、河展路、远瞻路将江桥核心区、产业集聚区、杨汛片区和芝塘湖片区连接起来组成网络化格局。

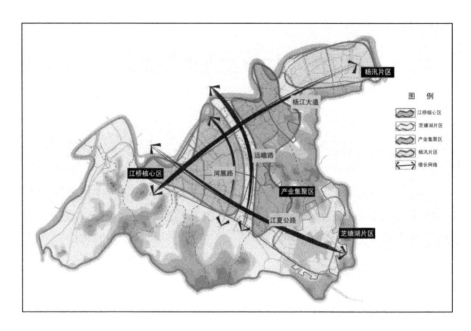

图 14　杨汛桥镇空间增长模式图

二、空间布局优化

杨汛桥发展的空间架构支撑：依山傍水，山水之间，即以牛头山等东部山系、王家大山等西部山系及芝塘湖等自然风貌作为杨汛桥发展的南部构架；以西小江作为杨汛桥发展的北部构架，形成"依山傍水，山水之间，一心三区，两轴两带"的空间布局。

杨汛桥发展的空间结构支撑：一心三区，两轴两带，即以西部江桥核心区、东部杨汛桥片区、中部产业集聚区和南部芝塘湖片区为支撑形成"一心三区"的空间布局，在空间轴线建设上，形成以杨江公路产业发展轴、江夏公路（杭金衢高速连接线）产业发展轴、两山一湖旅游休闲产业带、西小江休闲游憩产业带为骨干的"两轴两带"发展格局。

江桥和杨汛桥兼具商贸服务功能，但二者在发展过程中将形成分工明确，合理互补的功能区。江桥核心区商贸服务功能以服务大众生活型需求为主要目标，重点是为普通工薪阶层提供生活和休闲服务，房地产业发展以普通商品房为主，为本地"村改居"居民和外来人口提供居住空间。杨汛桥片区重点提升商贸等生活型服务业档次，并凭借其工业经济较为扎实的基础，发展产品创意设计、展销、人力资源培训等生产性服务业，发展以中高端住宅为主的房地产业，为企业中高层和技术人员提供宜居宜业的综合生活服务片区。

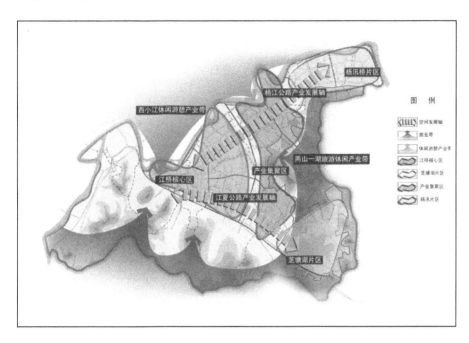

图15 杨汛桥镇城镇空间结构图

（一）"一心"——杨汛桥镇城镇核心区

1. 范围及定位。本区在现有江桥集镇的基础上，扩展到北以西小江，西南至杭金衢高速连接线，东南至远瞻公路的区域，包括竹园童、江桥、麒麟、江桃、展望和杨江社区位于展望路以西的区域。本区定位为杨汛桥镇商贸、宜居生活中心。

2. 用地特点及调整方向。根据对杨汛桥镇遥感图像分析，可得出江桥中心区土地利用呈现如下特点：地域面积开阔，耕地面积占全镇耕地总面积的24.14%，可利用空间较多；江桥的人口居住规模较大，住宅用地占全镇住宅用地的30.65%，但商服用地比例仅为0.31%，表明江桥中心区现有商贸服务功能难以满足人口需求；江桥中心区工矿仓储用地和住宅用地比例均较高，存在用地混杂的问题。针对以上对江桥中心区的功能定位要求，江桥核心区今后用地调整方向应根据人口需求，适度增加公共服务用地和住宅用地，为了提升江桥商贸服务功能，推进工矿用地向商服用地的置换。

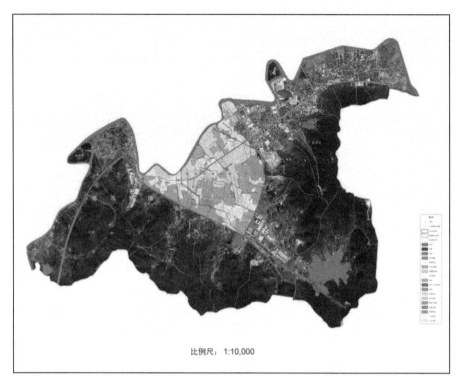

比例尺：1:10,000

图 16　杨汛桥镇核心区范围及土地利用现状图

表 3　江桥核心区主要用地类型面积及比例

主要用地类型	面积（km²）	所占比例（%）
耕地	1.53	24.14
商服用地	0.00	0.31
工矿仓储用地	1.38	24.83
住宅用地	1.20	30.65
公共管理与公共服务用地	0.12	26.10

3. 建设重点。

一是进一步加强江桥中心与杭州萧山区、绍兴县的交通联系。加快江桥中心与新塘、所前镇和萧山区的道路建设，积极争取萧山区公共交通网络覆盖至杨汛桥镇，尽快开通杨汛桥直达萧山的公共交通，为加强江桥中心与杭州市的经济联系打好基础。

二是促进周边村庄居民集中。建设保障安居房工程，鼓励竹园童、和门程、联社、江桥、麒麟、江桃、展望和杨江等周边村庄居民向江桥中心居住区集中，由村集体将置换出的农村集体建设用地进行资产化管理，农民与村集体资产的股权、收益分配政策不变。

三是合理布局江桥中心用地格局。积极促进江桥中心区内老旧工业厂房、不符合环保政策和土地利用效益水平较低的用地企业的搬迁和退出，支持企业家和村集体利用置换出的土地发展商贸服务和房地产业，增强江桥中心商贸服务功能，逐步改变工业用地与居住用地和商业用地混杂的局面。

四是加强公共服务和基础设施建设。改造江桥核心区环境卫生状况，适当增加核心区内绿地、公园等休闲娱乐设施数量，重点推进道路、供水、污水排放治理、电力、电信、燃气等基础设施建设，提高学校和医院的服务能力，增强江桥中心区的人口集聚服务能力。

（二）"三区"之一——杨汛片区

1. 范围及定位。本区以现有的杨汛集镇为基础，包括高家、杨汛、孙家桥和王家塔居委会。规划期内的战略定位是打造成政治、商务中心和宜居生活服务片区。

比例尺　1:10,000

图17　杨汛片区范围及土地利用现状图

2. 用地特点及调整方向。根据对杨汛桥镇遥感图像分析，可得出杨汛桥片区土地利用呈现如下特点：杨汛片区目前是杨汛桥镇行政文化中心，公共管理与公共服务用地占全镇该类土地总面积的 60.36%，公共服务设施齐全；杨汛片区住宅和商服用地比例较高，分别达到 17.93% 和14.41%，商业服务功能较好；杨汛片区耕地面积小，其比例仅占全镇的5.01%，可利用空间紧缺；杨汛片区工矿及仓储用地分布较多，与打造商务中心和宜居生活片区的定位相矛盾，不利于培育房地产和商服业发展，针对以上对杨汛片区的功能定位要求，杨汛片区今后用地调整方向推进工矿用地向商服用地的置换。

表4　杨汛片区主要用地类型面积及比例

主要用地类型	面积（km²）	所占比例（%）
耕地	0.32	5.01
商服用地	0.01	14.41
工矿仓储用地	0.86	15.41
住宅用地	0.70	17.93
公共管理与公共服务用地	0.28	60.36

3. 建设重点。

一是以建设宜居生活服务片区为目标，合理确定公共设施、道路广场和居住用地的空间安排。鼓励片区内工业企业将用地置换到产业集聚区内，对腾退出的工业用地进行商住开发，为打造宜居生活服务片区做好土地储备。

二是促进周边村庄居民集中。建设保障安居房工程，鼓励蒲荡夏、园里湖、上孙、河西岸等周边村庄居民向杨汛片区集中，允许村集体将置换出的农村集体建设用地进行资产化管理，农民与村集体资产的股权、收益分配政策不变。

三是加强基础设施配套，针对杨汛片区内公共设施档次低、规模小、布局不合理等问题，加快城市基础设施建设配套工作，提高区域内学校、医院等公共服务设施的服务水平和档次，为中高收入人群向杨汛桥片区集中打好基础，加强杨汛片区对人口的吸纳能力。

四是充分利用杨汛片区临近山水资源的有利条件，积极促进牛头山和

西小江的开发利用与建设，依托山水建设城市生态休闲景观，提升杨汛片
区宜居生态环境。

（三）"三区"之二——产业集聚区

1. 范围及定位。以现有特色产业园为基础，集中打造北至西小江，南
至江夏公路，东边以展望路为界，西至山体的产业集聚区，主要包括建
吴、河西岸、合力、横山和江桃村的部分区域。产业集聚区是重点吸引集
聚工业企业，发挥杨汛桥镇经济支撑、提供就业和增强全镇经济实力的重
要作用。

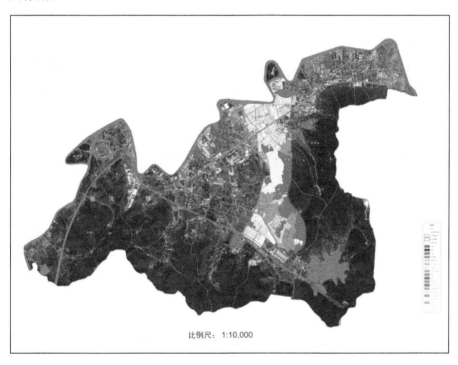

比例尺：1:10,000

图 18 产业集聚区范围及土地利用现状图

2. 用地特点及调整方向。根据对杨汛桥镇遥感图像分析，可得出产业
集聚区土地利用呈现如下特点：工矿用地面积大，分布集中，产业集聚区
工矿用地比例占全镇的 26.75%，产业功能突出；工矿用地和住宅用地比
例较高，用地交错，功能混杂；公共管理和服务用地比例较低，居民生活
服务设施相对薄弱。针对产业集聚区的功能定位，产业集聚区用地调整方
向是推进住宅用地、公共管理和服务用地向工矿用地置换，继续突出强化
该区的产业功能。

表5 产业集聚区主要用地类型面积及比例

主要用地类型	面积（km²）	所占比例（%）
耕地	0.61	9.64
工矿仓储用地	1.49	26.75
住宅用地	0.41	10.56
公共管理与公共服务用地	0.01	1.09

3. 建设重点。

一是加快土地整理开发和基础设施建设。在土地利用总体规划中落实产业集聚区用地范围和面积，新增建设用地指标向产业集聚区倾斜；设定产业用地门槛，提高土地利用效益和水平，明确工业项目用地的投资强度、容积率和建筑系数、土地产出效益和用地结构等指标的具体标准，在实施过程中严格按照相应的标准进行管理，对于达不到相关标准的企业用地需求坚决不予审批；做好低效工业用地的置换和整理工作；推进特色产业园及周边区域的道路、水暖气电等基础设施和服务建设。

二是制定产业集聚区发展规划。推进产业以集聚集群形式发展，通过资源、市场、技术、设施等共享和产品、研发联系推进集聚经济的快速提升；推进企业间的资源整合和兼并重组，通过资源的有效合理配置，形成竞争有序的市场结构；鼓励发展高技术产业和现代制造业，大力发展资源消耗少、环境破坏小、附加值高、带动性强的产业，促进产业结构优化升级。

三是推进循环经济和低碳经济产业发展模式。根据目前支柱产业特点，制定行业的产业效能指标；推进现代清洁生产工艺和技术在印染、化工、建材等行业的试点推广，进一步降低产业的能耗和污染物排放强度，大力发展清洁生产和循环工艺；对执行产业效能标准和提高资源利用水平较好的企业制定相应的奖励政策。

（四）"三区"之三——芝塘湖片区

1. 范围及定位。以芝塘湖村为核心，辐射延伸至周边山体的区域，芝塘湖片区是未来杨汛桥镇新经济增长极，定位为高端总部经济区和商务休闲活动区。

2. 用地特点及调整方向。根据对杨汛桥镇遥感图像分析，可得出芝塘湖区土地利用呈现如下特点：耕地和住宅用地比例高，存在少量的工矿用地。针对芝塘湖区的定位和发展方向，芝塘湖区近期应继续控制住宅用地扩张，可逐步将区域内工矿用地置换调整至产业集聚区。

表6　产业集聚区主要用地类型面积及比例

主要用地类型	面积（km²）	所占比例（%）
耕地	0.81	12.83
工矿仓储用地	0.33	5.87
住宅用地	0.28	7.13
公共管理与公共服务用地	0.01	1.09

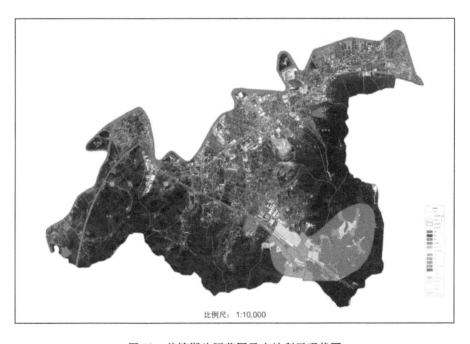

比例尺：1:10,000

图19　芝塘湖片区范围及土地利用现状图

3. 建设重点。

一是芝塘湖片区水资源、山体资源和森林资源丰富，自然环境优美，是杨汛桥镇最具开发潜力的区域。芝塘湖对于提升杨汛桥发展实力和档次具有十分重要的意义，因此开发思路和方向要十分谨慎。

二是2010—2015年，芝塘湖片区的发展思路是控制农民自建房，逐步引导农民异地建房和搬迁；通过展望村、江桃村土地和工业用地的重新规划和改造利用，为芝塘湖片区建设提供充足土地资源；保护芝塘湖片区自然环境，加强芝塘湖片区道路交通和环境基础设施建设，为芝塘湖开发建设打好基础。

三是2015—2020年，芝塘湖片区发挥自然环境优势，凭借便捷的交通条件，高效融合外部多元的信息、技术、市场和资本，为产业集聚区提供生产性服务，是鼓励和吸引企业总部、办公、销售等经营环节在芝塘湖片区聚集。鼓励本地企业将与生产制造环节相分离、对生产性服务业需求较高的经营环节在芝塘湖片区集聚；鼓励外部大型销售企业和与杨汛桥产业联系密切的企业在芝塘湖片区建立办事处、采购中心等部门；积极引入推进研发机构、展览销售等机构单位在芝塘湖片区的入驻发展。打造创业企业总部经济区和商务活动服务区。

三、城镇改造任务部署

（一）城镇改造类型划分

1. 商服居住区改造。以建设宜居社区，改善城镇居住环境、提升城镇功能为目标，以成片开发，集聚发展为原则，对江桥核心区和杨汛桥片区内的用地实行挖潜，改造低效用地、鼓励区内工业用地"退二进三"，将废弃、低效工业厂房或城中村改造成城镇发展要求的商贸、居住区，适度增加江桥核心区和杨汛桥片区内休闲娱乐和公共绿化空间，重新整合城镇用地功能布局，提升城镇形象和品位。

2. 村庄整治。以保障可持续发展，实现土地集约利用为目标，对农村居民点进行统一布局，集中建设，通过整合旧村居，对需要进行空间置换的村庄实行迁村并点，位于江桥核心区和杨汛桥片区内的城中村改造符合整体功能布局，位于产业集聚区内的村庄改造要满足产业发展的用地要求。

3. 企业用地改造。为构建现代产业体系，提升制造业档次，以发展高技术、附加值的产业为主，加强生产性服务业的发展为目标，鼓励企业对产业集聚区内的不符合环保要求、低效工业用地进行升级改造。

（二）城镇改造用地强度控制

1. 容积率。高容积率区：江桥核心区和杨汛桥片区内以交通便捷、服务设施齐全、商贸业发展水平较高的生产性服务业、办公用地采用较高的容积率，建议控制在2.5—3.5之间。

中容积率区：以江桥核心区和杨汛桥片区内的居住类改造项目和城中

村改造项目为主，主要改造成为生活性商业服务业和居住用地；产业集聚区的旧厂房、村居改造项目主要改造成为办公和高档次工业厂房，容积率建议控制在 1.5—2.5 之间。

中低容积率区：以芝塘湖片区村居改造项目为主，建议改造成为生态环境景观宜人，环境舒适的高档办公、休闲、居住区；江桥、杨汛桥境内的公共绿地和空间改造项目，容积率建议控制在 0.1—1.5。

2. 建筑高度。一级高度分布区（60—100 米）：以分布在江桥核心区和杨汛桥片区的商服业改造项目。

二级高度分布区（36—60 米）：以分布在江桥核心区和杨汛桥片区的居住类改造项目为主，包括村居改造。

三级高度分布区（10—36 米）：以产业集聚区内的旧厂房和村居改造项目和芝塘湖片区的村居改造项目为主。

四级高度分布区（0—10 米）：以分布江桥核心区、杨汛桥片区和芝塘湖片区的公共空间，绿地等改造项目为主。

3. 空地率。低空地率区（40%—60%）：主要分布在江桥核心区和杨汛桥片区的生产性服务业、行政办公用地为主。

中低空地率区（60%—70%）：主要分布江桥核心区和杨汛桥片区的居住用地和分布在产业集聚区的工业用地为主。

中空地率区（70%—80%）：主要分布在江桥核心区和杨汛桥片区的公共服务设施集中的地区，以文化、医疗、科教、公共绿化娱乐休闲用地为主，以及分布在芝塘湖区的商服和居住区。

（三）城镇改造模式

镇政府针对现有土地所有权、开发改造用途、各利益主体意见，制定不同的开发改造策略和模式。具体如下：

1. 政府主导模式。主要适用于城镇改造区和规划区范围内的基础设施建设、公共服务建设，镇政府主导拆迁补偿、土地整理等工作，统筹规划并投资建设基础设施、公共服务设施，提升设施承载能力。为了减轻政府投资压力、提高土地开发和城镇改造效率，采用政府和企业相合作、以建设—移交和工程总承包的模式进行土地一级开发和非营利性基础设施建设，即政府将建设工程发包给承包单位，承包单位负责项目的规划、勘察、设计、融采购、施工、试运行、竣工验收等工作，开发建设完成后，政府接管项目，并且按预定时间向投资方支付项目总投资和合理回报。

根据城镇规划的功能布局，政府对不适应城镇发展要求的旧城或失去功能的厂房用地进行改造，为因改造产生的失业工人提供免费培训，为原改造范围内的居民提供最低生活保障；政府统一对旧城区、旧厂房进行翻新、修葺，通过租金和税费的优惠吸引商业、生产性服务业进驻，鼓励升级改造的工业区适度发展配套的生产性服务业；政府制定合理补偿标准，并保证拆迁户的安置保障，为村民提供社会保障和再就业培训。

2. 集体主导模式。针对产权属于村集体的旧村居、旧厂房进行改造的，采取村集体主导模式，由村集体成立经济发展公司，政府给予协作或扶持。政府的主要任务是：编制专门的改造规划，并对村庄改造规划提出具体的要求，使改造后新建筑的形式、色彩、层数、尺度与全镇整体形象要求保持一致；政府城镇改造专项部门监管改造规划的实施情况，并积极争取放宽城镇改造土地利用政策，允许村集体利用本村集体内的闲置地作为周转启动地块，建设公寓式新村，对迁出腾空的部分旧村实施拆迁，建设公寓式住宅，用于安置旧村内其他村民。

村集体对现有村集体所有的村居和工业用地改造的，要求村集体与村民个人在完善股权设置和股份分配的基础上，由村集体统一改造，村民以其"宅基地"及其住房（合法补偿面积部分）作价入股筹集改造资金；村民参与整个开发，并按照商议的比例分红，保证村民长期收入。

村集体对已经出租的工业用地进行改造的，建议选择村集体与企业共同运作危旧房拆迁、改造、翻新或安置工作。村民以土地入股形式与开发商对建成后的物业的赢利分红和村庄人居环境的整治，实现村集体经济良性循环发展，分红模式可选择开发商垫资建设，建成后让开发商拥有数年的租赁经营权，年限到期后由村集体收回；或村集体将改造后部分铺位无偿租给开发商经营，将其他铺位的租金用于抵偿建设费用；或以集体土地产权置换开发商改造物业，获得补偿与利润分红。

3. 企业主导模式。针对企业用地改造开发，采取政府与市场合作的模式，具体办法是：政府前期负责拆迁赔偿、土地整理等工作，后期进行政策指导和规范市场行为，引入社会资金进行市场化运作，采取"政府主导、公众参与、市场化运作"相结合，镇政府制定规范拆迁流程、操作方法，建立监督渠道，实现拆迁过程的"全透明"；政府采用直接出资、BOT和引入社会资金等模式，进行前期拆迁、土地整理等开发经营程序，建成后引入市场主体按照政府规定的开发强度、投资强度，从事经营活动，经营范围要符合环保要求，同时符合政府鼓励和允许类的产业类型。如果企业用地已取得合法的国有土地使用权，原企业仍愿意对土地进行开发利用的，政府应优先赋予原企业开发经营权，企业支付政府前期进行土地开发整理的资金；由新企业开发土地利用土地，政府应将土地出让金扣除前期开发成本后的款项，支付给原企业。

对现有工业用地改造后不改变原用途，提高容积率的，不再增缴土地价款。

（四）城镇改造工作部署

一是对城镇改造项目用地基本情况摸底。对城镇改造范围进行界定，将每宗城镇改造用地在土地利用现状图和土地利用总体规划图上标注，并将土地权属、用地面积、用途、效益、地上附着物和构筑物等基本情况进行摸底登记。围绕经济社会发展战略实施要求，根据土地利用总体规划和城镇总体规划等，对城镇改造进行统一规划，优化土地利用结构，合理调整用地布局，要通过统筹产业发展，有针对性地加强薄弱环节，加快商贸、物流等三产服务业和公共社会事业的建设，增加生态用地和休闲用地，优化城乡环境。

二是编制专门的城镇改造规划，对城镇改造项目进行分类界定，确定改造功能区、改造方向，不同区域内用地布局、明确容积率、建筑高度、空地率等改造用地强度。成立负责城镇改造专门机构，制定城镇改造工作安排，监督城镇改造规划实施情况，办理城镇改造的规划、用地审批管理手续，协调政府、村集体、村民、企业等各方主体的利益关系。

三是镇政府为了基础设施和公共设施建设或实施城市规划进行旧城区改建需要调整使用土地的，由市、县人民政府依法收回、收购土地使用权，纳入土地储备。

四是在符合城镇改造规划和土地利用年度实施计划的前提下，鼓励原土地使用权人自行进行改造。自行改造应当制订改造方案，经镇政府同意后报市、县人民政府批准实施。所涉及的划拨土地使用权，可采取协议方式补办出让手续，涉及补缴地价的，按规定办理。

五是城镇改造项目在符合城乡规划的前提下，市场主体根据城镇改造规划和年度实施计划，可以收购相邻多宗地块，申请进行集中改造。可根据收购人的申请，将分散的土地归宗，为收购人办理土地变更登记手续。收购改造应当制定改造方案，经镇政府同意后报市、县人民政府批准实施。涉及补缴地价的，按规定办理。

六是旧城镇、旧村庄改造涉及收回或者收购土地的，可以货币方式向原使用权人补偿或支付收购款，也可以置换方式向原使用权人重新安排用地。置换的土地使用权价值不足的，可以货币补足。

七是土地利用总体规划确定的城镇建设用地规模范围内的旧村庄改造，原农村集体经济组织申请将农村集体所有的村庄建设用地改变为国有建设用地的，可依照申请报省人民政府批准征为国有，由市、县（区）、镇人民政府根据城镇改造规划和年度实施计划分别组织实施。其中，确定为农村集体经济组织使用的，交由农村集体经济组织自行改造或与有关单位合作开发建设。

八是需要搬迁的国有企业用地由政府依法收回后通过招标拍卖挂牌方式出让的，在扣除收回土地补偿等费用后，其土地纯收益可按不高于60%的比例拨付企业用于转增国家资本金。在旧村庄改造中，政府通过征收农村集体建设用地进行经营性开发的，土地出让纯收益可按不高于60%的比例返还给原农村集体经济组织。

第二节　产业空间布局

杨汛桥产业发展与城镇总体空间布局相结合，形成五大区。其中，生态休闲农业区以西部和门程和联社村为基础，是杨汛桥镇第一产业发展重要基地，发展重点是由借鉴萧山区生态休闲农业发展的经验，由传统的花卉苗木种植向生态休闲农业发展，提升农业经济、生态和社会效益。

第二产业重点布置在杨汛桥中部的产业集聚区。二产发展在提升传统的经编家纺和纺织印染业的基础上，积极引导窗帘窗纱产业集群发展，开展"腾笼换鸟"，大力引进先进制造业，实现传统产业升级改造。

第三产业以江桥、杨汛桥和芝塘湖三个人口集聚区为基础。在发展方向上各有侧重。其中江桥核心区发挥商贸繁华的优势，以吸引中等收入人口集聚为手段，重点发展商贸、餐饮等生活型服务业。杨汛桥片区发挥第二产业基础较好的优势，重点发展科技研发、人才培训、信息咨询、法律会计咨询等生产型服务业。芝塘湖片区作为杨汛桥第三产业发展的新增长极，凭借芝塘湖优美的自然风光和宜人的生态环境，发展高端总部商务经济。

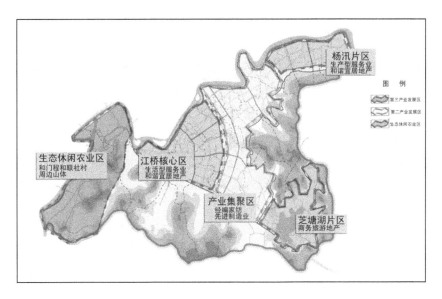

图 20　杨汛桥镇产业空间布局图

第三节　强化区域合作联系

一、区域外部交通系统

建设"五主四次"外部交通系统，将杨汛桥的发展对接萧山，融入杭州，联系绍兴，促进内外区域之间的物资、信息、人才等流动，促进资源整合和区域一体化进程。

建设五条外部联系主干道：向南北两个方向延伸杭金衢高速路连接线往南北延伸，成为联系萧山区与绍兴市区的主干道；延伸拓宽江夏路成为沟通萧山、杨汛桥城区和夏履镇的交通干道；延伸远瞻路向北跨江与萧山新塘街道对接；104 国道南复线向北与萧山衙前镇相连，向南与钱清、绍兴市区相连，杨江公路东段向外延伸拓展至彩虹大道。

建设四条外部联系次通道：原江桥大桥与萧山新塘街道相连；江渔公路向西过西小江与萧山相连；江渔公路向南与所前镇相连；东部山区盘山道向东与钱清镇联系。

二、城镇内部交通系统

建设"两纵两横沿山滨江"城镇内部交通体系，沟通江桥核心区，杨汛片区和芝塘湖片区的联系。

（一）"两横"干道建设

改造提升杨江公路：联系杨汛桥、产业集聚区和江桥中心区横向主干道。

扩建江夏公路，成为联系江桥核心区、产业集聚区和芝塘湖片区，沟通杨江公路和杭金衢高速路连接线的主干道。

（二）"两纵"干道建设

建设河西岸至展望的河展路，沟通产业集聚区、江桥中心区和芝塘湖片区。

提升远瞻路，成为联系产业核心区和芝塘湖新城的主干道。

（三）"沿山滨江"公路

建设沿牛头山—芝塘湖—王家大山的沿山环湖公路，沟通旅游休闲产业带各片区之间的重要连接线。

建设沿西小江的滨江公路，成为沿西小江休闲游憩产业带的重要连接线。

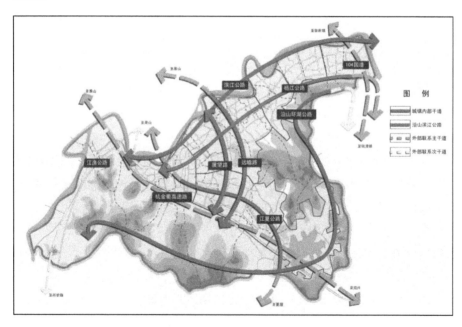

图 21 杨汛桥镇交通网络图

第五章　产业结构调整升级

杨汛桥镇产业发展形成了农村工业化、企业规模化和资本国际化的特点，但目前产业仍以传统产业为主，环境污染代价大，自主创新能力不足，杨汛桥镇面对金融危机冲击下，应变压力为动力，积极促进产业结构调整升级。杨汛桥镇三次产业发展的整体思路是：积极发展生态休闲农业、开拓先进制造业和提升第三产业规模和水平，其中第三产业的发展要以城镇改造为契机，通过改造提升杨汛桥城镇形象，搭建三产服务业发展的平台，而三产服务业的发展丰富完善城镇综合服务功能，增加杨汛桥镇人口吸引力和经济活力。

第一节　积极发展生态休闲农业

一、总体思路

以加强区域联系，发挥资源优势为出发点，发展以花卉苗木、林特茶果、特色水产为主要产品，以科技型休闲农业为指导，以花卉苗木观赏、乡村旅游、民俗民宿为主要休闲项目，以和门程村和联社村为主要区域，带动周边山体，沿杭金衢高速路两侧打造集观光休闲、风情感受、农艺欣赏、游客农作体验和四季果蔬采摘于一体的生态休闲农业长廊。

二、发展模式

依托杨汛桥农业、生态资源特色，可采取以下四种生态休闲农业发展模式：

（一）农业观光旅游模式

以花卉苗木、茶园景观、农业旅游节庆活动为休闲吸引物，开发花卉苗木观赏游、林特茶果采摘游等不同特色的主题休闲观光活动，展示农产品生产和农作过程，让旅游者亲自参与、体验，满足游客体验农业、回归自然的心理需求。

（二）民俗风情休闲模式

利用农村特有文化和风俗，以乡村民俗建筑、地方民俗古迹、区域人文历史等作为休闲农业活动的吸引物，充分突出农耕文化、乡土文化和民俗文化特色，开发农艺展示、时令民俗、农业节庆、民间歌舞等休闲活动，体现农业休闲观光的文化内涵。

（三）农家乐模式

农民利用自家庭院、自己生产的农产品及周围的田园风光、自然景点，吸引游客前来吃、住、玩、游、娱、购等休闲活动。以农家度假，民俗体验、农事旅游为对象，体现出"吃农家饭、住农家屋、干农家活、摘农家果、做农家事、欣赏农家民俗"特色的农家乐模式。

（四）科普教育模式

以花卉苗木观赏园、林特茶果示范园、农业科技生态园项目建设为契机，发展生态农业科普教育，为游客提供了解农业历史、学习农业技术、增长农业知识的旅游活动。满足游客对高效、生态农业技术知识的学习和认识。

三、发展方向和重点

构建以农业主题公园、花卉苗木观赏园、都市休憩农家乐为一体的都市型休闲观光农业。

（一）农业主题公园

以现有花卉苗木、林特茶果、淡水名优水产等为基地，重点发展以高效生态农业为基础的特色主题生态观光园和游客参与、体验性强的农业科技主题园，主要打造下列四个特色公园：

1. 观光农业生态园。以多种生态农业模式对现有特色农业进行布局，并建立起一个能合理利用自然资源、保持生态稳定和持续高效的农业生态系统，提高农业生产力，实现可持续的生态农业，并对周边地区的农业结构调整和产业化发展进行示范，体现生态旅游特色。

2. 观光农业旅游园。充分利用花卉苗木观赏、当地民俗风情和乡土文化，在体现自然生态美的基础上，运用美学和园艺核心技术，开发具有特色的农副产品及旅游产品，以供游客进行观光、游览、品尝、购物、参与农作、休闲、度假等多项活动，形成具有特色的"观光农业旅游园"。

3. 苗木花卉观赏园。培育发展特色苗木花卉基地，营造宜人的生态环境。要高标准规划观赏园，以度假区的基础设施要求建设，建筑材料要多采用新材料，要有现代时尚气息，高端品位。让游客享受到绿色、环保、生态、现代的杨汛桥。

（二）都市休憩农家乐

充分发挥生态观光农业的体验效应和临近大城市的区位优势，调动杨汛桥镇居民的投资经营积极性，以农家特色餐饮和有农村特色的古村、古屋为依托，农户家庭作为主要的消费和体验中心，让城市居民直接感受农家生活的温馨与和谐，领略与农民生产生活息息相关的农村生态、乡村环境、农耕文化。

1. 农家特色餐饮。发展本地特色水产，辅以原汁原味的特色农家菜和廉价、味美，舒适、随意的饮食消费环境吸引游客。

2. 休闲旅游农庄。以农场式的休闲农庄为载体，以体验式旅游为主要形式，将农庄式的高级度假村建在田野之中，借助田园景色和周边自然风光，打造高端农业度假产品，定位高端市场。

第二节　促进第二产业调整升级

以北至西小江，南至江夏公路，东边以展望路为界，西至山体的产业集聚区为重要的载体，以经编家纺名镇和窗帘窗纱产业园为基础，打造创业基地和特色产业制造基地。

一、提升经编家纺和纺织印染行业水平

（一）发展定位

提升经编家纺和纺织印染产业的产品设计和科技含量，打造窗帘窗纱特色产业，提高杨汛桥窗帘窗纱产品的市场知名度，逐步形成国内国际一流品牌；抓住产业集聚集群优势，延伸产业链条，打造中国窗帘窗纱产业基地。

（二）重点任务

一是以窗帘窗纱产业园为平台，在龙头企业的带动下，重点加强技术创新和产品创新，鼓励企业建立研发中心，加大对产品设计、技术改造和设备升级方面的研究和应用，增强家纺面料设计能力和绣花等深加工能力，带动杨汛桥经编家纺和纺织印染产业升级，促进窗帘窗纱产业集群

发展。

二是积极促进中小型经编家纺和纺织印染企业整合，利用土地利用政策和环保政策，促进对周边环境造成污染，排污不达标，技术水平和单位面积土地利用效益低下的企业进行搬迁和整合，提升经编家纺和纺织印染行业的整体水平。

三是加强营销渠道建设。采用经编家纺、窗帘窗纱产品创意展示中心，召开产品推介展销会、技术交流会等形式，开展产品营销和客户联系活动，为扩大市场打好基础。

四是发挥行业协会的带动作用，开展与高等院校和科研院所技术合作，组织专业技术学习培训项目，提高产品科技含量，培养专业的技术人才队伍，为杨汛桥镇经编和纺织印染行业可持续发展打下基础。

二、积极开拓先进制造业发展

（一）总体思路

以建筑建材、五金机械、化工为主导，以新材料、电子信息等高新技术产业等为补充，采取总量提升、科技引导、特色突出、衔接有序的发展模式，积极开拓先进制造产业。

（二）发展目标

打造杨汛桥镇先进制造业新品牌，成为吸引杭州都市圈先进制造业转移的领头羊，辐射杭州、萧山、绍兴三地的现代制造业高地。逐渐把产业的控制部门和高端部门留在杨汛桥，而把协作配套业务向周边地区及全国扩散，并借此延伸杨汛桥的服务业辐射半径和影响区域，把先进制造产业做大增强，作为服务业扩张的基础和依托。

（三）发展重点

根据杨汛桥发展先进制造业的基础和优势，应充分依托杭州经济圈对杨汛桥的辐射，先进制造业的核心产业及其相关延伸产业如图22所示。

装备机械制造业。重点发展纺织机械、数控机床、发电及输变电设备、工程机械、电子专用设备、智能化仪器仪表、印刷机械、医疗器械、新能源与节能环保设备、激光、机器人。

电子信息产业。培育和发展计算机及网络产品、第三代移动通信、数码影像产品、交通电子产品、数字电视、IC卡和电子识别产品等。

都市产业。培育和发展食品饮料业、服装纺织业、包装印刷业、文体用品业、工艺美术行业。

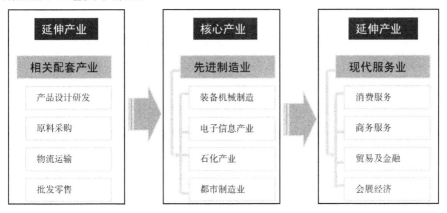

图 22　杨汛桥镇制造业延伸图

第三节　提升第三产业规模和水平

一、现代商贸业

（一）发展思路

通过科学规划和市场培育，以建设现代化、特色鲜明的小城市商圈为目标，努力提高商贸服务业的总量和层次，大力发展商业娱乐、旅游休闲、商贸物流、总部服务等相关产业，促进产业发展和城市化之间的良性互动。通过商业与娱乐的结合形成多元复合的商业中心，使商业人群能够驻留，形成时间消费；注重趣味性、参与性以及各层次人群的覆盖，打造娱乐游览于一体的休闲消费和总部服务中心。立足与绍兴杭州的战略高度，承接杭州国际都市建设示范引擎的战略性作用，大力打造"商贸物流型"和"旅游消费型"融合的小城市。

（二）发展目标

中期（2015 年），基本形成集娱乐、购物、休闲、度假、物流为一体的现代商贸服务业，实现增加值 25 亿元，年均增幅达 22% 以上。

远期（2020 年），发展成为杭州与绍兴协同发展节点上的休闲消费中心和总部服务中心，实现增加值 76 亿元，年均增幅达 25% 以上。

（三）发展重点

一是结合城市建设，重点在江桥核心区和杨汛桥片区培育发展以商业娱乐、旅游休闲为主的生活型服务业。主要类型有：

打造商娱一体综合区。在江桥核心区建设集商业、休闲、娱乐为一体的商业集聚区，提供购物、休闲娱乐、文化服务等设施，丰富服务业类型，增加区域活力。按照21世纪现代都市人的生活方式、生活节奏、情感世界度身定做，无一不体现出现代休闲生活的气氛的特色商业街。

形成商业聚集区。重点在杨汛桥片区建设国际化的现代购物中心，集购物、休闲、娱乐、展示、餐饮于一体，提升现有商业档次，完善商业功能。

二是在杨汛桥片区和芝塘湖片区，培育和发展以商贸物流、总部基地等多功能为一体的现代商贸服务产业。集群性引入战略产业及其上下游、关联产业，以保障产业的成功发展；充分以周边的萧山、绍兴、杭州等区域产业为基础，实现杨汛桥高端产业的引入；打造具有独特吸引力、配套完善的城市系统，以改善区域形象，吸引高素质的产业及郊区化人群；同时利用大型会展、国际商务促进高端产业集群的进入。可通过建设发展总部商业服务业区的方式，引导总部业集聚，逐渐形成金融、保险、贸易等总部商务服务。

二、物流业

（一）发展思路及目标

充分利用绍兴市和周边地区加快工业化、城镇化、农业现代化的有利条件，重点面向绍兴县及周边地区支柱产业加快扩张的需求，以加快高速公路和铁路运输通道建设为支撑，以改革开放为动力，以先进适用技术为支撑，以推进物流服务的专业化、社会化和加快物流业的信息化、一体化为主线，坚持高起点规划、高水平建设和多功能发展的方针，加快培育现代物流园区和物流龙头企业，加快发展第三方物流、第四方物流和现代物流配套体系，引导企业外包物流服务，促进物流业转变发展方式，加快实现由传统物流向现代物流业的转变。

把杨汛桥镇建成绍兴地区重要的物流结点，建成绍兴—杭州一带重要的区域物流中心。

（二）发展方向和重点

结合杨汛桥镇的区位条件和产业发展实际，采用基于产业聚集区的综合型物流模式较为适宜。以镇域内的产业聚集区为基础，以产业聚集区企业为物流服务的主要对象，提供区域性物流服务的现代物流模式。基于产业聚集区的综合型物流模式如图23所示。

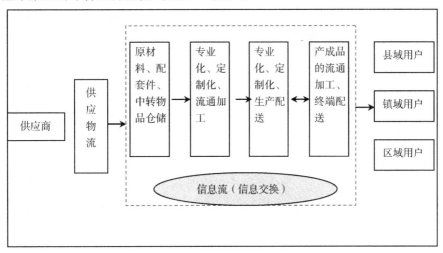

图23 基于产业聚集区的综合型物流模式

依托现有的网络信息资源，利用现代化的网络信息技术和标准，建立涵盖数字认证、网上支付和信息资源共享等内容的物流信息系统，实现货运物流网、车辆信息网、商贸流通网互联互通，逐步建成开放式的物流网络信息平台。沿104国道和杭金衢高速公路，按照临近城镇和工业园区的原则，建设现代物流长廊，近期形成杨汛桥—柯桥—杭州、杨汛桥—萧山等主要物流结点。远期随着相关支柱产业的规模扩张，部分物流结点逐步发展为物流园区。

三、房地产业

（一）发展思路

以集约利用土地、实现区域协调发展为指导思想，根据区域条件和市场需求，发展不同档次和类型的房地产业，促进城镇环境和生活品质提升，为杨汛桥镇经济发展创造优良的投资环境，为第三产业发展发挥龙头带动作用。

（二）发展重点

1. 建设和谐宜居地产。以江桥核心区和杨汛桥片区为重点，凭借其商服业发展基础好、人口密集、交通便利的优势，大力开发集商贸、居住、生态休闲等功能于一体的地产项目，从而为产业集聚区人口和本地居民提供居住、基本生活服务和休闲服务。充分发挥工业基础雄厚优势，将杨汛桥城市建设和产业发展相融合，大力开发集行政、商务、教育、研发、商住、旅游等功能为一体的地产项目，从而形成工业开放区、居住生活区、科教创新区为一体的聚集带，从而促进各种区域要素的协同发展，带动富有活力的产业集群快速衍生成长。

2. 芝塘湖生态旅游地产。依托芝塘湖度假休闲旅游项目的开发建设，发展在内外空间方面和主题内涵方面具有明确关联性的旅游地产项目。重点打造以湖水、沟谷等独特的生态网络为骨架，以休闲旅游、生态型高尚住宅为主。

3. 芝塘湖商务地产。充分发挥芝塘湖地区自然风光优美、生态环境良好，今后高端商务活动聚集的优势，打好生态"牌"，做好水"文章"，彰显杨汛桥生态之美，倾力承接洪州经济圈的带动和辐射，借助其品牌、平台，发挥自身比较优势来打造杨汛桥高端总部商务区。形成独具魅力的现代商务功能区。

发展以智能化、低密度、生态型的总部楼群，形成集办公、科研、中试、产业于一体的企业总部聚集基地地产。为杭州经济圈内的经编家纺、高科技产业为主的跨国、全国著名企业及知识密集型服务企业提供总部基地服务。

第六章　公共服务和社会事业发展

第一节　总 体 思 路

完善对江桥核心区公共服务规模和水平，重点加强学校、医院、文体活动中心、邮电、综合型商贸服务单体的建设，重视江桥核心区与杭州、萧山区和周边乡镇的道路交通设施建设，加强对外经济联系，提升江桥核心区整体公共服务能力和水平；保留杨汛桥现有文体、医疗等公共服务设施的功能，并尽可能整合发挥其综合效用，尽可能提供能满足杨汛片区居民需求的公共服务。

第二节　公 共 服 务

一、教育科技

义务教育方面：规划扩建杨汛桥镇中学，扩建操场为标准 400 米跑道；改扩建或新建教学实验楼。

职业教育方面：在职业教育方面，扩建杨汛桥电子工程学校。在硬件上，扩建校园和校舍，增加教学设备的投入；在软件上，积极争取提高学校等级，由中等职业技术学校升级为高等职业技术学校，并适当保留中专学历教育；保留并增设经编纺织、机械维修、家纺设计、电子电工、工程建筑、电子商务、外贸、物业管理、物流等专业，为杨汛桥镇及周边地区的企业培养技术人员和中层管理人员。发扬校企合作经验，扩大校企合作的广度和深度，积极尝试利用灵活多样的"订单式"培养等模式适应市场需求。

广泛开展社会化的职业教育；充分利用成人学校，鼓励社会各界力量开办商业性或公益性的社会职业教育机构，采取半工半读、夜校、函授、周末教育等形式，为在杨汛桥镇和周边地区工作的普通劳动者提供形式灵活、学费低廉、效果直接的非学历职业教育培训，以持续提高全镇劳动者素质，适应产业不断发展的需要。

二、医疗卫生

继续加大对江桥中心医院的硬件设施投入，提升杨汛桥医疗服务水平，结合未来的居住社区改造，继续完善社区卫生服务站点建设；完善社会多层次医疗卫生服务体系，鼓励市场化的医疗机构进入；优化和提升全镇医疗卫生服务管理水平，特别是提升社区卫生服务站的服务质量上，政府应加大投入，采用灵活的医疗人才管理办法，不断满足社区居民对医疗服务的需求。

三、社会保障

可利用江桥核心区现有的社区活动中心或文体活动中心，建设一所养老机构，提高设施利用效率，为逐渐增多的老年人口提供更多活动空间。

以"高水平、全覆盖"为原则，建立针对不同收入人群的社会保障体系。针对农村户籍居民，要积极发挥土地和厂房等固定资产的社会保障作用，引导村集体在未来的土地开发和集体资产处置过程中，将一部分收益转换为居民参加社会保障的资金，改变一次性直接分配的方式。在未来的城镇开发中，继续鼓励集体经济持有固定资产并获取长期性的资产性收益，为农业户籍居民提供长期的基础性收益保障。

针对本地城镇居民，除职工基本医疗保险之外，鼓励商业型养老和医疗保险在本镇的推广，并鼓励居民通过各种类型的资产投资特别是固定收益投资，来增加资产性收益。

加强对社会保险的宣传，逐步改变乡土社会"土地养老、养儿防老"等较为传统的观念，推广社会福利与个人养老相结合的现代社会保障思想。

在流动人口方面，进一步加强外来务工人员社会保险的参保工作。根据最新的《城镇职工基本养老保险转移接续办法》，建立外来务工人员基本养老保险转移接续管理体系，完善对外来务工人员的社会保障管理，提高参保率，进一步巩固面向外来务工人员的计生、卫生、医疗等政策性服务工作效果，对有特殊困难的外来务工人员开展紧急救助和社会救助。

四、环境卫生

在新一轮城镇建设过程中，应注意加大对环卫基础设施的投入，完善生活垃圾收集、清扫、转运系统的硬件设备；在主要城市道路两侧、居民社区、商业点、各类公共场所等增设垃圾桶，增加垃圾站，消除卫生死角；引进先进的清扫、压缩、转运设备，提高工作效率。规划至 2015 年，完成生活垃圾分类收集、转运系统建设。

加大对环境卫生管理工作的投入，加强对企业、商户、社区居民点、道路管理、河道管理各类责任主体的联系和监督。继续推行和深化市场化管理手段，利用市场经济引入竞争机制，吸引优质市政服务主体的进入。结合杨汛桥镇的全面城镇化进程，推进居民社区的物业化管理机制。规划至 2015 年，全镇拥有物业管理的居民住宅比例达到 30%；到 2020 年，达到 80%。加大宣传教育的力度，提高居民文明素质。

五、文化娱乐

以完善公共服务和高效利用土地资源为出发点，在江桥核心区新建一所高密度和类型丰富的文体活动中心，为社区居民提供文体娱乐服务。

在软件管理上，加强对自发性群众问题活动的支持和指导，鼓励本地居民与外来流动人口参与各类各项群众活动中，营造杨汛桥镇积极、活泼、向上的群众文化氛围，增强城镇的文化吸引力。利用已有的硬件设施，邀请各类演出团体、体育比赛等文体活动进入杨汛桥，丰富当地居民的业余文化生活。

杨汛桥已有的文体活动中心与高尔夫练习场连为一体，结合镇区的全面城镇化进程，引入商业性文化产业的进入，建设全镇多层次多类型的文体活动体系。

六、交通基础设施

规划至 2015 年，扩建成杨汛桥镇交通客运总站，开通杨汛桥至上海、杭州、绍兴、宁波及主要流动人口出发地的定期或不定期客运专线，实现无缝接驳萧山机场、杭州火车站、杭甬高铁绍兴站等交通枢纽；增加镇域内部客运专线，以减少家用汽车大量增加造成的交通和环境问题；引入出租车运营服务。

远期积极争取杭州—绍兴—宁波方向城市或城际轨道交通站点；远期规划建设水上旅游客运线。

第三节　社　会　管　理

在硬件上，积极利用本镇未来的全面城镇化改造，为外来人口提供优质、充足、多层次的居住条件；保持并优化在教育方面的资源投入和服务，特别应拓展面向务工人员的职业培训工作；在其他本镇政府拥有一定政策性空间的领域，应积极作出开拓。

积极借鉴珠江三角洲和长江三角洲、环渤海地区等其他经济发达、外来流动人口高度聚集的地区在社会管理方面的先进经验，引进或自行探索创造以外来人口户籍管理为基础的信息化服务管理系统，提高服务和管理工作的效率。

第四节　近期重点建设项目

一、基础设施及公共服务类项目

表7　近期基础设施及公共服务类项目

项目类别	名　　称	建设性质	截至建设年限	建设内容
交通运输工程	杨汛桥交通客运站	新建	2012	开往杭州、萧山、绍兴客运站点
	江夏公路	扩建	2015	拓宽道路
社会事业工程	杨汛桥镇中学	扩建	2012	教学楼和操场扩建
	杨汛桥电子工程学校	改扩建	2012	扩建校园和校舍
	杨汛桥中心幼儿园	异地新建	2012	主体建筑及配套设施
	杨汛桥文化服务中心	新建	2011	位于江桥核心区，综合办公楼，文化图书馆，独立阅览厅，多功能演艺厅，大型影视厅等

二、招商引资项目

（一）江桥商贸综合服务中心

建设提供商贸、休闲和特色商业于一体的商贸服务综合体。具体内容包括：打造商娱一体综合区，主要以书店、酒吧、电影院等文化休闲娱乐为主设施；建设国际化的现代购物中心，集购物、休闲、娱乐、展示、餐饮于一体的综合商贸服务体；特色商业街。

（二）杨汛桥江桥旧城改造

杨汛桥江桥旧城改造是指局部或整体地、有步骤地改造和更新老城市的全部物质生活环境，以便根本改善两大片区劳动、生活服务和休息等条件。旧城改造的内容包括：改造城市规划结构，在其行政界限范围内，实行合理的用地分区和城市用地的规划分区；改善城市环境，通过采取综合的相互联系的措施来净化大气和水体，减轻噪声污染，绿化并整顿开阔空间的利用状况等；更新、调整城市工业布局；更新或完善城市道路系统；改善城市居住环境并组织大规模的公共服务设施建设，把旧街坊改造成完整的居住区。

（三）杨汛桥和江桥片区旧厂房和工业集中区改造

将原来旧工业区内的不符合产业发展导向的企业淘汰，引进符合产业导向的技术含量高的高科技企业进驻园区，形成强大的科技研发能力，带动园区及周边的发展；以工业园区的概念和高标准、国际化园区的标准进行建造，提供完善的配套设施和良好的环境，以吸引大型企业的进驻。

（四）城中村治理改造

引入商品房的社区开发模式，建设环境和治安良好的新型小区，并可结合自然村的撤并以及征地问题，逐步对零散的农村居民点按规划进行搬迁改造，加快村委会向社区居委会的转变，对失地农民购房提供一定的优惠条件和补贴；鼓励农村住宅小区的社区式连片开发，增加土地的集约利用程度。

（五）芝塘湖总部经济区

引进金融、设计、研发、销售、会展等生产性服务业和企业的高端经营环节，使产业发展从加工制造向企业营运中心的转变；大力建设高端商务休闲会馆、酒店等产业设施，推进芝塘湖商务休闲产业的发展；适当发展高端运动和娱乐项目，推进与高端商务区相吻合的新兴配套产业发展；

推进保险、证券、贸易、通信、科技、法律等机构进驻芝塘湖新城区，完善商务区功能。

（六）滨江景观大道

依托西小江，促进沿河的生态环境保护、旅游景点和沿河风情建设，打造滨江景观大道。加大适宜性旅游项目建设，尤其是以旅游休闲为特色的项目建设，通过点状项目建设打造西小江生态游憩产业带；结合古桥、古街、埠头等历史文化元素，形成特色景观节点，强化城市文化底蕴；加大对沿河老旧建筑的筛选保护与开发，打造成文化古典风情、现代风貌、生态绿化景观交错的景观长廊；在沿江长廊建设上要加大和萧山区的合作开发力度，打造成为区域合作开发的示范区域。

（七）十里商贸城

以连接杨汛和江桥两大片区的镇区主干道杨江大道为发展轴，建设十里商贸镇。杨江大道两侧部分未开发地段，结合现状产业发展和公共服务设施配套情况，结合片区商贸发展定位和空间布局，重点加强商贸服务业建设。充分发挥交通便利、靠近萧山的优势，建设物流集散中心、商贸综合体、产品设计展示中心等商贸服务设施。

第七章　生态环境景观美化

第一节　生态景观格局优化

按照"一心三区、两城相对、山脚水岸、顺势成带"的理念，构建杨汛桥发展建设的景观格局。在空间尺度上，形成"山—湖—江—城"的空间格局；在层次建设上，形成"一环四带多点的网络状"景观结构。

景观结构在整个空间尺度上，主要是山—湖—江—城的空间格局，在南部地区主要是四山一湖：即牛头山、南塘山、弥陀山、大穆程山和芝塘湖；在中部地区主要是杨汛桥城镇空间主体，包括江桥核心区、杨汛片区、产业集聚区和芝塘湖片区；北部主要是一江：即西小江。

在层次建设上，结合杨汛桥自身特点及现状，打造"一环、四带、多点的网络状"景观结构。

一环：充分考虑杨汛桥的山水湖生态屏障，形成外环生态屏障带，包括牛头山—南塘山—弥陀山—芝塘湖—大穆程山—西小江—牛头山等，形成山—湖—水生态外环。

四带：沿杨江公路、江夏公路、河展公路（规划中）及夏履江建设绿化轴带，布置生态公园、主题公园、休憩绿地、防护绿地、街头绿地、道路绿地等，形成由绿地、树林、湿地等组成的生态长廊。

多点：在城区，依托双尖山、小螺山、调山、横山、汇水水塘（库）、滞留塘等资源生态景观及城市主干道交叉口，建设专类公园、小游园等绿化组成部分，打造城区多点多宜行的生态斑块和生态细胞。

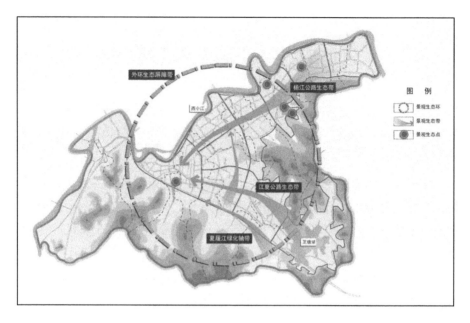

图24　杨汛桥镇生态景观格局图

第二节　污染控制管理

　　水泥、玻璃、印染、锡箔生产等是杨汛桥镇域内主要的污染行业，同时也是本镇的支柱行业，是富民强镇的基础。在保持全镇经济发展的同时，加强控制和减少污染物，是杨汛桥镇环境污染控制管理的重点。

　　针对镇域内的水泥、玻璃生产企业，应根据国家发展循环经济的有关指导政策建议，进行技术升级和产能优化；至2020年，以污染物排放达到世界发达地区①相关行业控制标准的最低值为目标，企业无法有效控制污染排放，或无法承担技术改造、污染控制成本的，应关闭或搬迁；能够有效控制污染，并通过改造后依然获得良好经济效益的，应予以保留。政府应同时予以企业积极的政策扶持与严格的监督管理，帮助企业完成目标。

　　地方政府应利用各类政策，积极创新，充分借鉴北京、上海、广州等大发达城市旧城改造的成功经验和模式，如帮助企业利用原有土地开发新产业，引进全球气候变化《京都议定书》框架下的清洁生产机制（CDM）

-----

　　①　如欧盟、美国、日本等具有较为严格的污染控制标准的国家。

项目等形式，缓解水泥、玻璃生产企业关闭或搬迁企业所造成的经济损失。

印染企业是杨汛桥窗帘窗纱产业链条上的重要组成部分，以中小企业为主，规模小而布局分散，污染范围较广。应按照水泥、玻璃企业污染控制的相同思路，限定至 2020 年的中期污染控制目标，以世界发达地区相关行业标准为指导，引导企业进行技术升级和污染控制；如果企业无法实现达标排放，或技术升级、污染控制成本高于经营效益，则应使企业按照绍兴县印染行业发展规划的统一要求，集中搬迁至滨海开发区。

锡箔生产是杨汛桥镇的传统和特色产业，以个体经营为主，在镇域内具有很强的生命力。虽然已将部分个体经营户集中生产，统一管理，但生产条件还比较简陋，为对锡锭熔解和锡箔锻打时产生的金属蒸气和飘尘采取有效的控制措施。规划至 2020 年，将全镇锡箔生产加工企业和个体经营户集中搬迁，按照统一的环保标准建设生产场所，并严格管理监督。最终将锡箔产业打造成既具有一定经济效益，又具有民俗旅游观光价值综合性产业。

严格坚持以"总量控制"为原则，借鉴绍兴县及国内其他地区关于水体污染物排污权交易的方法和经验，在全国城镇一级层面上，率先提出以镇域内排污权交易为控制手段的城镇环境污染管理方法。

通过总量控制下的排污权交易，在合理利用环境容量，使总体环境质量不恶化的前提下，使一部分通过原有企业技术升级、污染治理、关闭或搬迁后减少的污染物排放额度有偿出让给需要成立或扩大生产及污染物排放规模的企业，即使原有企业获得一定的经济收益，从而增加技术改造、污染治理的动力，或减少关闭、搬迁的损失，也可以使一部分良好前景的企业充分发展，如此循环，保持全镇经济活力。

第三节　环境基础设施建设

至 2015 年，建成面向公众的环境质量在线监测、信息公布系统，即时公开主要地表水体水质、大气环境质量、噪声指数等数据；提高居民的环境关注度并促进公共参与和监督；完善工业污水和生活污水收集管网和配套污水泵站的建设；在全面城镇化的改造过程中，积极推进建筑节能、节水技术。

至 2020 年，建成全镇战略后备饮用水源地，以及利用橡胶坝、污水闸等水利工程设施，选取特定河道作为战略后备污水水库。同时应制定突发情况下的给排水战略应急方案。

通过积极开发以清洁能源为动力的公共交通客运系统，减少家用轿车的使用，从而尽可能降低地镇区内的汽车尾气污染；对主要交通干线（如杭甬快线）和工业园区采取防噪、降噪措施；营造宁静舒适的城市居住环境；积极争取天然气管道的接入；鼓励扶持民用太阳能的使用。

第八章　实施保障机制及措施

　　杨汛桥镇正处在农村工业化、企业现代化和工业国际化的转型阶段，处在以城镇改造带动产业调整升级的关键时期，迫切需要政府加强指导和调控，以充分发挥市场配置资源的基础性作用，突破工业强镇城市化的发展瓶颈。为保障本战略规划的实现，努力把杨汛桥镇建设成为长三角工业强镇和杭州城市群核心区特色小城市的目标，镇政府将努力争取并积极创造以下实施规划的政策措施和保障机制。

第一节　体制机制创新

　　努力争取上级政府及有关部门的支持，切实提高公共服务和社会管理的能力，争取将杨汛桥镇列入全省小城市培育试点，赋予杨汛桥镇享有县级经济社会管理、劳动保障、环境保护和城镇管理方面的县级管理权限，从区划调整、机构设置、要素保障、财政体制、税费优惠等方面，加大政策支持力度，适度强化镇级政府的有关职能机构，增加有关机构人员编制，赋予对内设机构和人员定位的自主调配权。

　　加快转变政府职能，理顺关系，优化结构，提高效能，形成权责一致、分工合理、决策科学、执行顺畅、监督有力的行政管理体制，建设服务型政府，根据人口规模、经济总量和管理任务，科学设置结构和人员编制，提高行政办事效率。非垂直部门事项属地管理，其所属人员工资、办公经费由镇财政列支，并对其享受管理权限，对垂直部门，实行双重管理、属地考核制度，主要领导任免需征求杨汛桥镇党委意见。

　　根据国家土地利用规划的原则，开展城镇改造。通过规划引导，积极推进对镇域内利用效益低、环境污染严重、不符合城乡规划的用地进行置换、腾退和改造，推进旧城改造建设，鼓励村集体、企业和居民等社会资本参与基础设施和社会事业发展。深化杨汛桥镇的投资体制改革。加大对杨汛桥镇的金融扶持力度，探索建立融合民间资本投入本镇城镇改造的引导机制，支持金融机构在杨汛桥镇开展农村住房产权、土地承包权抵押贷款业务。

建立土地资源增值收益共享机制。鼓励企业、村集体和居民积极参与城镇改造，农户将集体土地承包经营权、宅基地及住房置换成股份合作社股权、和城镇住房。探索城乡社会保障一体化的过渡形式。以镇为单位，组建市场化运作主体，搭建平台，实施资产资本运作，实行"资源资产化、资产资本化、资本股份化"。

第二节　推进城镇发展改革试点的措施

一、建立完善的规划体系

以杨汛桥镇全面城市化、深度城市化发展为核心目标，编制土地利用总体规划、城镇建设规划和环境保护规划等专项规划，各专项规划统筹协调，形成一套重点明确、科学合理、紧密衔接的规划体系。针对杨汛桥镇城镇改造建设核心问题，编制改造方案，摸清改造建设区域基本情况，制定改造建设的实施模式、计划和具体申报实施步骤，保障杨汛桥镇规划体系实施。

二、推动人口集聚政策

实行按居住地登记户口的户籍管理制度。凡在杨汛桥镇内拥有合法固定住所、稳定职业或生活来源等具备落户条件的本地农民和外来人员，可申报城镇居民户口。

新落户人员在就学、就业、兵役、社会保障等方面，按有关规定享受城镇居民的权利和义务。

本镇农村到镇区新落户人员按本人意愿，其集体土地的承包经营权可以继续保留，享受原所在村的村级集体资产权益并承担相应义务，同时5年内继续享受农村计划生育政策。

推进镇中村撤村建社区管理体制改革。撤村建社区后实行属地化管理，即建立社区居委会，为社区内居民提供物业管理、计生、医疗等服务。原村民（社员）、居民享受的村集体资产股权、收益分配、养老补助等各项政策不变。

三、促进外来人口本地化政策

政府加大力度改善外来务工人员的就业条件和生存状态，严格监督企业用工制度，促使企业努力改善外来务工人员的劳动就业环境和生活待遇。

积极争取上级政府的就业培训资金，对外来务工人员开展低偿或无偿的职业培训和劳动技能培训，增强外来务工人员只能技能和生存本领，提升杨汛桥镇外来人员职业素质。

争取上级政府保障房建设政策向杨汛桥镇倾斜，在杨汛桥镇城镇改造确定的居住中心地，开展经济适用房或廉租房建设，建设外来工新村，进行社区管理，为在杨汛桥镇达到一定居住时间，有合法收入来源的外来人员提供安居乐业的条件；另外，大力宣传构建文明社区、和谐社区的理念，增进本地居民与外来务工人员的融合发展。

第三节　争取城镇改造发展的扶持政策

一、争取加大财政扶持政策

按照财权与事权相结合，完善城镇财政体制的原则，对杨汛桥镇给予适度倾斜。实行财政支持、优惠政策：杨汛桥镇财政收入超收分成部分，全额留镇；城市维护费、土地出让金净收益以及旧城改造中盘活存量土地的出让金净收益全额返回镇，用于杨汛桥镇基础设施、公共服务设施建设和开发；环保部门从杨汛桥镇收取的排污费，除上缴国家和省部分外，根据项目安排，全额用于杨汛桥镇环境污染治理。

二、放宽城镇管理与审批权限

为激发杨汛桥镇旧城改造积极性，加快城镇改造部分，适度放宽杨汛桥镇城市建设管理审批权限。依据经过批准的杨汛桥镇城镇总体规划，由上级规划建设行政主管部门委托杨汛桥镇城建部门办理并发放镇域内建设项目和建设用地规划许可证、建设工程规划许可证、选址意见书和施工许可证，报上级有关部门备案；杨汛桥镇域范围内环境卫生、市政公用设施的管理及相关的违章、违规案件的处罚，授权由杨汛桥镇城镇管理部门统一行使，适度放宽杨汛桥镇政府对城镇建设管理的审批权，激发旧城改造和建设积极性。

三、突破城镇改造的用地政策

1. 杨汛桥镇内农村集体建设用地或国有建设用地，在符合城市规划和土地权属不发生转移的，允许原使用者自行或合作开发；城镇规划区内集体建设用地依法改变用地性质并转为国有建设用地的，允许原所有者农村集体按照城镇规划自行或合作开发使用。

2. 农村集体将国有留用地或集体转为国有的土地自行开发，或通过招商引资合作开发而发生土地使用权转移的，转移部分应按规定办理土地出让手续，缴纳的土地出让金可全额返还杨汛桥镇用于保障被征地农民社会保障和农村基础设施建设专项支出。

3. 为满足城镇改造需要，允许在符合土地利用总体规划和控制性详细规划的前提下，通过土地位置调换等方式调整使用原有存量建设用地。城镇改造的范围包括：城中村改造，布局分散、土地利用效率低下和不符合环保要求的工业用地，拟进行"退二进三"的工业用地，城市规划要求改造的集体旧物业用地，布局分散、不具备保留价值的村庄用地，规划调整为商服用地，不再作为工业用途的厂房等。允许符合以上改造范围内土地之间或改造范围内、外地块之间土地的置换，包括集体建设用地与集体建设用地之间，集体建设用地与国有建设用地之间，国有建设用地与国有建设用地之间的土地置换。

4. 鼓励支持江桥、杨汛桥两个镇区内的效益差、能耗高、污染大的纺织印染、水泥和玻璃制造企业搬迁。搬迁企业用地由政府依法收回后通过招标、拍卖、挂牌方式出让的，在扣除收回土地补偿费用后，其土地出让纯收益可安排部分专项支持企业发展。工业用地在符合城乡规划、改造后不改变用途的前提下，提高土地利用率和增加容积率的，不再增收土地价款。

5. 城镇改造涉及的城市公共基础设施建设，从土地出让金中安排相应的资金予以支持改造。

6. 鼓励杨汛桥镇村集体和个人资金开展参与以上所提范围内的城镇改造，政府积极向上级政府争取拆迁改造资金政策，如拆迁阶段可通过招标方式引入企业单位承担拆迁工作，拆迁费用和合理利润可以作为收（征）地（拆迁）补偿成本从土地出让收入中支付；也可在确定开发建设的前提下，由政府将拆迁及拟改造土地的使用权一并通过公开交易方式确定土地使用权人。

四、城镇基础设施建设支持政策

争取上级政府对杨汛桥镇的水、电、交通、通信、文化、教育、卫生等基础设施建设的支持，争取省、市、县三级政府每年安排一定数额的城镇建设专项扶持资金，用于支持杨汛桥镇基础设施和公共服务设施建设，并建立随各级财力增长而适度增加的机制。

第四节　组织实施机制与措施

争取国家有关部门对杨汛桥镇发展的指导和协调。争取浙江省、绍兴市、县政府的指导，协调、完善规划实施措施，依据本规划调整相关城市规划、土地利用规划、环境保护规划等规划，按照规划确定的功能定位、空间布局和发展重点，选择和安排建设项目。

建立健全规划实施监督和评估机制，监督和评估规划的实施和落实情况，协调推进并保障本规划的贯彻落实。在规划实施过程中，适时组织开展对规划实施情况的评估，并根据评估结果决定是否对规划进行修编。

完善社会参与和监督机制。积极开展公共参与，动员各方力量投入城市化建设。杨汛桥镇旧城改造和城市化发展任务艰巨、资金投入大，涉及地方政府、企业、农村集体和居民等多方主体的利益。积极扩大杨汛桥镇发展战略的公共参与，政府主导、专家领衔、发动企业、集体和居民各方力量，切实推动公共参与实践。加强城市化发展战略、土地利用规划、城镇建设规划、旧城改造方案等重要规划思路确定、资金投入模式和产权利益调整等重点环节的公共参与力度，确保杨汛桥镇城市发展战略平稳有序实施。

附录1 七都镇经济社会发展战略规划（2009—2020年）

为发展长江三角洲经济，2008年国务院提出了关于《进一步推进长江三角洲地区改革开放和经济社会发展的指导意见》；2005年江苏省提出了发展全省经济的"四沿三圈"战略①；吴江市结合地区"四沿"②发展战略，规划提出点、线、面协调发展的"一带两轴四组团"③的重大产业项目空间布局，以盘活存量，整合资源，优化配置为措施，促进地区产业结构调整优化，带动地区经济的整体快速发展；2007年，七都镇政府提出了沿太湖经济区的发展战略，从国家到地区，各项利好政策都把七都镇纳入其中，未来十年七都镇将进入经济社会发展的关键时期，在新的形势下，七都镇要抓住机遇、加快发展，必须要有新思路、新举措。为了更好地指导七都镇未来的经济社会发展，我们编制了此次七都镇经济社会发展规划。

本次规划的编制工作始于2008年9月。在省市县及七都镇领导和相关部门的大力配合下，调研组首先与七都镇和吴江市的相关领导进行座谈沟通，了解了七都城镇发展的基本思路；然后实地考察了当地工业企业，总结了工业企业发展的成功经验和存在的问题；接着又深入农村走访农户，调查百姓生产生活状况，体察乡风民情，深入了解七都镇新农村建设的推进情况。通过实地调研，获得了大量的第一手资料，结合七都镇地方政府、企业和居民的实际需求，做出本规划。

规划范围为七都镇所管辖的行政区域，总面积共计102.9平方千米。战略规划期为2009—2020年，其中2012年为近期目标年，2020年为规划目标年。

---

① "四沿三圈"：沿江开发带、沿沪宁线产业带、沿东陇海线、沿海产业带；南京、苏锡常、徐州三大都市圈。

② "四沿"：沿浙江、沿太湖、沿上海、沿苏州。

③ "一带两轴四组团"：太湖第三产业发展带，南北向产业发展轴和东西向产业发展轴，重要产业组团（松陵城区产业发展组团、南片产业发展组团、东北片产业发展组团、西片产业发展组团。）

第一章 镇情分析

第一节 基本情况

一、地理位置

七都镇位于江苏省吴江市西南部，地处东经120°23′，北纬30°57′。七都镇东与横扇镇、震泽镇毗邻，南与浙江省的南浔镇隔河相望，西与浙江省织里镇接壤，北临太湖。

七都镇位于江苏、浙江和上海两省一市的金三角地区，南靠318国道，203省道和沪苏浙高速公路穿境而过，联结上海的太浦河源自七都镇。日益便利的交通条件大大加强了七都镇与长三角地区各大城市之间的联系。临沪1小时经济圈的融入能够使七都更好地接受上海、苏州以及杭州等长三角大城市对其的经济辐射。

图25 七都镇区位图

二、历史沿革

七都之名始见于宋朝，2003年12月，七都镇、庙港镇合并设立新的七都镇，办公地点设在原七都镇，同时设立庙港街道办事处。

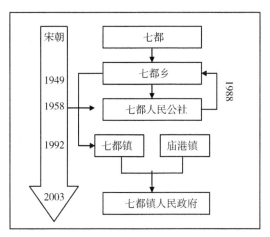

图 26　七都镇历史沿革

三、行政区划

七都镇总面积 102.9 平方千米，镇区面积 5.5 平方千米。现辖 2 个居委会，2 个渔业社区，22 个行政村。2007 年七都镇镇域户籍人口 61573人，外来常住人口 38000 人，总人口 99573 人。

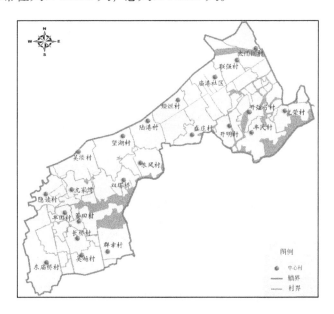

图 27　七都镇行政区划图

四、自然条件与资源

七都镇濒临太湖，水土资源丰富，气候宜人，生态环境优美，物产资源独具特色。

表 8　七都镇资源概况

资源分类	状况与分布
土地资源	土地总面积 102.9 平方千米，北濒太湖，地势低平，地面高程为吴淞基面 3.1—3.7 米，自北向南缓缓倾斜，北高南低，其中南部为湖荡平原，北部为滨湖平原
水资源	水资源丰富，拥有 23 千米太湖岸线，镇域内共有六条主河流和数十条支流。大致可分为两个走向：东西走向的有横沽塘河、中塘河、北塘河；南北走向的有叶港、蒋家港、吴溇港、薛埠港
气候资源	属于北亚热带季风气候区。境内四季分明，气候温和湿润，雨量充沛。无霜期长达 225 天，年平均日照为 2071.1 小时，年平均气温为 15.70℃，年平均降水量约为 1062.5 毫米，4—9 月平均降水量均在 100 毫米以上，其降雨总量占到年降水量的 68%
物产资源	区域内空气清新，水资源量丰富，水质优良，形成了极具特色的农产品，如太湖银鱼、白虾、白鱼、太湖蟹和湖羊等

第二节　经济发展

一、总体情况

七都镇属于典型的苏南地区新兴小城镇，镇域经济在 80 年代后期随着工业的发展而崛起，小城镇经济建设极富活力，尤其是民营经济的兴起，极大地繁荣了七都的镇域经济。在"依托一产、发展三产、提升二产"的发展思路指导下，近几年镇域经济保持了平稳健康的发展，进入全国千强镇名单。七都镇工业经济以光电缆业为主导，2006 年七都镇被苏州市政府命名为"光电缆特色产业基地"。

（一）经济发展概况

1998—2007 年，七都镇地区生产总值年平均增长率为 35%。1998—

2000 年，镇域经济总体上保持稳定发展，地区生产总值在 2000 年突破 10 亿元；2000—2001 年，产值急剧上升，接近 20 亿元。2002 年至今，地区生产总值逐年呈现出平稳快速的线性增长态势，年均增幅达 3.8 亿元/年。2007 年，全镇地区生产总值已达 37 亿元，比 2006 年增长 14.6%。

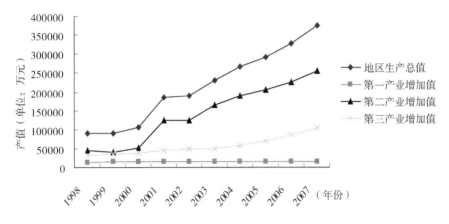

图 28　1998—2007 年全镇 GDP 值变化

七都镇产业结构呈现"二产独大"的现象，属于典型的"纺锤形"结构。2001—2007 年，七都镇二产比重迅速增大，而一产和三产比重逐年降低。2007 年，第一产业增加值为 1.65 亿元，占地区生产总值的 4.4%；第二产业增加值为 25.5 亿元，占地区生产总值的 67.9%；第三产业增加值为 10.4 亿元，占地区生产总值的 27.7%；七都镇第一、二、三产业比例为 4∶68∶28。

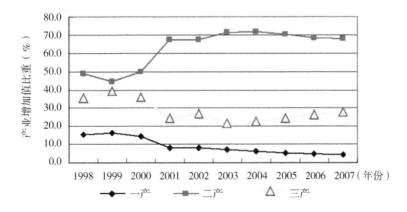

图 29　1998—2007 年七都镇三次产业结构变化趋势

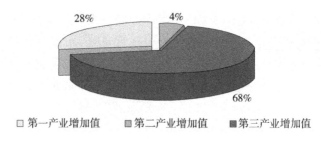

图30 1998—2007年七都镇三次产业结构变化趋势

（二）企业发展概况

七都镇凭借良好的投资环境和优越的资源条件，吸引了大量的民间资本和外资。2006年民资投资额达19.2亿元，新增注册外资832万美元，民营经济较为发达的群幸村、东风村、吴越村，投资额已突破1亿元，望湖村、双塔桥村、联强村的投资额入已突破5000万元。在充足资本的带动下，七都镇企业个数逐年增加，从1998年的305家增加到2007年的669家；企业年产值不断提高，从1998年的28.29亿元增加到2007年的133.6亿元，年均增长率达到37%。

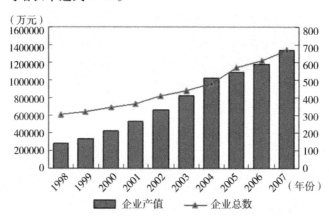

图31 1998—2007年七都镇企业产值及数量结构变化

二、三次产业发展

七都镇经济发展呈现出以工业为龙头，以农业为支撑，以旅游业、房地产、商贸业为主的第三产业为新经济增长点的总体格局。

（一）第一产业

1. 发展现状。1998—2007年七都镇第一产业增加值总体保持着增长的趋势，10 年的累计增加值为 2600 万元，增长幅度达 19%。七都镇经济发展促使农民收入来源多元化，传统种植业经济收益较低导致了农民农业生产积极性较低，农业生产投资少，七都镇传统农业尤其是种植业面临着萎缩的情况。1998 年第一产业产值占全镇国内生产总值的 15%，到 2007 年第一产业产值占全镇国内生产总值的比重仅为 4%。

七都镇第一产业主要集中在庙港社区，主要粮食作物为水稻，经济作物以油菜、蔬菜为主。由于传统种植业经济收益低，七都镇凭借濒临太湖，水资源充足，水质较好的生态环境优势，发展水产养殖业。目前七都镇水产养殖业每亩收益达到 5000 元，并且推出了"太湖三白"、太湖蟹、太湖湖羊、太湖香青菜等特色农产品。

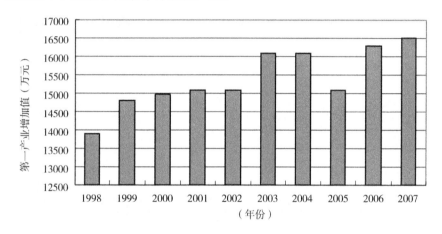

图 32　1998—2007 年第一产业增加值变化

2. 发展潜力分析。

——形成特色品牌

镇政府搭建平台，成功举办了"第四届太湖螃蟹节"和"香港太湖蟹推介会"，提升了七都镇太湖大闸蟹的品牌效应。

——农用地流转制度支持

七都镇部分村庄已经通过土地股权分化，实施土地规模经营。十七届三中全会后，中央鼓励有条件的地区在不改变农用地用途的前提下，开展多种形式流转，促进土地规模经营，为七都镇规模农业发展提供了政策保障。

——产业联动

七都镇政府提出通过"一二三"产业的联动发展将临湖农业打造为特色产业的战略。提出加大科技投入，发展农产品深加工产业的发展道路，充分利用品牌优势，结合旅游服务业的兴起，大力推广生态观光农业。

（二）第二产业

1. 发展现状。七都镇第二产业中工业起步较早，发展较为成熟。涉及光电缆业、电子业、民用电线及同轴缆业、铜冶炼、铜加工及漆包线业、铝制业、纺织业、服装及针织业、食品业、室外家具业、塑料制品业、木门地板业、机械制造业、小化工业、五金电器建材、印刷业等16个行业，目前形成以光缆制造、有色金属加工业及轻纺织造业为主导产业，大致上比例是以光电缆为主占30%、有色金属加工占30%、纺织占到10%—20%。

七都镇第二产业发展迅速，1998年第二产业增加值为4.4亿元，2007年增加值已突破25.5亿元，年平均增长率为48%。同时第二产业在三次产业的比重越来越大，1998年二产比重为49%，2007年二产比重增加到68%。

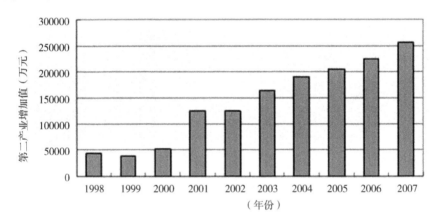

图33 1998—2007年七都镇第二产业增加值变化

七都镇第二产业以工业为主，从表可以看出，七都镇的工业总产值由1998年的1.8亿元增长到2007年的94亿元，10年累计增加值为92.2亿元，增长52倍。

表9 全镇工业企业产值表　　　　单位：万元，人

	1998	1999	2000	2001	2002	2003	2004	2005	2006	2007
工业总产值	18000	255000	303000	350000	460000	560000	730000	750000	840000	940000
销售收入	173000	244000	280000	335000	402000	531000	68000	710000	795000	880000

续表

	1998	1999	2000	2001	2002	2003	2004	2005	2006	2007
资产总额	170000	200000	220000	235000	330000	420000	460000	530000	580000	705000
利润总额	4200	4250	4300	4300	4950	7000	9700	9900	13500	19000
就业人数	9500	10400	10600	11000	11800	12000	12400	13000	14000	15600

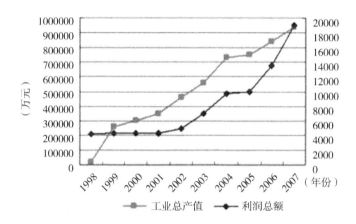

图34　1998—2007年工业总产值及利润变化曲线

2. 存在问题。

——企业效益下滑，产业发展动力不足

光电缆行业是七都镇的特色行业，起步于20世纪80年代，经历了近十年的快速发展，2000年后由于市场需求稳定，国有企业占据市场等因素，七都镇中小规模的通信电缆企业经济效益下滑，95%从事电缆生产的中小企业面临整合或转产。机械和家纺等行业平稳发展，尚未显现出较强的发展潜力，只有有色金属加工业处于上升趋势。

——国内外因素影响，压缩利润空间

全球金融危机动荡、原材料价格暴跌对有色金属加工业造成了冲击，加之新的劳动保护法以及针对太湖环保治理政策的出台，促使劳动力成本增加，环保力度加大。企业成本支出增大，企业利润空间被压缩。

3. 缺乏自主创新，产业结构亟待升级。大多中小企业缺乏自主创新意识，产品的科技含量较低，产业结构层次低，发展潜力小，影响企业名牌战略的实施和规模型知名企业的建设，导致地区产业结构调整优化的滞缓和产业效益的低下，影响产业在区域范围内的竞争优势。

（三）第三产业

1. 发展现状。1998—2007 年七都镇三产服务业稳步发展，产值持续增加。2007 年，全镇完成第三产业增加值 10.4 亿元，比 2006 年增长 20%，但第三产业比重从 1998 年产值的 35% 下降为 2007 年的 27.7%。第三产业发展落后于整体经济发展。受到工业经济不景气的影响，七都镇目前许多从第二产业转移出来民间资本已转入房地产及旅游餐饮业等行业，正在形成以房地产、太湖旅游业、木材业等新兴产业为主导的第三产业发展格局。

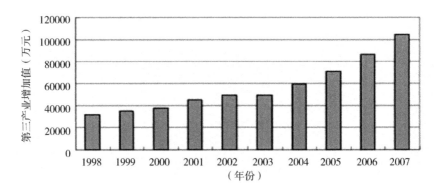

图 35　1998—2007 年第三产业增加值变化

2. 存在问题。

——自身优势难以发挥，人气聚集不足

七都镇在自然条件、从地理位置和区位条件等方面拥有绝对的优势，但城镇布局分散仍然是制约七都第三产业发展最大因素。下一步的重点是要充分利用"沪苏浙"高速和"苏震桃"公路的交通优势，抓住上海世博会的历史性机遇，大力发展旅游业，通过旅游业来拉动其他三产行业如餐饮服务业、房地产业。

——二三产联动不足，发展层次偏低

目前，三产比重较前几年有所下降，二产比重却在不断提高，说明二、三产业之间尚未形成有效的联动效应，国内外城市化发展经验表明，在城市化初期三产所占比重较低，而在城市化中后期三产比重会明显增大。因此，三产的完善和发展也将标志着七都城镇化迈入一个更高的发展层次。从上面分析的现状可以看出，七都第三产业有待进一步发展和完善。

——市场持续低迷，导致三产投资不足

七都镇通过十几年工业企业的迅猛，积累了大量的民资，民营资本走向是七都经济发展的动力之一。三产服务业投资规模大，利润空间有限，加上目前市场低迷等原因，七都镇三产投资动力不足。

三、居民收入

（一）城镇居民收入情况

城镇居民可支配收入逐年提高。1998 年人均可支配收入为 8100 元，2001 年可支配收入突破 10000 元，同时从 2003 年起可支配收入水平迅速增长，尤其是 2005—2007 年七都镇城镇居民人均可支配收入按年均 5000 元的速度快速递增，2007 年城镇人均可支配收入达到 25000 元。

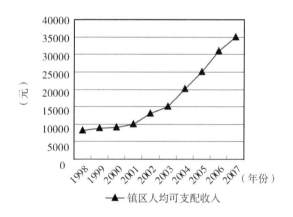

图 36　1998—2007 年镇区人均可支配收入变化

随着产业经济的壮大发展，城镇居民收入来源多元化。城镇居民收入构成以工资性收入为主，比例为 77.3%，其次为家庭经营收入比例为 20.9%，财产性收入和转移性收入所占比重非常小。其中工资性收入又主要是来自于本地企业劳动所得。当地城镇居民大部分在本地就业，并获得相对固定的收入来源。

（二）农民收入情况

1998—2007 年，农村人均纯收入稳步增加。从 1998 年的 5320 元，增加到 2007 年的 11600 元，比 1998 年翻了一番，年均增长率为 12%。

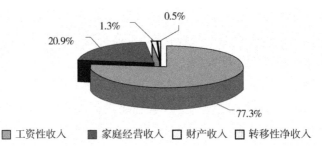

图37 七都镇居民可支配收入构成图

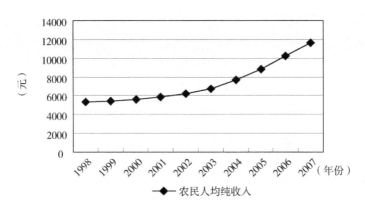

图38 1998—2007年农村人均纯收入变化

农民人均纯收入增加的同时，收入结构也发生了变化。由于七都镇工业发达，企业数目多，为当地农民提供了大量的就业岗位。农村经济总收入中工业收入已占到绝对的比重为92.2%，三产服务业收入次之比例为4.2%。由于传统农业收益水平低，农民从事农业生产积极性不高，传统的农林牧渔业的收入比例仅为3.1%。

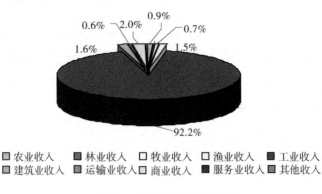

图39 农村经济收入构成图

七都镇农民纯收入水平整体较高，且企业农民纯收入水平与村集体企业数目正相关。七都镇农民纯收入水平划分为三个等级：12000 元以上的有 8 个村，10000—12000 元之间的有 13 个村，10000 以下仅有 1 个村。总体上，各村人均纯收入水平差距较为均匀，绝大多数都在 10000 元以上。

（三）小结

对比分析城镇居民和农民收入情况可以得出：

七都镇居民收入总体上均呈现良好的增长势头，收入构成中来自本地企业的工资性收入比重加大，而传统的农业收入和外出劳作收入比重减少。第三产业的收入比重均偏低，城镇居民收入构成中三产比重略高于农村居民。

农村居民人均纯收入的增长速率（年均增长幅度为 628 元）远远低于城镇居民人均可支配收入（年均增长幅度为 2690 元），农村居民外出务工收入大体上高于城镇居民。

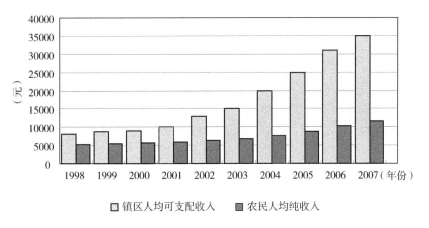

图 40　城镇居民与农民人均收入对比图

第三节　人口、就业和社会保障

一、人口

（一）总人口

2007 年末，七都镇户籍总人口 61573 人，外来人口约 38000 人。1998—2007 年间，2000 年和 2002 年人口自然增长率为正值，其余年份人口自然增长率均为负值。1998—2003 年全镇总人口数持续下降，2004 年总人口数开始反弹，人口自然增长率没有大幅提高，2007 年人口自然增长率低至 -2.21‰。外来人口迁入是七都镇人口增长的主要因素。

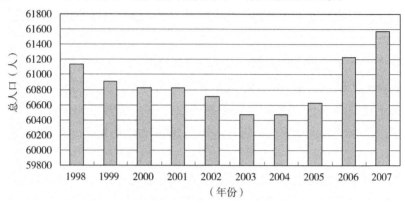

图 41 1998—2007 年全镇总人口变化情况

（二）农村人口

从各村人口分布情况来看，联强村人口最多达到 5194 人，其外来人口也较多，人口最少的是沈家湾村仅有 1539 人。人口数低于 2000，共计 3 个村和 2 个社区，为沈家湾村、开明村、光荣村、西漾渔业社区和渔村社区；人口数大于 3000，共计 6 个村，为菱田村、太浦闸村、望湖村、双塔桥村和联强村；其余村庄人口数均在 2000—3000 之间，共计 13 个村。

二、就业

（一）劳动力

2007 年七都共有劳动力 39696 人（不含庙港社区和七都社区），其中，望湖村和联强村劳动力数量超过 3000 人（望湖村最多，劳动力数量达到 3828 人）；太浦闸村、双塔桥村、东风村和庙港村四个村劳动力数量均接近 3000 人；西漾渔业社区、沈家湾村和开明村三个村劳动力人数少于 1000（开明村最少，仅为 597 人），其余 15 村劳动力总数均在 1000—1700 人之间。

（二）就业结构

七都镇农村的农业劳动力人数和非农劳动力人数基本持平，非农劳动力人数略高占总数的 51%。在个别村家禽养殖业和水产品养殖业已形成一定的规模，各村基本都有养殖业，渔业社村水产养殖业总产值高达 6350

万，该村养殖户占农民户数比例高达82%。目前特色水产养殖业以及畜禽养殖业效益非常客观，投资回报率高达100%。

七都镇各村都有非农劳动力，沈家湾村和丰田村非农劳动力在劳动力结构中更是占到绝对比重，分别为98%和94%。

三、社会保障

（一）现状

七都镇目前已经建立了较为完善的社会保障体系。本镇城镇居民的社会保障形式有两种，一种由劳动保障部门实施的城镇企业职工社会保险，另一种是由民政部门实施的困难家庭政府补贴和社会救助形式。其中由劳动保障部门实施的城镇企业职工社会保险具体包括：养老、工伤、医疗、事业和生育基本社会保险；城镇居民无固定收入基础性养老金补助；城镇居民无医疗保障的新型合作医疗保险；城镇居民灵活就业人员社保补贴；城镇居民特困家庭社保救助，退休人员定期免费健康体检；退休人员的配偶及直系亲属政策补助。目前城镇社保覆盖率已经达到100%。

七都镇农村社会保障形式包括企业就业人员参加的企业职工社会保险、灵活就业人员社会保险、农村基本养老保险、农村老年农民享受政府补贴的基础养老保险、新型合作医疗保险和被征地农民社会保险。七都镇农村社保覆盖率达到100%。具体参保人数见表10。

（二）问题

1. 企业社会保险参保率不平衡，少数民营和小型企业中的农民工还没有应保尽保。

2. 尚未建立农村和土地社会保险人员向城镇保险转移衔接体系和外来务工人员社会保险转移体系。

表10　七都镇社会保障基本情况表

类　别	项　目	参保人数
城镇社会保险	养老	11479人
	医疗	11368人
	失业	9063人
	工伤	9063人
	生育	9063人
	社保补贴	117人

类　别	项　目	参保人数
农村社会保险	基本养老保险	10182 人
	新型合作医疗	39841 人
	农保老人	13283 人
	土地换保障	7092 人
	老年人土地换保障	11000 人

第四节　公共资源

一、公共财政

（一）财政体制

七都镇目前的财政体制是根据 2005 年确定的"核定收入、财力基数、体制分成、划定支出"的分税制管理模式。基本内容是分税种收入按不同比例上解，超过一般预算收入基数部分，市镇两级政府按照4∶6比例分成。现行的财税体制对七都约束作用明显，七都镇可支配财力有限。

表 11　七都镇分税制财政体制方案

税种	上解和分成比例		
	中央	市	镇
消费税	100%		
增值税	87.5%	6.25%	6.25%
耕地占用税	60%	25%	15%
其他工商税收入	—	50%	50%

（二）财政收入

1. 基本情况。七都镇的财政总收入是指在七都地域范围内产生的所有的财政收入，从财政上缴情况来看分为一般预算财政收入和中央级财政收入两部分。从预算角度来区分，可分为预算内收入和预算外收入。

2007 年七都镇全镇财政总收入 53496.91 万元，预算内收入 42254.37

万元，一般预算财政收入 15984.11 万元，中央级预算财政收入为 17324.14 万元，镇级结算财力 8873.99 万元，上年结余 72.13 万元，其中工商及营业税收入为 33308.25 万元；预算外收入 11242.54 万元，主要是乡镇统筹和自筹收入 10229.43 万元，上级补助收入 502 万元及其他收入 505.76 万元。近十年来七都镇财政收入情况汇总如表 12 所示。

从表 12 中看出，1998 年七都镇财政总收入为 3732.40 万元，其中预算内收入 2462.01 万元，预算外收入 1270.39 万元，与 2007 年的财政总收入比值达到 1 : 17，累计增加值为 49764.51 万元，年均增长率高达 45%。

2001—2003 年是收入增长最快的三年，年均增长率高达 77%，这主要是依托财政优惠政策的影响，整个苏南地区的工业经济开始全面兴起，民营经济逐步成长，实力不断壮大，使得各项税收收入迅猛增加，镇级财政结算能力得以逐年加强，在 2004 年财政收入小幅度下降后从 2005 年开始又呈现出加速增长的趋势，目前，虽然受到外部因素的影响，但整体经济形势良好，财政收入保持了较好的增长势头。

——预算内收入情况

2007 年七都镇预算内收入 42254.37 万元，占全部收入的 79%。其中工商及农业税收入 33308.25 万元，占预算内收入的 78.82%；上缴中央财政 17324.14 万元；镇级结算财力为 8873.99 万元，占预算内收入的 21%；剩余为上年结余的财政收入。

1998—2007 年，十年内中央预算收入累计增加 16283.79 万元，一般预算收入累计增加 14978.45 万元，镇级结算财力累计增加 8465.29 万元，预算内收入年均增幅高达 3979.23 万元，一方面说明地方经济保持较快的增长，另一方面也反映出地方为中央等上级财政做出较大贡献，且比重逐年增大。

税收部分：增值税 16727 万元（51%），上缴中央 12545.25 万元；营业税为 1975.75 万元（6%）；企业所得税为 4563.87 万元（14%），上缴中央 2738.32 万元；个人所得税为 3400.95 万元（10%），上缴中央 2040.57 万元；城市维护建设税（1759 万元）、教育附加费（1669.42 万元）分别占 5%；房产税（625.27 万元）和契税（1334.49 万元）不足 5%；城镇土地使用税（436.91 万元）、印花税（446.51 万元）、土地增值税（231.44 万元）、耕地占用税（131.66 万元）四项累计比重不足 4%。具体税收收入组成如下所示：

表 12 1998—2007 年七都镇财政收支情况统计表

单位：万元

项目		年度	1998	1999	2000	2001	2002	2003	2004	2005	2006	2007
预算内收入	上年结余		7.3	56.86	89.46	186.46	227.19	234.79	646.92	43.62	22.37	72.13
	税收收入		2046.01	2207.06	3164.326	6159.63	13119.03	20026.4	20692.54	20488.36	22510.1	33308.25
	镇级结算财力		408.7	534.06	887.53	5623.16	5240.67	6920.52	6508.72	6375.03	6342.22	8873.99
	小计		2462.01	2797.98	4141.31	11969.25	18586.89	27181.71	27848.18	26907.01	28874.69	42254.37
预算外收入	上年结余		41.84	61.39	199.07	168.52	35.52	66.96	342.33	263.4	161.15	5.35
	乡镇统筹和自筹收入		1190.68	2162.65	1603.91	1665.11	2271.58	3946.21	1562.77	4916.8	9842.41	10229.43
	上级补助收入		16.51						209.08	4749.02	1275.73	502
	其他收入		21.36	12.88	48.63	6.11	5.35	129.43	220.64	1075.2	199.57	505.76
	小计		1270.39	2236.92	1851.61	1839.74	2312.45	4142.6	2334.82	10477.62	11156.56	11242.54
收入总计			3732.4	5034.9	5992.92	13808.99	20899.34	31324.31	30183	37384.63	40031.25	53496.91

预算内支出	实际财政支出	8819.86	6292.46	6396.28	7112.02	6508.39	5233.07	5582.43	790.53	501.46	359.14
	体制上解	33308.25	22510.1	20488.36	20692.54	20026.4	13119.03	6159.63	3164.32	2207.06	2046.01
	年终结余	126.26	72.13	22.37	43.62	646.92	234.79	227.19	186.46	89.46	56.86
	小计	42254.37	28874.69	26907.01	27848.18	27181.71	18586.89	11969.25	4141.31	2797.98	2462.01
预算外支出	实际财政支出	11178.09	11151.21	10638.77	2598.22	3800.27	2245.49	1804.22	1683.09	2037.85	1209
	年终结余	64.45	5.35	−161.15	−263.4	342.33	66.96	35.52	168.52	199.07	61.39
	小计	11242.54	11156.56	10477.62	2334.82	4142.6	2312.45	1839.74	1851.61	2236.92	1270.39
支出总计		53496.91	40031.25	37384.63	30183	31324.31	20899.34	13808.99	5992.92	5034.9	3732.4

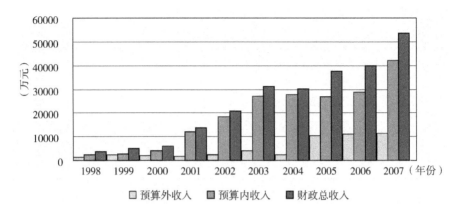

图 42　1998—2007 年七都镇财政收入变化图

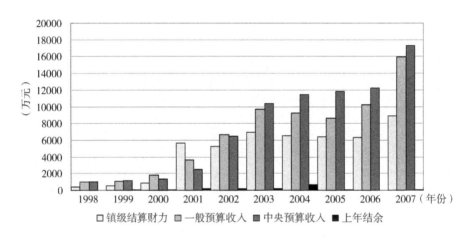

图 43　1998—2007 年预算内收入组成变化图

——预算外收入情况

2007 年预算外收入共计 11242.54 万元，占全部收入的 21%。其中乡镇统筹和自筹收入部分共计 10229.43 万元，占预算内收入的 90.1%；上级补助收入为 502 万元，占预算外收入的 4.4%；其余为上年结余的财政收入。

对乡镇统筹和自筹收入部分进行专项分析：乡镇事业单位上交收入 3896.81 万元（38%）；土地收入为 6086.64 万元（60%）；其他收入为 245.98 万元（2%）。具体收入构成如下所示：

2. 特点。

——七都镇以增值税为主，其他税种保持平稳增长

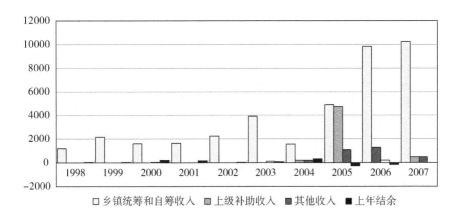

图 44 1998—2007 年预算外收入组成变化图

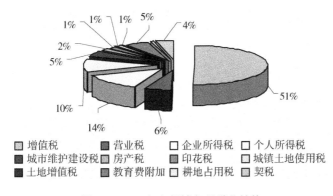

图 45 2007 年七都镇各项税收结构

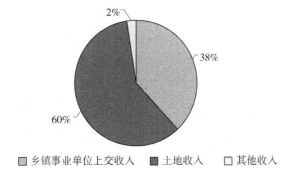

图 46 2007 年七都镇乡镇自筹收入结构图

1998—2007 年,七都镇增值税所占比重基本都在 50% 以上,10 年间稳步增长。企业所得税从 2003 年呈现出停滞和轻微下降的趋势,营业税、个人所得税、城市维护税及房产税等实现在波动中稳步增长,趋势较缓慢。总体来看，增值税收入已居绝对主体地位。

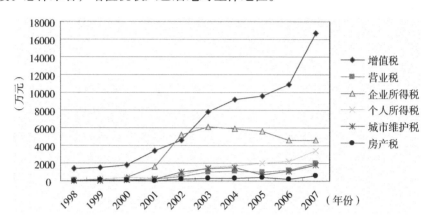

图 47　2007 年七都镇财政税收收入变化图

——土地收入所占比重加大，突显土地财政特点

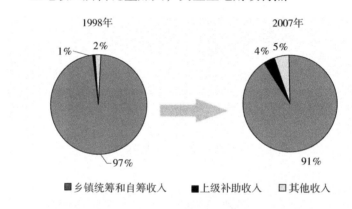

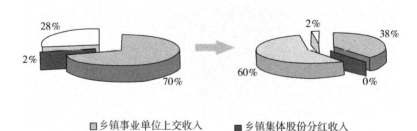

图 48　1998、2007 年预算内财政收入变化示意图

从上图可以看出，预算外收入主要以乡镇统筹和自筹收入为主，1998 年该项比重为 97%，2007 年略微下降 6 个百分点，而其中土地收入则在从

1998 年的零比重增长到 2007 年的 60%，相比之下，乡镇事业单位上缴收入从 1998 年的 70% 下降到 2007 年的 38%。说明随着土地收入所占比重逐年增大，主体地位日益凸显，这与近几年各地方政府对土地财政的依赖度不断加大的普遍现象相吻合。

——七都镇级结算财力日益增强，呈现三级阶梯状发展趋势

从下图可以看出，镇级结算财力①在 1998—2007 年之年的变化呈现出阶梯形发展，大致可分为三个阶段：

1998—2001 年为第一发展阶段，年均增长率达 210%，年均增幅为 1303 万元，为快速增长阶段，受当地乡镇企业起步较早的影响，促进地方财政收入增加，镇级结算财力进一步提升；

2002—2005 年为第二发展阶段，该阶段发展较为平缓，年均增长率仅为 4.3%，一方面是随着市场环境日益成熟，这一阶段部分企业尤其是具有传统优势产业由于缺乏创新无法紧跟市场需求，影响镇级经济发展，另一方面是为改善村镇环境，为创建和谐社会主义社会，镇政府加大公共服务、教育、社会保障、城乡公共基础设施等方面的资金投入，收入减少支出增加两方面原因导致镇级结算财力增长停滞；

2006 年后为第三发展阶段，镇级结算财力又开始呈现快速增长趋势，2006—2007 年实现年增长 40%，增幅达 2531 万元。

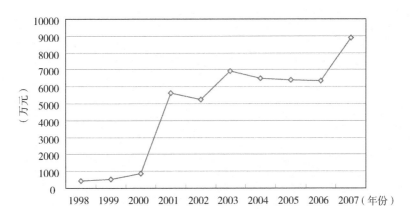

图 49　1998—2007 年镇级结算财力变化图

---

①　结算财力是指当年财政预算内可用于安排支出的财力，计算公式：结算财力 = 当年地方财政收入 + 补助收入 − 上解支出。

——地方可支配财力不足，上级补助逐年递减

2007 年七都镇财政总收入已突破 5 亿元，税收收入达 3.3 亿，分项的一般预算和中央预算财政收入均在亿元以上，相比之下，真正可供地方政府支配安排的财政收入——镇级结算财力部分虽呈现快速增长态势，但至今未过亿元大关。为了保持地方经济又好又快的发展，镇政府所需投入公共基础设施等方面的建设资金很大，地方可支配财力明显不足。

造成地方收支难以平衡的主要原因是"乡级县管"的财政体制，即镇级财政除按比例上缴中央财政之外，还要根据地方出台规定上缴部分给县级财政和市级财政。此外，七都隶属于吴江（县级市），地处江苏经济最发达最活跃的苏州地区，因此虽然上级政府通过预算外的财政补助返还部分到地方，但在省级财政统筹支配管理，苏南财政收入转移支援苏北经济的大背景下，返还到七都镇的补助呈现出逐年递减趋势，如图 50 所示，从2006 年开始上级补助收入急剧下滑，到 2007 年上级补助收入仅为 502 万元，仅为 2005 年该项收入的 1/10。

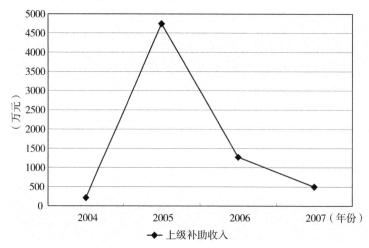

图 50　2004—2007 年上级补助收入变化趋势图

（三）财政支出

1. 基本情况。七都镇的财政总支出，分为预算内支出和预算外支出，预算内支出包括地方实际财政支出，体制上解和年终结余，预算外支出则没有体制上解部分。

1998—2007 年七都镇财政总收支及预算内外收支均平衡。收支大体变化趋势相同，地方实际财政支出包括一般公共服务、教育、科技、

文化体育与传媒、社会保障和就业、医疗卫生、城乡社区事务、农林水事务、工业商业金融等事务。2007 年各项实际财政支出构成如图 51 所示。

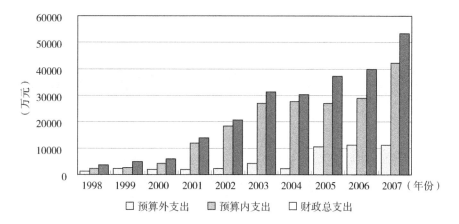

图 51　1998—2007 年财政支出变化图

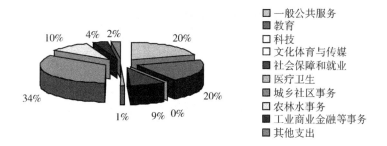

图 52　2007 年实际财政支出构成图

　　1998 年预算内外总的实际财政支出为 1568.14 万元，2007 年该项值增长为 19997.95 万元，后者约是前者的 13 倍，年均增长率为 42.6%。其中：2007 年一般公共服务支出比重占 20%，教育支出比重占 20%，文化体育与传媒支出比重占 0.05%，社会保障和就业支出比重占 8.66%，医疗卫生支出比重占 1.12%，城乡社区建设支出比重占 34%，农林水事务支出占 10%，工业商业金融等事务支出占 4%。

　　2. 特点。——财政支出中科技投入比重过小，亟须政府大力支持

　　1998—2007 年之间，仅有 2001—2006 年有科技方面的财政支出，且在当年总财政支出所占比重均不超过 1%，平均每年财政支出额仅为 67.85 万元，这与快速发展的地区经济形势不相符合，同时说明镇政府

在科技创新方面重视力度尚不够大，这将会影响到地区未来经济的长远发展。

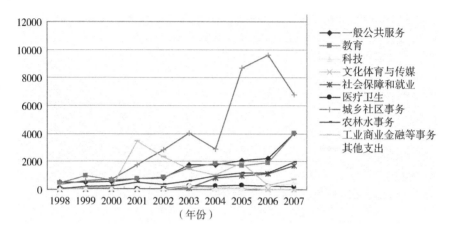

图53　1998—2007年各项财政支出变化图

——公共服务、教育及城乡社区建设的投入呈现出显著的增长态势

从上图可看出，10年间公共服务、教育及城乡社区事务方面的财政支出增势最为显著，尤其是从2004年后城乡社区事务支出额迅速增大。反映出地方政府响应中央政策号召，大力建设基础设施，公共服务设施，同时为建设新农村，缩小城乡差距，进行统筹城乡的建设发展，投入大量财政资金。

——文化体育、医疗卫生等方面的增长幅度过小，逐渐难以适应居民日益增长的需求

文化体育、医疗卫生方面的财政支出年年都有，但比重小，增长幅度不大，文化体育从1998年的8.85万元增加到2007年的10.41万元，增幅为1.56万元，医疗卫生方面财政支出从1998—2007年也仅翻了一番，累计增加112.77。一方面是以往当地居民对文化体育等方面的需求不大，从另一方面也要看到，随着居民生活水平日益提高，在文化体育休闲娱乐，以及医疗卫生等方面需求必然会提高，目前在医疗方面的需求紧缺问题已经显现，今后应考虑这方面的财政支出适当增加。

二、土地资源

（一）土地资源现状

2007年末，七都镇土地总面积为9838.27公顷，其中农用地6073.63

公顷，占土地总面积的 61.73%；建设用地 1813.63 公顷，占土地总面积的 18.43%；未利用地 1951 公顷，占土地总面积的 19.83%。

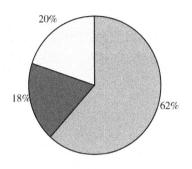

20%

18%

62%

□ 农用地 ■ 建设用地 □ 未利用地

图 54　2007 年七都镇土地利用三大类结构图

具体的分类土地利用结构见图 55 所示：

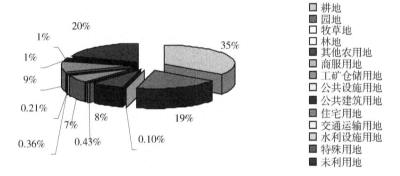

□ 耕地
■ 园地
□ 牧草地
□ 林地
■ 其他农用地
■ 商服用地
■ 工矿仓储用地
□ 公共设施用地
■ 公共建筑用地
■ 住宅用地
□ 交通运输用地
■ 水利设施用地
■ 特殊用地
■ 未利用地

图 55　2007 年七都镇土地利用现状结构图

（二）土地资源特点分析

1. 自然条件好。七都镇的南部为湖荡平原，北部为滨湖平原，地势低平，地面高程为吴淞基面 3.1—3.7 米，自北向南缓缓倾斜，北高南低，相差 0.6 米。土壤、水文、气候等自然条件十分优越。全镇已开发利用土地 7887.27 公顷，占土地总面积的 80.17%，土地农业利用率为 61.73%，土地垦殖率为 34.63%。

2. 后备土地资源较多。2007 年七都镇的未利用地面积达 1951 公顷，占全镇土地总面积的 19.83%，是居耕地、园地之后面积最大的地类。因此七都镇后备土地资源较多。

3. 农村建设用地、工业用地分布零散。从七都镇土地利用现状中可以看出，住宅用地和工业用地在全镇范围内零散分布，没有特别集中区域，分布没有规律，土地利用不够集约。

4. 耕地面积减少，建设用地面积增加，土地利用矛盾加剧。耕地保有量有所下降。1998 年七都镇耕地面积为 3650 公顷，2007 年末全镇实有耕地 3407.35 公顷，比 1998 年耕地面积减少了 242.65 公顷，年均减少 0.66%。

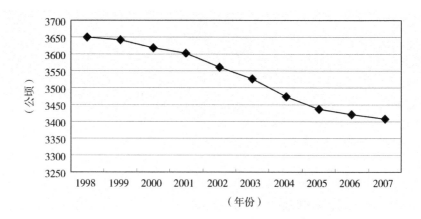

图 56　1998—2007 年七都镇耕地变化情况

下图为 1998—2007 年七都镇建设用地的变化图。

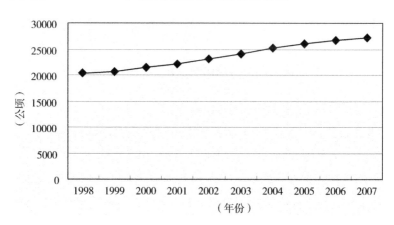

图 57　1998—2007 年七都镇建设用地变化情况

5. 基本农田保护率设定过高，与实际情况相冲突。规划要求达到 95% 的基本农田保护率，实际情况是老城镇扩建时占用部分基本农田，在一些老的自然村土地使用问题突出，与基本农田保护政策有所冲突。

（三）存在问题

1. 各类用地布局分散。七都镇目前各类用地布局分散，城镇功能缺乏整体性。工业用地和居住用地混杂在一起，缺少大规模、功能完善的居民区和工业区。七都镇域范围内大多数村庄建设用地粗放，集约度不高，用地浪费；沿太湖、金鱼漾，村庄分布密集，建筑密度高，立面杂乱，影响七都的旅游开发和生态保护。各类用地布局散乱，从而使得城镇景观缺乏整体性，同时也不利于一些公共基础设施的集中建设。

2. 人地矛盾突出。1998 年七都镇耕地面积为 3650 公顷，2007 年末全镇实有耕地 3407.35 公顷，比 1998 年耕地面积减少了 242.65 公顷，人均耕地 0.83 亩，低于全国平均水平，人地矛盾十分突出。随着生活水平的提高，农民对宅基地改善的要求也越来越高，加上一些农民超标建房或零散居住，占用耕地较多，至 2007 年全镇住宅用地面积 852.77 公顷，人均建设用地为 138.50 平方米。本镇的产业处于起步阶段，建设用地需求较大。经济发展对土地需求大，但是指标偏小，每年 50 亩农用地转为建设用地的指标，用地指标难以满足经济发展需求。

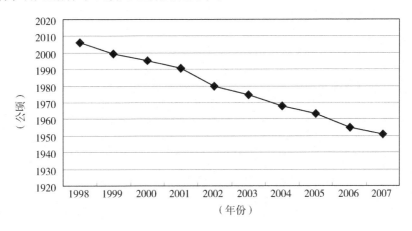

图 58　1998—2007 年七都镇未利用地变化情况

3. 土地管理不完善。在农村土地流转中存在关键的社会问题是：一是农民的身份应当要从农民转化成产业工人；二是社会保障还存在一定问题。用地过程中最大的矛盾是建设规划与土地利用规划不匹配。城镇规划和土地规划指标不协调，城镇规划建设不符合土地利用规划的要求。

4. 土地整理资金不足。2005 年七都规划的 12.4 平方千米已全部到位。涉及基本农田的都需要申请规划指标，增加项目落地的难度。五年一次规划，应给予政策支持，适时调整规划以符合实际需求。拆迁改造项目实施困难，缺少资金。七都申请拆迁与土地挂钩的最大难度是，资金来源困难。造桥建路改善交通都需很大资金投入。复垦土地的质量要优于原有土地，要求太高，复垦难度加大。

三、公共管理

（一）政府组织机构现状

七都镇机关行政编制为 57 名，镇党委、人大、政府领导职数为 11 名。其机构设置如表 13 所示。

表 13 七都镇党政机构设置表

部门	职　　能	人员（人）
党政办公室	负责基层党组织宣传、建设管理、老干部管理、思想政治教育、精神文明建设指导、党员教育培训及党校阵地管理；党风廉政建设、统一战线、华侨、台湾、宗教等事务；人事管理、党委日常事务工作	16
政法办公室	负责调解、社区管理、基层法律指导，处理社会矛盾纠纷，社会治安综合治理和信访工作	2
经济发展办公室	负责集体资产经济管理，企业发展，统计报表，审计监察；科技和质量技术监督；农村土地、资产、财务工作；合作经济经营管理；新农村建设；产业结构调整和农业产业化发展工作；服务业发展规划的制定实施	5
建设管理和环境保护办公室	负责城镇建设、规划、施工管理；镇容管理；建筑管理；设计、档案管理；城建监察；生态环境保护工作	3
民政和劳动保障办公室	负责民政事务和社区工作；劳动管理；计划生育	3
教卫文体办公室	负责教育、文化、广播电视、体育管理工作	1
财经办公室	负责财政收入、支出和物价管理	8
街道党工委、办事处	负责街道办事处基层党组织建设管理，党思想政治教育、宣传、精神文明建设指导等工作；人事管理；党委日常事务工作	3

（二）存在问题

1. 行政体制制约七都镇的发展。目前七都镇的行政机构设置不能满足七都镇经济社会的发展需求。七都镇作为苏南地区较为发达的新兴城镇，其中有一些村庄已经几乎接近城镇化，因此，需要转变以农村经济和农村事务管理为主政府管理的模式，尤其是在已经城镇化的区域需要转变到以城镇管理事务为重心。以城镇管理部门为例，城管部门名义上负责七都镇的城市建设，但是其实权很小，仅能负责局部工作，如基础设施建设这类城市建设重点工作都是由市城管部门统一安排调度，极大地制约了城镇建设的顺利开展。与此同时，市工商局、公安局等派出机构与相应的七都镇镇政府管理部门形成多头管理的局面，出现重复收费、职责不明等行政管理弊病。并且大多数情况下，镇政府仅仅扮演协调配合市级管理部门的角色，镇政府行政职能极其不健全，难以有效地履行管理职能。这在一定程度上影响了镇政府管理效能的充分发挥和七都镇社会经济的进一步发展。

2. 政府职能部门分工不合理，影响工作效率。镇政府结构设置较少，每个职能部门具体职能划分不平衡。一些部门职能安排较多，并且所管辖事务之间的相互联系不紧密，政府结构和分工不合理影响行政效率。

3. 镇政府与上级政府事权划分不明确，公共服务能力有限。镇政府肩负着全镇经济和社会各方面的具体工作，同时上级业务部门的派出机构也管理着一些事权。而乡镇政府对垂直管理结构不具有管理职能。镇政府和市级部门派出结构事权划分不清晰，使镇政府的综合管理和协调能力受到削弱，影响了镇政府提供公共服务的效率和质量。

四、政策资源

（一）国家发展改革试点镇

根据《国家发展改革委办公厅关于公布第二批全国发展改革试点小城镇名单的通知》（发改办规划〔2008〕706 号）文件精神，七都镇被列为第二批全国发展改革试点镇，按照试点要求，七都镇要在上级党委、政府和有关部门的支持下，深入贯彻党的十七大关于"走中国特色城镇化道路，促进大中小城市和小城镇协调发展"的精神，以科学发展观为指导，切实转变政府管理职能，推进制度创新，根据本地的实际情况，按照城乡统筹的原则，合理分配公共资源，为促进经济和社会协调发展，加快农村劳动力转移，推进适合我国国情的城镇化进程提供示范。

（二）太湖流域环境保护政策

七都镇属于太湖流域环境保护重点区域。2008 年 5 月国家公布的《太湖流域水环境综合治理总体方案》，加强太湖流域污染综合治理和生态保护，实行更严格的环境保护标准，加强环境保护基础设施建设。根据太湖流域环境保护政策，上级政府将在环境保护基础设施建设等方面给予七都镇的项目和资金支持，同时促进七都镇深化产业结构调整和升级。

第五节　公　共　服　务

一、公共设施

（一）交通

1. 基本概况。1998—2007 年，道路里程数逐年递增，2007 年现状道路铺设共计 128 千米。

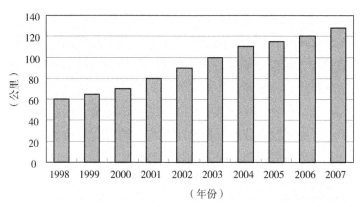

图 59　1998—2007 年道路铺设里程数变化

七都镇域的公路主要有环湖公路、八七公路、庙震公路、318 国道，是七都与上海、苏州、杭州等地的陆路联系的通道；沪苏浙高速公路作为七都连接上海的主要通道；苏杭旅游高速公路作为七都镇南北向连接苏州与杭州的主要通道；苏震桃一级公路作为七都与周边区域城镇的联系干道。沪苏浙高速公路与苏杭旅游高速公路及苏震桃一级公路有互通立交。

七都镇现有两条过境的一级公路，苏震桃公路和即将完工的 230 省道（过境 20 千米），一条沪苏浙高速公路（过境 5 千米），四条二级公路，分别为环湖公路 14 千米，庙震公路 6.6 千米，八七公路 6.5 千米，吴越路

8.5 千米。沪苏浙高速公路在庙港境内有一出口；230 省道建成通行后，南线将与南浔相接，成为联系吴江、苏州的主干道。

表14 2005—2007 年乡镇公路建设里程表 单位：米

年份	合计	二级	三级	四级	等外路	桥梁
2005	19174	4091	–	13655	1400	28
2006	9535	1960	2340	2550	2600	85
2007	45487	7453	3400	26262	8300	72

表15 镇内主要公路情况 单位：千米

公路名称	里程数	等级	连通情况
环湖线	14	二级公路	与横扇连接，通往苏州、吴江方向
庙震公路	6.6	二级公路	与震泽连接，通 318 国道
八七公路	6.5	二级公路	与八都连接，通 318 国道
吴越路	8.5	二级公路	与浙江南浔连接，通 318 国道

表16 七都镇公共交通情况

公共交通方向	目的地和通行情况
对外交通	上海 1 班
	无锡 1 班
	苏州、吴江共 28 班
	盛泽 4 班
	南浔往返 15 班
	震泽往返 14 辆
对内交通	农村公交车 29 辆

2. 存在问题。

——农村公路维护资金短缺，养护困难。目前七都镇农村公路路面状况差，等级低，路面窄，难以满足村村通公交的条件。农村公路的管理、养护资金缺口很大。

——公交车站设置不足，车站设计不合理。随着公交车的增多，车辆停泊困难，车站的功能不完善。

——镇内道路车辆管理不完善。镇区缺少停车场和车位，车辆停放无序，影响交通。同时在上下班高峰期，七都镇内个别路段车辆集中，易出现交通拥堵问题。

（二）电水气等基本生活设施

表17　2008年七都镇居民基本生活设施情况

项　　目	达标情况
有线电视普及率	99%
通信设施拥有率	99%
公共电话	95 部
家用电话	17320 部
移动电话	31520 部
电力设施普及率	100%
自来水普及率	100%
液化气普及率	99%
公共厕所	8 个
人均绿化面积	3.6 平方米
邮局	2 个
老年人活动场所	2 处

虽然各村已实现村村通电线，但许多高架的电力线网，在村庄无序的架设，影响了村镇的环境风貌，危及附近居住农民的身体健康，此外，缺乏有效的排水集污管网，造成部分农户的随意排放生活污水，影响生态环境。

二、公共教育

（一）基本情况

1. 教育普及情况。七都镇基础教育情况见表。七都有一所成人教育学校，主要负责成年人的学历教育及职业技能培训。

表 18　七都镇教育情况汇总表　　　　　单位：人

名　　称		在校（园）学生	适龄儿童入学（园）率（％）
幼儿园	七都中心幼儿园	1212	100
	庙港幼儿园		
小学	七都中心小学	3528	100
	庙港实验小学		
中学	七都中学	2213	100
	庙港中学		

2. 教学基础设施情况。七都镇中小学校都配备一定数量的专用教室，包括媒体教室、实验室和音乐教室等。四所中小学共拥有学生电脑517 台，生机比11∶1；拥有教师电脑 269 台，人机比为1.5∶1。拥有图书 147857 册，人均为 25 册。体育设施均达到了苏州市教育现代化标准的要求。

3. 教师情况。全镇现有教师 439 名，拥有本科以上学历的 226 名，占教师总数的51％以上，大专学历的 169 名，占教师总数的38％。拥有中高级职称的教师 237 人，占教师总数的 54％。拥有苏州市学科带头人 3 人，吴江市学科带头人 7 人，学术带头人 3 人，教坛新秀及教学能手 69 人。各年龄阶段教师分布图如图 60 所示。

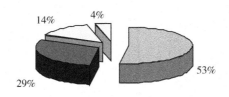

■ 35周岁以下　■ 36至45周岁　□ 46至55周岁　□ 56周岁以上

图 60　七都镇教师年龄结构图

4. 居民受教育情况。2007 年七都镇大专以上学历 2800 多人，占城镇居民总数的 52％，初中及以上学历 1500 多人，占居民总数的 28％，初中以下学历不足 20%，主要是老人与儿童。

（二）存在问题

1. 教育体系不完善，职业教育有待加强。七都镇工业经济发达，对技术工人需求量较大，但目前全镇尚无一所职业教育学校，难以满足其未来经济发展的需求。

2. 义务教育经费紧张，集中办学引发安全问题。实行九年制义务教育政策后，学校的经费相对紧张，市镇两级政府的负担较重，其直接结果是教师的待遇相对偏低，学校的软硬件建设相对不足。目前七都镇义务教育实行集中办学，上下学高峰期接送学生车辆接送压力大，存在安全隐患。

三、科技、文化、体育

（一）基本情况

1. 科技。政府十分重视科技创新的作用，提出促进科技创新的优惠政策，包括高新技术企业税收减免政策和高科技人才激励政策。全镇 2002 年以来全镇科技人员数量逐年增加，2007 年已经达到 700 人，其中 35 名农业科技人员。2007 年七都镇科技投入主要集中在光电缆产业，目前已经建有几个光电缆的科技平台，用于提高产品科技含量和竞争力。

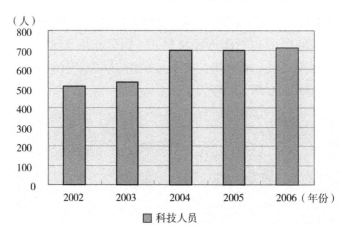

图 61　科技人员数量变化情况

2. 文化。七都镇政府十分重视文化宣传工作，已建成投资 250 万元的镇文体站。文体站占地面积 5000m²，建筑面积 1200m²，藏书 15000 册。其主要职责是为全镇的文化体育和宣传教育工作服务，具体形式包括广播、电影、电视、图书管理等。此外，文化站还肩负汇编七都镇珍贵的文物古迹和木偶昆曲申报世界非物质文化遗产等工作。

七都镇民间文化活动丰富多彩，文化市场日趋完善。建成了针对老年人、农村居民和外来人员服务的文化活动和文化设施，丰富广大居民的精神文化生活。

3. 体育。七都镇政府非常重视全民健身，政府投入大量资金建设 3 个体育场馆，并利用新农村建设改造各村的基础设施，每个村、企业都有健身的体育设施。在日常活动方面，镇政府也会定期组织体育比赛活动，提倡全民参与运动，强身健体，努力创建"和谐七都"。

（二）存在问题

1. 缺少必要的公共服务设施。七都镇的道路建设基本较为完善，经济建设也如火如荼，但对村镇居民的日常娱乐生活需求方面重视不够，缺少大型图书馆、文化活动中心、影剧院，以及体育活动场所。

2. 工业企业科技创新不足。目前七都镇各企业研发资金投入比例较低，仅局限在几家大型光电缆和有色金属加工企业，工业企业整体科技创新水平不高。

3. 农业科技资金投入不足，科技人才短缺。由于农业科技上的资金投入就很少，七都镇主要针对太湖蟹的养殖培育进行科学培训和指导，没有开展特色蔬菜种植和家禽饲养方面的技术培训。基层科技研发和农技推广人员少、学历低，专业结构不合理。

四、公共卫生

（一）基本情况

七都镇医疗卫生服务设施基本覆盖整个镇村体系，站点布局合理，服务半径大都在 20 分钟以内能到达的距离范围内，每个站点辐射的人口约为 2000 人，部分地理位置较偏的村小组尚未辐射。

表19　七都镇医疗卫生服务设施分布情况

所在位置	中心卫生院	卫生站（室）
七都社区	1 所（一级甲等）	10 个
庙港社区	1 所（一级乙等）	11 个

表20 七都镇中心卫生院职工职称情况

职 称	七都社区卫生院	庙港社区卫生院
主治医师	2	5
医师	8	6
主管护师	4	3
护师	9	9
其他职称	13	0

七都镇乡村医生共计42人，40人拥有职业资格证。

（二）存在问题

1. 资金不足医院收支不平衡。卫生院、卫生站（室）以公益性服务为主，营利性收入很少。由于财政补贴资金有限和各项支出逐渐增加，医院缺乏充足的资金无法进行医疗设备更新不利于医院长期的发展。

2. 人才紧缺，整体学历偏低。七都和庙港卫生院、村内卫生站和卫生室医护人员学历普遍低，基层医疗人才呈现出严重紧缺态势。

3. 医疗资源外流严重，影响本地医院的发展。医院发展资金不足，医疗人才短缺，导致医院软件和硬件建设滞后，许多本镇居民流向外地就医，长此以往将会影响本地医院的健康发展，制约医疗水平的提高。

五、环境状况

（一）基本情况

1. 大气环境状况。七都镇大气污染源主要为地面扬尘、燃煤烟气量和汽车尾气。每年排放污染大气约3亿标立方米，其中烟尘排放量约50吨，一氧化硫排放量约250吨。

2. 水环境状况。

——河流污染

境内吴淞河水体富营养化较为严重，蓝藻现象频繁。由于工业、生活、农业污水的排放和围网养殖投放的饲料造成水体自净化能力减弱，境内水体处于中度富营养化水平，总体水质为劣V类，部分水质达到Ⅲ类标准。

——生活污水和工业废水

　　七都镇产生的污水包括生活污水、养殖污水和工业污水。目前，七都镇工业废水年排放总量约 100 万吨，COD 的排放量约 50 吨。镇区现有一套日处理能力 1000 吨/日的生活污水处理设施，在建的两座日处理能力 200 吨/日的农村生活污水处理设施，仍无法满足环境污染治理的需求。

　　3. 固体废弃物处理状况。七都镇已建有一座生活垃圾填埋厂，并设有垃圾填埋场、垃圾清运中转站，垃圾回收分拣后统一送至吴江市发电站回收利用。镇内市容环卫组织机构健全，镇区设有环卫队，各村分别设有保洁员负责村内垃圾和河道清理工作。

　　（二）存在问题

　　1. 水体治理难度大。水体治理是七都镇环境保护的重点。随着太湖环境保护政策的实施，短期内水体治理会制约七都镇水产养殖等行业的发展，水体治理难度大。

　　2. 现有环境处理能力差。太湖环境保护要求高，而七都镇现有环境处理设施不足，配套水平差，现有环境处理能力未能满足环保要求。

　　3. 乡村环境基础设施不完善。七都镇区内排水管网和绿地等设施较为完善，但村庄环境基础设施仍未普及。

第六节　分析判断

一、发展特征和阶段判断

　　（一）发展特征

　　1. 地理位置优越，区位优势突出，水陆交通便利，地方经济发展迅速。

　　2. 产业经济形成以工业为龙头，农业为特色产业，结合旅游业、房地产、商贸业为主的第三产业发展新的经济增长点的特有模式。

　　3. 民营经济对七都镇社会经济发展起到极大推动作用，民营资本仍是该区域的投资主体。

　　4. 城镇建设日趋完善，新农村建设工作有序推进，农村基础设施建设有待改进。

　　5. 基础设施建设和环境污染整治投资需求大，资金来源少，政府可支配财政收入有限。

6. 随着社会经济改革不断深化，城市化和工业化进程加快，建设用地需求量增大。

（二）发展阶段判断

根据美国经济学家库兹涅茨产业结构演变规律、美国经济史学家罗斯托经济增长阶段、美国经济学家的钱纳里模型和德国经济学家霍夫曼定理，结合七都镇的发展特征，就七都镇发展阶段做出以下判定：

1. 根据区域劳动力和国民收入在产业间分布结构特点，对应于美国经济学家库兹涅茨对产业结构演变规律的概括，得出七都镇已经跨过农业部门占主导的阶段，正处于工业部门占主导地位同时服务部门在国民经济中的比重不断加强的阶段。

2. 根据七都工业经济发展的趋势，以及三次产业的结构特点，按照美国经济学家钱纳里所总结的工业国发展规律，判断其正处于工业化阶段，属于从工业化初期转入工业化中期的过渡时期。

3. 按照罗斯托的经济增长阶段理论，七都镇的经济应处于发展的第三个阶段的后期——经济起飞阶段，经济持续高速增长，工业化生产逐步占主导地位，同时即将迈入第四阶段——发展成熟阶段，经济增长放缓，进入成熟阶段，重化工业占主导地位，劳动力继续向城市，工业转移。

二、发展主要问题

（一）环境污染治理与区域经济发展相冲突

80 年代以来，七都镇的经济一直保持着稳定增长的良好态势。但这些都是以牺牲部分环境资源为代价换来的。地处太湖流域的七都镇，近几年更是面临着日益严重的太湖水污染治理问题。太湖流域水环境恶化，自然水系的破坏导致河、湖水的水质变坏，对生态环境造成极大的危害，同时也危害到生活在太湖流域的居民。如何协调区域经济发展和环境污染治理之间的关系，在保障生态环境的大前提下，促进区域经济可持续发展，成为今后太湖流域发达地区能否保持健康稳定发展的关键所在。

（二）人地矛盾日益突出，耕地保护问题严峻

七都镇已经进入到工业化中期和城市化加速推进的阶段，对资源的需求尤其是土地资源和水资源大幅上升，水土资源紧缺已经成为地区经济和社会可持续发展的重要瓶颈之一。另外，国家明确要求新一轮土地利用规划修编必须守住 18 亿亩耕地，吹响了耕地保护的号角。在这一大背景下，

七都镇需要在吃饭问题和建设问题之间，经济利益和国家利益之间寻求新的平衡点。

（三）产业结构层次低，缺乏自主创新

目前，七都镇的各次产业科技含量不高，除了亨通集团等骨干企业外，部分企业仍然是"高投入，低产出，高污染"的低效经济模式，企业产品附加值低，产出效益不高，产业结构层次低，根据发达国家经验，任何产业发展阶段变迁，都同科技创新息息相关，每一大的科技改革都将引起产业结构的变动，七都的三次产业发展，恰恰最缺乏自主创新。这将影响地区产业结构的优化和升级，使产业经济逐渐陷入滞后式发展。

（四）第三产业投资比例过低，发展动力不足

七都镇有着悠久的历史文化，多处文物古迹，同时作为传统的江南水乡，滨湖小城，环境优美，旅游资源丰富，具有发展旅游业的潜力。此外，随着城市化进程的日益推进和居民生活条件的不断改善，人们对生活质量、生活品位有更高追求，这也为服务业的全面发展提供了条件。但从目前状况看，服务业投资比重仍显不足，旅游业尚未形成规模。要推进旅游业和沿湖经济区服务业的发展，需要地方政府出台政策合理引导投资方向，加大基础设施的配套投入，积极推动产业结构的升级。

第二章 发 展 战 略

第一节   SWOT 分析

一、优势

（一）区位交通优势

地理区位：七都镇位于江苏省吴江市西南部，东与横扇镇、震泽镇毗邻；南与浙江省的南浔镇隔河相望；西与浙江省织里镇接壤；北临太湖。

交通区位：七都镇南靠 318 国道，203 省道和沪苏浙高速公路穿境而过。七都镇境内还有多条一级和二级公路，不同等级的公路共同构成的发达路网，为七都的内外交通运输提供了可靠的保障。随着 230 省道和苏杭高速路的修建通车，将进一步加强该镇同省内外各主要城市的联系。

经济区位：七都镇位于江苏、浙江和上海两省一市交汇的金三角地区，具有沿浙、沿太湖、沿上海、沿苏州的优势区位，日益便利的交通条件确保七都镇能更好地接受上海、苏州以及杭州等长三角大城市的经济辐射。

（二）丰富的资源

七都镇北临太湖，境内河道水网密集交错，沿岸植被茂密，形成了优美的水乡景色。土壤肥沃，水资源充足、气候宜人，农业生产条件优越，具有众多特色产品。

七都镇历史人文资源丰富。镇内有文物古迹 36 处，包括古桥 26 处，木偶昆曲是著名的非物质文化遗产。镇内开弦弓村是费孝通先生《江村经济》研究原型，蚕桑文化历史悠久，目前已成为我国重要的社会学研究基地。国学大师南怀瑾先生创立的太湖大学堂在弘扬传统文化方面影响力也与日俱增。

（三）经济实力较强

七都镇是新兴工业小城镇，在工业经济的带动之下，全镇经济快速发展，2007 年全镇国内生产总值达到 37 亿元，经济发展水平在吴江市名列前茅。七都镇人民富裕，2007 年城镇居民人均纯收入为 25000 元，比江苏省平均水平高 115%，农民人均纯收入 11600 元，比江苏省平均水平高80%。七都镇综合经济实力在全省和吴江市均处于较高水平。

七都镇镇强民富，经过十几年的快速发展，积累了约 50 亿的民间资本。充足的民间资本量为七都镇经济结构调整、产业转型和项目投资提供了资金保证，是七都镇经济社会发展的重要推动力。

（四）市场优势

七都镇光电缆产业起步于 20 世纪 80 年代，经过十几年的迅速发展，七都镇光电缆生产量占全国的 1/5 强，被称为"中国光电缆之都"，亨通集团成为国家级光电缆生产龙头企业，七都镇的光电缆产业具有较强的市场知名度。

七都镇特色农产品如太湖湖羊、太湖三白（白鱼、白虾、银鱼）、太湖大闸蟹等具有很强的市场知名度。

七都镇以铜废品为原料的有色金属加工业已经占到七都镇工业总产值的 30%，占据了发展再生资源回收利用和循环经济产业的先机，市场前景广阔。

（五）企业家优势

七都镇企业家经过长期的市场磨炼，积累了丰富的管理经验和市场经验，善于把握发展机遇，具有勇于进行技术创新和市场开拓的进取意识，吃苦耐劳，工作作风踏实，讲求实效。七都镇企业家具备的能力与经验对促进七都镇经济发展将发挥积极的作用。

二、劣势

（一）主导产业面临整合和提升

七都镇光电缆行业总产值占工业总产值的 30%。20 世纪 80 到 90 年代，随着我国通信事业的快速发展七都镇光电缆行业快速膨胀。我国通信光缆干线"八纵八横"网络建成后，国内市场需求量缩减，导致生产能力远远高于市场需求，光电缆市场竞争激烈。七都镇除部分光电缆企业步入大型生产企业行列之外，大部分企业规模小，产品技术含量低，缺乏自主知识产权和品牌，市场竞争力弱。随着国家四万亿投资计划和电子信息产业规划的逐步实施，我国对光电缆市场的需求向高档次光缆集中，为了适应市场需求，七都镇大型光电缆产业应积极进行技术创新和改造，带动中小企业整合和转产。

（二）资源零散

2003 年七都社区和庙港社区合并成立七都镇，目前七都镇的行政、文化和商服业中心集中在原七都社区，而庙港仍延续了以往的农业特色。两个社区原有产业基础有所差别，受到交通条件的影响，经济联系有限，没有形成整体发展合力。

七都镇现有中小企业倒闭和重组，造成土地和厂房闲置，挤占了新兴产业和项目的发展空间，不利于土地的集约利用。

在光电缆行业快速发展时期，七都镇民间资本迅速积累，但由于受到宏观经济环境影响，民间资本的投资意愿萎缩，投资方向不明确。加上缺乏合理有效地整合民间资本和引导民间资本合理利用的措施和途径，七都镇民间资本闲置或利用效率低下，未能发挥其扩大地方经济总量、促进税收，扩大就业等作用。

七都镇现有自然旅游资源数量不多，单体体量小，组合度不高，档次低，特色不鲜明，与周边地区特色资源具有一定的差距，人文旅游资源的文化社会价值较高，但开发价值不高。

（三）第三产业所占比例小、档次低

1998—2007 年以来，七都镇国内生产总值和第三产业产值发展速度均较快，但与第二产业快速发展相比第三产业占国内生产总值的比例却不断下降，由 1998 年的 35.53% 下降为 2007 年的 27.74%，同时现有第三产业类型仍未交通运输、住宿餐饮、商业服务等传统产业，第三产业发展档次较低，产业附加值小，尚未对全镇经济形成较强的带动作用。

（四）公共服务水平有限

七都镇 2007 年国内生产总值达到 37 亿，常住人口约 10 万人，经济实力和人口规模对七都镇政府公共服务水平提出了较高的要求。随着太湖环境保护方案的逐步实施，七都镇在环境保护方面的压力逐渐增大，迫切要求提高目前全镇环境基础设施建设水平。但由于受到财税分成体制的制约，七都镇镇政府可支配财力仅有 7000 多万，经济发展水平与镇政府财力严重不匹配。现有七都镇污水、废弃物处理系统尚不能满足太湖环保方案要求，镇域内道路、交通、河道水系等基础设施不完善，教育、文化和卫生等公共服务水平还需要提高。

七都镇工业企业密集，外来务工人员数目多，流动性大。目前外来务工人员居住、子女教育、社会保障等问题尚未解决,不利于社会和谐稳定。七都镇政府在环境保护、社会保障、集镇规划和审批处罚等方面的乡镇管理职能与经济发展需求不适应,政府财政实力无法满足公共服务需求。

三、机遇

(一)长三角经济社会发展方向明确

2008 年 9 月国务院公布《关于进一步推进长江三角洲地区改革开放和经济社会发展的指导意见》。针对国际经济环境变化和国内改革深入推进的情况,意见明确提出了长三角地区经济社会发展的主要目标为加快现代服务业发展促进产业结构优化,大力推进自主创新增强科技创新能力,提高资源利用率,遏制重点地区生态环境恶化的趋势,提高公共服务水平,实现城乡基本公共服务均等化。七都地处长三角核心地区,指导意见进一步明确了七都镇今后经济社会发展方向以及重点工作任务,必将促进七都镇经济社会发展。

(二)全国发展改革试点镇

国家发展改革委办公厅《关于公布第二批展全国发展改革试点小城镇名单的通知》(发改办规划〔2008〕706 号)将七都镇列为国家发展改革试点镇。七都镇结合自身发展特点,充分利用试点机遇,从城镇管理职能、财政体制和土地制度等方面进行探索,促进七都镇经济社会生态可持续发展。

(三)江苏省内各级政府提出环太湖发展战略

七都镇沿太湖岸线长 23 千米,位于浦江源头上游,鉴于七都镇在太湖流域的重要位置,江苏省,苏州市和吴江市三级政府都将七都划入沿太湖片区。为了满足太湖环境保护要求,上级政府将在环境基础设施、产业结构调整升级、科技创新和社会事业等方面给予支持。这将为七都镇带来更多的政策倾斜和资金支持,促进七都镇整体经济素质提高。

四、挑战

(一)宏观经济环境变化

国际经济形势低迷和人民币升值两大因素造成七都镇企业国际市场萎缩,国内市场竞争加剧,企业出口下降。国内从紧的货币政策和土地等生产要素的控制和监管，不利于企业产业规模扩大。新劳动法实施增加企业劳动力成本。以上种种因素造成了企业利润率下降，影响企业发展。复杂的国际国内宏观经济形势严重影响了市场信心，投资者持币观望，不采用积极措施实施项目。

（二）太湖流域环境保护方案制约产业发展

七都镇属于太湖流域环境保护重点区域。长三角指导意见和吴江市沿湖片区发展战略都提出了提高资源节约利用水平，强化环境保护和生态建设的要求。2008 年 5 月国家公布的《太湖流域水环境综合治理总体方案》要求沿太湖城镇加强太湖流域污染综合治理和生态保护，实行更严格的环境保护标准，加强环境保护基础设施建设。《太湖水污染防治条例》明令禁止在环太湖 5 千米的一级保护区范围内新建、改建和扩建染料、印染、电镀等企业，从事围网养殖和水上餐饮娱乐等项目。为了保障太湖保护方案的实施，七都镇内相关企业即将关闭，保留企业环境治理保护和治理成本也会提高，这些因素会在短期内提高企业成本，缩减利润空间。七都镇有两个专业渔村，95% 的渔村居民从事围网养殖业，经济结构单一，大面积缩减围网养殖对渔村社区居民的就业和收入产生较大的影响，同时制约了以水产品为主打的餐饮休闲产业的发展。太湖保护方案的出台严重影响了当前七都镇经济发展秩序和企业投资餐饮水上旅游为主的三产服务业的积极性，制约了产业发展。

（三）周边区域竞争加剧

七都镇位于经济发达的苏南地区，地处长三角核心区域。七都镇周边区域整体经济发展水平较高，且具有相似的区位条件和资源条件。在当前国际经济环境恶化和国内市场空间缩小的情况下，七都镇与周边区域竞争加剧。

五、要素交叉分析

（一）SO 交叉分析

将七都镇自身优势与外部机遇各要素交叉分析，制定利用机遇发展优势的战术。

1. 利用资源环境综合优势，发展旅游、休闲、度假产业；
2. 积极发展再生资源和循环经济产业；
3. 提高产品科技含量，现有优势产业创新发展。

（二）ST 交叉分析

自身优势与外部挑战各要素间交叉分析，利用自身优势消除或规避劣势。

1. 利用太湖资源发展特色水产养殖业，积极参与区域合作与竞争；

2. 大力发展休闲度假产业；

3. 提高环境保护和资源利用标准，发展再生资源利用为主的循环经济产业。

（三）WO 交叉分析

自身劣势与外部机遇各要素之间交叉分析，制定利用发展机遇克服自身劣势的战术。

1. 提高公共服务水平；

2. 利用旅游、休闲、度假产业带动第三产业发展；

3. 引导环境基础设施建设。

（四）WT 交叉分析

自身劣势与外部机遇各要素之间交叉分析，找出最具有紧迫性的问题根源，采取相应措施来克服自身闲置，消除或者回避威胁。

1. 积极进行产业结构调整升级；

2. 加大生态环境保护力度；

3. 提高教育、科技、文化水平；

4. 提高公共服务水平，优化投资环境。

（五）交叉分析结论

将上述对策加以提炼和总结，归纳出七都发展的核心策略是：

1. 积极促进产业结构调整升级；

2. 大力发展以休闲度假旅游业为龙头的第三产业；

3. 提高公共服务水平，整合资源，优化投资环境；

4. 加大生态环境保护力度，提高资源利用率，发展再生资源利用为主的循环经济产业。

第二节　指导思想及发展理念

一、指导思想

以邓小平理论和"三个代表"重要思想为指导，树立全面、协调、可持续的科学发展观，以全面建设小康社会和构建社会主义和谐社会为目标，正确处理经济建设、生态环境保护和社会事业发展的关系，抓住机遇，深化改革。以经济结构调整为核心，充分利用资源优势，优化投资环境，促进产业结构调整升级，着力提高公共服务水平，促进城乡统筹发展和人民生活水平提高，努力把七都镇建设成为太湖平原生态经济社会可持续发展的特色城镇。

二、发展理念

（一）树立创新发展的理念，积极促进产业结构调整升级

创新发展是针对发展中存在的问题，抓住机遇，破解发展难题，突破发展困境，提出新的发展思路和模式。七都镇经济发展水平较高，但目前遇到了主导产业萎缩、环保政策和宏观经济环境不理想的压力，现有的产业结构和发展模式不能适应发展的要求，进一步提高整体经济发展素质是七都面临的难题。七都镇必须树立创新发展的理念，着力发展现代物流、循环经济和旅游休闲等产业，改变"二产独大"的局面，优化产业结构；积极进行技术创新，提高产品科技含量，延长产业链条，树立品牌意识，提升产品附加值，促进产业升级；努力发展。

（二）树立可持续发展的理念，加强生态环境保护和资源合理利用

可持续发展就是在发展的过程中，统筹考虑经济发展和生态保护，经济增长与资源环境承载力，发展收益与环境成本之间的平衡与关系，不能追求单纯的经济目标，而忽视了长远发展的基础和条件。七都镇濒临太湖，水资源和水乡环境是七都镇经济社会发展的基础和条件。为了避免生态环境恶化，资源过度利用，七都镇应树立可持续发展理念，完善环境基础设施建设，遏制废弃物对生态环境的损害；提高环境保护标准，大力发展再生资源利用和循环经济产业，提高资源利用率；合理利用现有生态环境和资源，发展第三产业，通过实现生态环境的经济效益，以发展促保护。

（三）树立和谐发展的理念，努力提高公共服务水平

和谐发展是科学发展观的重要内容，其核心是用统筹的理念指导经济和社会各项事业健康协调发展。重点包括城乡统筹发展，加快基础设施向村镇延伸，公共服务向农村覆盖，现代文明向农村辐射，构筑城乡和谐发展的格局。二是不同社会群体的和谐发展，重点解决外来人口就业和生活

问题。树立和谐发展的理念，要求七都镇提高公共服务水平，实现城乡基本公共服务均等化，解决外来人口就业、子女教育、居住等问题，创建和谐安定的社会环境。

（四）树立率先发展和一体化发展的理念，参与区域协作和竞争

长三角地区是我国经济增长和社会快速发展的核心区域，七都镇地处长三角核心区，区域竞争激烈，周边区域快速发展也为七都镇发展创造了良好机遇，七都应树立率先发展的理念，找准突破口，立足自身优势产业和项目，开辟市场，率先发展；树立一体化发展的理念，与周边区域开展技术创新、制定行业标准、规范经营、职业技术培训等方面的合作，积极参与区域分工，努力融入长三角区域发展，促进整体经济素质提高。

第三节　战略定位及目标

一、功能定位

城镇发展定位：太湖平原生态经济社会和谐发展的特色城镇。

产业发展定位：长三角核心区无污染产业基地和生态环境产业区，全国再生资源回收利用基地、太湖平原商务休闲度假旅游基地。

二、总体目标

七都镇进行试点改革的主要任务就是通过先行先试、突破制约经济社会发展的相关体制障碍，探索在经济发展方式转型和产业结构升级要求下，进一步推进七都镇经济社会持续发展的有效途径，着力打造长三角深化改革开放的先行示范区，太湖平原生态经济社会可持续发展的特色小城镇。

三、具体目标

（一）经济发展目标

近期至 2010 年，地区生产总值年均递增 8%，达到 47.3 亿元。2011至 2020 年，地区生产总值年均递增 10%，达到 122.6 亿元。

（二）产业结构目标

七都镇未来 12 年的发展应突出抓好经济结构调整，完善产业结构比

例，提高国民经济整体素质。继续保持以工业为龙头，以农业为支撑，以旅游业、房地产、商贸业为主的第三产业为新的经济增长点，保持第二产业在国民经济中所占的优势比重，实现一、二、三产业的协调发展。规划至 2020 年，一、二、三产业的比例为 3∶55∶42。

（三）城镇化水平与居民生活指标

城镇化水平 2010 年为 55%；2020 年为 70%。2020 年，适龄人口受高等教育比例达 30%，每万人医务人员数达 60 人，恩格尔系数为 40%，科技进步贡献率为 65%。

到 2020 年，七都镇区人均居住建筑面积达到 35 平方米/人，人均道路（主次道路）面积为 15 平方米/人；人均公共绿地面积达 9.9 平方米/人以上，人均综合生活用水指标为 300 升/日；人均生活用电量指标为 1500 千瓦时/年；自来水普及率达 100%；电话装机率达 100%；公交拥有率（与吴江共享公交车辆）为 8 辆/万人；绿地率达 50%。

（四）社会事业发展目标

提高人口素质，积极发展教育、文化和科研事业，逐步普及高中、终身教育，2020 年高等教育普及率达到 30%；完善医疗卫生保健体系和社会保障体系，2020 年农村医疗保险、养老保险的参保率达到 100%，完善农村社会保障体系逐步向城市社保过渡；建设和完善社会服务设施，全面提高各项社会事业的发展水平。

（五）环境保护指标

大气环境质量优于二级；水体环境质量优于功能区划标准；饮用水水源水质达标率 100%；生活区区域环境噪声平均值≤50 分贝；烟尘控制区覆盖率达 100%；工业废气达标排放率达 100%；综合污水集中处理率达 100%；工业固体废弃物综合利用处置率 100%；生活垃圾无害化处理率达到 100%。

表 21　七都镇经济社会发展的阶段目标

项目	指　　标	单位	2010 年	2020 年	指标属性
经济指标	国内生产总值	万元	47300	122600	预期性
	三次产业比例	%	3∶65∶32	3∶55∶42	预期性
	农民人均纯收入	元	15600	23200	预期性
	城镇化率	%	55	70	预期性

续表

项目	指标	单位	2010 年	2020 年	指标属性
居民生活和社会事业指标	高等教育比例	%	20	30	约束性
	每万人医务人员数	人	40	60	约束性
	城乡低保覆盖率	%	95	100	约束性
	人均居住建筑面积	平方米/人	53	35	预期性
	人均道路面积	平方米/人	12	15	预期性
	人均公共绿地面积	平方米/人	8.0	9.9	约束性
	公交拥有率	辆/万人	5	8	约束性
生态环境指标	工业废气排放达标率	%	95	100	约束性
	综合污水集中处理率	%	95	100	约束性
	绿化覆盖率	%	30	50	约束性

四、分阶段目标

（一）近期目标（2008—2010 年）

基础设施建设和新农村社区整合。规划重点是优先污水、废弃物处理等环境基础设施，完成河道水系清理，为产业结构调整和养殖业空间转移做好准备；完善基础设施建设和外来务工人员居住、文化活动中心建设，优化投资环境；根据《镇村布局规划》有序进行村庄整合，促进城乡基本公共服务均等化。

（二）中期目标（2011—2015 年）

落实产业发展空间和产业结构调整。规划规划产业布局，发挥产业集聚的规模效应；落实产业发展空间，形成产业布局合理与土地利用节约集约相结合的空间格局。规划重点是产业空间格局形态。

（三）远期目标（2016—2020 年）

增强公共财政能力，提高公共服务水平。健全公共财政体制，调整财政支出结构；建立事权与财权相匹配的财政体制，提升政府公共财政能力；要逐步扩大公共财政覆盖落后地区、贫困人群的范围。扩大公共产品和公共服务的覆盖范围和提升供给能力；实现基本公共服务均等化，规划重点是完善公共服务设施的配置和布局。

第四节　战略重点及主要任务

一、产业结构调整升级，促进三次产业协调发展

为了实现建设长三角核心区无污染产业基地和生态环境产业区、全国再生资源回收利用基地、太湖平原商务休闲度假旅游基地的产业发展目标，七都镇必须对现有产业结构进行调整和升级，重点任务如下：

（一）继续做大做强特色产品，重点发展生态休闲农业

在加强太湖环境保护的基础上，继续做大做强太湖蟹等特色农产品，发挥品牌效应；结合七都镇优美的水乡环境和历史文化资源，发展生态休闲农业，延长农业产业链条，提升第一产业档次和产品附加值，推进现代农业服务业的发展。

（二）调整工业产业结构，提高整体经济素质

充分利用"光电缆之都"的市场知名度，提高产品科技含量，淘汰技术含量低和市场竞争力弱的生产线，向高技术含量、高附加值产业转变，大力发展和扶持智力密集型和技术密集型产业，有序分流劳动密集型和资源密集型产业；树立节约资源和保护环境的理念，以有色金属加工为龙头，积极发展再生资源利用和循环经济产业，降低本地产业发展的原材料成本，拉长产业链条，发展铜铸件加工产业，增强市场竞争力；七都镇针织纺织行业具有一定的规模，行业结构调整的目标是将目前的生产优势转变为销售和经营优势，吸引产品设计和管理人才，提升产品设计和销售环节，将处级加工和印染等附加值低和污染程度高的环节转移外迁，逐步完成产业升级。与旅游业发展相结合，设计生产具有水乡特色和蚕桑特色的纺织品。

（三）大力发展旅游休闲产业，带动第三产业快速发展

充分利用七都镇自然和人文旅游资源，积极参与周边地区旅游业发展产业分工，以太湖农产品、水乡风光和"江村文化"为特色，发展以商务会议和休闲为主的服务业；在旅游服务业带动下，依托七都镇便利的交通条件，加强与上海、南京和杭州等长三角核心城市联系，发展现代物流业，扩大现有商贸流通、运输、餐饮等传统服务业规模，提升第三产业档次。

二、促进土地整合，落实产业发展空间

土地是经济社会发展的重要生产要素，七都镇土地资源整合的目标是

节约集约用地，提高土地利用效益，为产业发展和新兴项目提供空间。全面掌握七都镇城镇和农村集体建设用地情况，摸清闲置和低效建设用地数量和分布，在理顺集体建设用地入市时的土地资产性收益分配关系的前提下根据集体建设用地规定用途与城市建设用地，保留集体土地所有权属性，统一规划，增加土地有效利用面积，实施工业企业相对集中，杜绝过于分散的集体建设用地流转和利用，发挥用地的规模效益，为引进产业项目和公共基础设施建设预留空间。针对城镇建设用地，政府应完善用地激励约束机制，依法征收土地闲置费和收回闲置土地，提高新增用地成本，鼓励使用存量土地，鼓励农村居民向新规划的住宅区集中，杜绝空心村，城中村和城边村等浪费土地问题。

三、加大环境治理保护力度，优化投资环境

七都镇面临严格的环保政策压力，配套符合环保政策要求的环境治理保护设施，优化投资环境是提高企业投资积极性、提升产业档次和促进社会和谐的重要环节。

完善镇域内河流水系整理、疏浚，污水废弃物处理等基础工作，岸线治理，底泥清淤，修复水生生态。重点完成工业区污水、废弃物处理基础设施建设，降低企业环境治理成本，解决企业后顾之忧。

在农村社区整合的基础上，合理布局安排环境保护治理基础设施，扩大污水管网城乡覆盖范围、提高城乡垃圾收集和无害化处理能力，生活污染和农村面源污染治理。

四、加强基础设施建设，提高公共服务水平

改善居民生活服务设施。在进行村庄整合的基础上，加快农村公路和城乡公路网络建设，形成完善的交通、物流、城乡客运市场一体化网络，提供与镇区均等的服务水平；加强城镇供排水、供热、通讯、供气等公用设施建设，完善城镇服务功能。

提高外来人口服务水平。在工业区范围附近配套建设外来新市民公寓、文化活动中心和学校等公共服务硬件资源，同时扩宽职业介绍、社会保障，子女学籍等软件服务类型。

第三章 空间发展与功能布局

第一节 城乡空间布局现状

七都镇位于东太湖的南岸，属于太湖流域环境保护重点区域。2003年七都社区和庙港社区合并成立七都镇，目前七都镇的行政、文化和商服业中心集中在原七都社区，而庙港仍延续了以往的农业特色。七都城镇建设用地主要分为六大片，吴溇港以东的港东工业区、以望湖为中心的综合生活区、镇西工业区、临浙经济区、庙港社区、东部工业区（庙港）。商业服务及行政管理设施主要分布在望湖路、新村路及人民中路。近年来，在新村路南侧开始兴建丽都花园、谢湾小区等多层居住区。七都镇主要沿环湖公路和大庙港两侧发展，工业区集中在南部，生活服务区位于北部。

受交通条件、地形条件影响，七都镇行政村主要沿太湖、公路呈"点—轴状"分布，总体说来，整个镇域现状行政村分布比较均衡。自然村分布受居住生活条件（主要包括交通条件、自然条件等）影响较大，沿太湖和环金鱼漾形成带状分布。主要的人口聚居地在太湖沿线和以开弦弓、吴越为中心的两个片区。

第二节 城乡空间布局存在问题

一、资源整合不够

七都社区和庙港社区原有产业基础有所差别，同时由于交通条件的影响，经济联系有限，没有形成整体发展合力。加上目前缺乏对七都镇统一规划和功能布局安排，长此以往将不利于七都镇全局发展。

二、用地布局分散混乱

长期以来，七都镇用地缺乏有效控制，造成城镇用地布局混杂：缺少大规模、功能完善的居民区和工业区，居住用地和工业用地在全镇范围内分布零散、混杂，没有规律；村庄主要沿太湖分布，村庄密度较大，人口较多，影响七都的旅游开发和生态保护；镇域南部金鱼漾周边工业企业众多，布局分散，用地浪费，且对水体等有一定的污染等。

三、土地利用集约度低

随着国内外宏观经济环境变化，七都镇现有中小企业经营困难，95%的光电缆企业倒闭，造成土地和厂房闲置。土地闲置挤占了新兴产业和项目的发展空间，不利于土地的集约利用。大多数村庄建设用地粗放，集约度不高，用地浪费。

四、城乡一体化程度低

七都镇大部分村庄处于初级发展阶段，人口规模过小，公用服务设施配套不齐，基础设施缺乏。未来建设中需完善镇域公共设施和市政设施配套，特别是村一级生活服务、交通、市政和环卫等设施；统筹城乡发展，推动城市基础设施、公共服务和现代文明向农村延伸。

这些问题使得七都镇的土地利用不够集约、城镇景观和城镇功能缺乏整体性、不利于一些公共基础设施的集中建设，最终影响到七都镇的经济、社会和生态效益。

第三节　空间发展原则与思路

一、空间发展原则

空间发展要贯彻科学发展观，统筹城乡经济社会发展，坚持适度集聚、节约用地、有利生产、方便生活的原则，具体包括以下四个方面的基本要求。一是节约利用土地，推进集聚发展。七都镇地处长三角核心地带，又是太湖流域环境保护的重点区域，土地资源十分紧张。要积极引导产业集聚，撤并整合分散的自然村落，引导农民逐步集中居住，节约利用土地。二是有利于推进城镇化进程。长三角地区乡村工业化发达，为尽可能保护耕地，同时也发挥城市的集约效益、规模效益，应走城镇化道路，鼓励区域人口与产业向中心镇区集中。推进功能区建设，加快工业集聚，以工业化带动城镇化；集中兴建村民住宅小区，引导鼓励从事二、三产业的农民进入城镇，加速城镇化进程。三是与城镇体系规划和土地利用总体规划相衔接。统筹协调好城乡居民点与区域内的产业布局、基础设施布局、土地利用的关系，避免重复拆迁，造成浪费。四是坚持因地制宜、分类布局。空间规划必须充分考虑当地的发展基础、地形地貌条件及其人文特征，选择合适的地点，集聚发展相应的产业。

二、空间发展思路

（一）区域整合

七都社区和庙港社区具有不同的区位及产业优势，但是目前二者的整合优势还没有充分显现出来。为了综合发挥两个社区的优势，应该整合两个社区的资源，统一思想，形成合力，带动七都镇的整体发展。

（二）功能分区

功能分区是引导产业集聚发展，优化资源配置，整合生产力发展的基础，有助于明确开发方向、控制开发强度、规划开发秩序、逐步形成人口、经济、资源环境相协调的发展格局。七都镇应采取政策促进土地资源优化配置，引导功能区的成熟发展。

（三）集聚引导

目前，七都镇的各类用地依然存在散、乱、不经济的问题，要积极引导经济社会活动的区域集聚，强化集聚区功能。通过企业选址、搬迁等方式，置换土地功能，实现集聚效益和生态效益。

（四）城乡统筹

针对镇域村庄分布零散，基础设施和公共服务设施配套程度差，应该在村庄整合的基础上，加快居住功能区规划，完善农村道路、河流水系、电力、饮水等基础设施建设，提供与镇区均等的服务水平。针对外来农民工，要将公共服务延伸到农民工，为农民工提供更好的公共服务。

第四节　空间布局与功能分区

一、总体框架

根据七都镇的空间布局现状、生态环境要求及发展基础，规划七都镇的空间发展总体框架："一轴、两带、五区"。"一轴"即城镇生长轴，连接七都和庙港两个社区，为今后七都镇居住、商业服务和第二产业集聚的主要发展空间。"两带"即环太湖生态涵养带和荡漾生态涵养带。环太湖生态涵养带即环太湖1千米进深区域及所有的湖面，严禁污染企业进入，打造清洁优美的环太湖生态景观；荡漾生态涵养带主要包括镇域内部荡漾水系，重点发挥沟通太湖水系，美化环境和体现水乡自然及文化特色的功能。"五区"是中心镇区、庙港生活区、工业区、金鱼漾生态区和生态文化旅游区。

二、功能分区

七都镇作为环太湖城镇群中的重要城镇，是太湖风景区的重要组成部分，是江南水乡文化浓厚的新兴工业城镇。主要分为五大功能区：中心镇区、庙港生活区、工业区、金鱼漾生态区和生态文化旅游区。

中心镇区：原七都社区目前是全镇的行政、文化和商贸服务业中心。应以其为基础，发展成为全镇的行政服务、商业、文化和居住中心。以现有镇政府为基础建设行政办公中心；文化设施主要安排在镇中片区，以吴溇港和望湖路为中心，形成七都的生活主轴；形成吴溇港—望湖路和沿人民路的两个主要的商业服务带；改善社区环境、完善服务设施，打造成集行政、商业、居住、文化于一体的中心综合区。

庙港生活区：原庙港社区发展改造成为庙港生活区。庙港街道是七都镇的文化休闲中心，有着全国最大的螃蟹交易市场。应以渔村文化为底蕴，围绕太湖清水大闸蟹，逐步将工业向工业区内转移，完善庙港社区功能，形成以居住、旅游功能为主的生活区。

工业集中区：主要指七都镇域西部的港东高新工业区和镇西工业区，发挥引导第二产业集聚的功能。港东高新工业区处于中心综合区的东部，依托230省道复线，主要布置以光电产业为主的无污染高新产业，为一类工业用地。镇西工业区位于中心综合区的西边，以亨通集团等光缆生产企业为基础，布置光缆、纺织、电镀等一类、二类工业。逐步转移临浙工业园区内的企业，做大做强港东、镇西两个工业区；镇域内的分散工业企业也要逐步向这两大工业区集中。

金鱼漾生态保护区：主要指环太湖生态保护区和金鱼漾生态保护区。规划环太湖1千米进深区域及所有的湖面，为环太湖生态保护区，该区域内严格执行太湖环境保护方案和防污染条例，严禁各类污染企业进入，加强环太湖环境治理和生态建设力度，打造清洁优美的环太湖生态景观；针对区域内村庄沿太湖分布，村庄密度大、人口多的特点，应加强村庄疏散、整治和居住区规划。同时，对金鱼漾周边分布的、对生态环境和景观造成了严重破坏的一些工业企业，要逐步将这些企业搬迁至港东高新工业区和镇西工业区。

生态文化旅游区：主要指以太浦闸、联强村和开弦弓为核心的生态文化旅游区。充分利用浦江源头的优美自然风光和挖掘开发开弦弓地区的文化内涵，将自然风景与文化特色有机结合，打造生态文化旅游区。重点建设好浦江源头水上景观，费孝通纪念馆、展览馆，联合开明村、丰田村、光荣村，依托传统的蚕桑业，发展集水上风光，蚕桑文化于一体的生态文化旅游区。

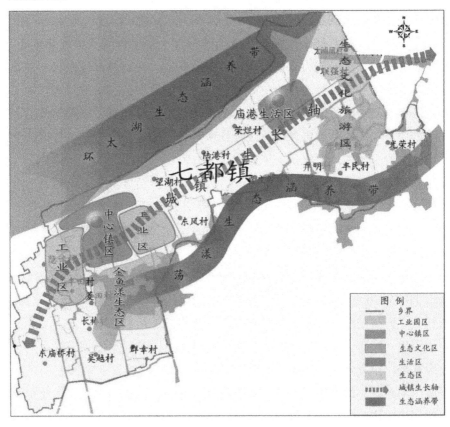

图 62　七都镇功能分区图

第四章　产业转型升级

第一节　发展背景分析

一、宏观经济背景分析

自 2007 年年底以来，宏观经济形势发生变化：原材料价格上涨、劳动力价格上升、人民币升值等。产业发展面临多重困境。这些变化对外向型、劳动密集型、加工贸易为主的企业影响尤为显著。全球性金融危机的爆发导致全球经济增速放慢、国外需求减少、跨国公司纷纷裁员、中小企业倒闭。在这种生产成本上涨、国外需求减少的宏观经济背景下，中国企业发展面临着很大的挑战。

为了适应经济形势变化，国家宏观调控政策经历了三个阶段。第一阶段是"双防"，即"防过热、防通胀"，采取的政策是：紧缩银根、控制投资规模、严把土地闸门。第二阶段宏观调控转变为"一保一控"，实际上主要是防止经济下滑。第三阶段宏观调控政策进一步明确为"多管齐下、有效应对，采取灵活审慎的宏观经济政策，着力扩大国内需求特别是消费需求，保持经济稳定、金融稳定、资本市场稳定，保持社会大局稳定"。

可知，过去几个月内国家宏观调控政策在调控方向、调控重点上发生了重大变化。综合国际国内各种因素，可以预测在今后较长的一个时期内，宏观调控政策将保持"保增长"这一大方向，将会围绕扩大内需，在调控的方式、力度、节奏和手段上不断出台一些实质性的措施，对经济发展给予更多的正向激励和支持。

二、长三角产业发展背景分析

长三角区域经济基础良好，在全国的地位举足轻重，尤其是长江三角洲作为我国一个重要的经济区，已经在空间上形成了连绵的城市带和产业带。如沿江、沿海、沿湾地区形成了化工、造船、能源等工业带；沿沪宁、沪杭铁路以及沪宁、沪杭甬、苏嘉杭高速公路形成了 IT 高新技术产业带。但另一方面，长江三角洲地区城市之间工业结构相似性较高，产业同构现象比较严重，影响区域的协调发展和培育有本地特色的市场竞争力。而且，由于土地资源逐渐紧张、商务成本持续提高，长三角地区凭廉价土地、低成本劳动力、靠外资拉动的外延式增长方式已难以支撑经济的持续发展。

2008年9月16日，《国务院关于进一步推进长江三角洲地区改革开放和经济社会发展的指导意见》正式对外公布，为长三角地区产业的转移、发展和升级指出了一条科学发展之路。《意见》要求，要积极发展面向生产的现代服务业，服务对象是国际先进的制造业；做大做强高技术产业和优势支柱产业，继续巩固和提高实体经济发展水平，集中力量积极发展电子信息、生物、新材料、新能源等战略性高技术产业，培育更多新的增长点；在发展服务业和制造业的同时，长三角地区原有的低级制造业、高耗能产业必须进行转移；加强区域产业政策和环保政策的衔接，完善节能减排地方性法规，到2010年全部淘汰国家产业政策明令禁止的落后生产能力。

三、太湖流域背景分析

太湖流域地处长三角核心区，经济发达、工业密集、城镇林立，是我国最发达的地区之一，同时该地区又面临着污染负荷重、环境容量小的制约，经济发展与水环境保护的矛盾格外突出。"九五"以来，尽管江苏省、浙江省和上海市积极开展水污染防治工作并取得一定成效，但水污染防治工作仍然滞后，污染物排放总量仍在不断增加，太湖及周边入湖河流的水环境持续恶化，水体处于中度富营养化，水质总体上处于劣五类。2007年5月底，太湖蓝藻大面积暴发，水源地水质遭受严重污染，引发无锡市近百万居民供水危机。

在《太湖流域水环境综合治理总体方案》中，提出太湖流域要制定更加严格的工业企业排污标准、企业市场准入条件及健全工业企业的环保准入和排污许可制度，还提出了调整产业结构、工业布局、城乡布局等综合性措施。

第二节　发展思路和目标

一、总体发展思路

围绕"结构优化、产业链延伸、品牌发展"的总体发展思路，为实现创建无污染产业基地和生态环境产业区的目标，积极吸引科技含量高、发展潜力大、后劲足的产业，延长现有产业链条、提升产品附加值、促进产业结构调整升级。要着力扭转产业重型化的趋势，向高技术含量、高附加值产业转变，大力发展和扶持智力密集型和技术密集型产业，有序分流劳动密集型和资源密集型产业。依托优越的生态环境和交通区位条件，加快发展现代服务业。

二、产业发展原则

七都镇产业发展围绕上述总体发展思路，应该遵循以下原则：

（一）优化结构与提升层次相结合原则

产业结构优化，就是使七都镇三次产业以及各次产业内部的比例相互适应，并保持相互协调的增长速度。在优化产业结构的同时，还要提升产业层次，提高产业附加值。

（二）空间协调原则

生产力布局以及产业空间的协调是优化产业结构、提升产业竞争力必须解决的问题，需要进一步引导产业向功能区集中，分异与混合相结合，优化产业空间布局、促进产业协调发展。

（三）可持续发展原则

七都镇是生态环境保护重镇，其产业发展要符合国家产业政策与环境保护政策的要求。产业布局要考虑到生态保护区和风景区，最大限度保护自然资源和生态环境、发展循环性经济。

三、产业发展定位

《吴江总体规划》这样定位七都：七都镇处于临湖生态经济区内，应突出环湖旅游功能，建成临湖地区的制造业集中区和服务中心，禁止发展高污染工业，控制沿湖地区的开发。

在接轨上海、融入长三角经济的过程中，七都镇产业发展要加强与上海、杭州、嘉兴及周边城镇在产业分工协作、空间利用、环境保护等方面的衔接，找准切入点，准确把握自身的发展定位，按照错位发展、优势互补的思路加大产业接轨力度，从而避免边缘化。

从空间上看，积极承接配套上海产业经济，充分发挥上海腹地的区位优势；融入苏州和湖州，共同打造江南水乡生态风貌区；吴江市台资企业的蓬勃发展，一方面直接推动了七都经济的发展，另一方面，产业人口的增多也需要相应的配套产业，七都镇凭借其优越的环境和便捷的交通条件作为吴江产业区的配套生活基地有其得天独厚的优势。

从定位上看，在农业方面，稳定种植业和水产养殖业，以休闲观光农业为新的经济增长点。在工业方面，以先进制造业为重点，提升光电缆业科技含量和产品档次、延伸有色金属加工业产业链条、优化提升轻纺织业。在服务业方面，发展休闲旅游和商贸流通业，培育生产性服务业。

七都镇第一产业以水产养殖为特色和主导，太湖环境保护政策制约了太湖蟹等水产品和特色品种湖羊养殖业发展。为了保留太湖特色养殖，促进农业、旅游与休闲产业的深化结合，七都镇坚持保护环境和保持特色的原则，创新养殖业发展：在太湖水环境治理的基础上，七都镇对内部河道水系进行疏浚和清理，提高镇域内河道、荡漾水系质量，沟通太湖与镇域内荡漾的水系，将太湖水引入镇域腹地，保持镇域内荡漾水质与太湖同质同级；其次加大镇域内河流水系环境保护措施，鼓励专业渔民进行内塘养殖，利用镇域内水草发展湖羊养殖，达到保持太湖特色产品品质的要求。

七都镇第二产业结构调整要着力扭转产业重型化的趋势，向高技术含量、高附加值产业转变，大力发展和扶持智力密集型和技术密集型产业，有序分流劳动密集型和资源密集型产业。七都镇第二产业行业类型多样，针对不同的行业调整思路也不同。目前光电缆行业市场低迷，企业应加大科学技术研发投入水平，提高产品科技含量，淘汰技术含量低和市场竞争力弱的生产线，大力发展市场需求旺盛、附加值高的产业如光通信、光电子原件加工等产业。以铜加工为主的有色金属加工业处于上升趋势，七都镇紧紧抓住节约资源和保护环境的理念，利用再生资源回收利用市场，积极发展再生资源利用和循环经济产业，减轻资源环境压力同时解决本地产业发展的原材料问题，在循环经济产业领域占领领先位置。同时积极发展铜铸件加工产业，积极延伸产业链条。七都镇针织纺织行业具有一定的规模，行业结构调整的目标是将目前的生产优势转变为销售和经营优势，吸引产品设计和管理人才，提升产品设计和销售环节，将处级加工和印染等附加值低和污染程度高的环节转移外迁，逐步完成产业升级，与旅游业发展相结合，设计生产具有七都水乡特色、蚕桑特色的针织品。

七都镇第三产业发展着力于服务生产和民生。提升服务业比例，促进三次产业协调发展是七都镇产业结构调整升级的重要目标。依托七都镇便利的交通条件，加强与上海、南京和杭州等长三角核心城市联系，发展现代物流业；整合镇域内现有自然和人文旅游资源，积极参与周边地区旅游业发展产业分工，以太湖农产品和水乡风光为特色，发展以商务会议和休闲为主的服务业。充分发挥"江村文化"的社会教育作用，保留开弦弓村的部分蚕桑业，鼓励农民以文化旅游为依托发展兼业经营，自觉维护江村风貌。

四、产业发展目标

七都镇未来一段时间内继续保持以工业为龙头，以农业为支撑，以旅游业、商贸流通业为主的第三产业为新的经济增长点，保持第二产业在国民经济中所占的优势比重，实现一、二、三产业的协调发展。到2012年，七都镇地区生产总值（GDP）达到60亿元以上，年均增长10%；产业结构为5∶55∶40。远期至2020年，地区生产总值（GDP）达到100亿元以上，年均增长8%；产业结构为4∶50∶46。

农业现代化程度和劳动生产率显著提高，经济总量所占比重下降。水产养殖业和观光休闲农业是七都镇第一产业的发展方向。"三农"问题得到有效解决，城乡一体化进展顺利。农民收入稳步增加，农民人均纯收入到2012年达18000元以上，2020年达40000元以上，年均增长率达10%。到2012年实现农业增加值3亿元；到2020年实现农业增加值4亿元。

工业产业结构明显改善，实现高级化和现代化。工业经济总量上继续平稳增长，光电缆产业和金属加工业产业链条延长，装备水平提升，市场份额提高，开辟新型工业化道路。家纺针织业应结合生态文化旅游区旅游业发展的要求，设计制作符合本地特色的刺绣家纺产品，达到完善旅游业产品和提升家纺针织业档次的目标。到2012年实现工业增加值33亿元；到2020年实现工业增加值50亿元。

第三产业地位显著提升。商贸流通业、生态休闲旅游业蓬勃发展，成为增长最快、最具活力的行业部门，与工业行业并行协调发展。到2012年实现服务业增加值24亿元；到2020年实现服务业增加值46亿元。

第三节　发展重点与空间布局

一、先进制造业集群

制造业是一个国家和地区产业发展的重要支撑，是一个无法逾越的阶段。现阶段至未来很长一段时间内，制造业仍将是七都经济中的支柱产业，按照科学发展观和走新型工业化道路的要求，七都镇应打造特色产业集群，大力构建现代制造业生产体系，优化提升传统制造业，不断提升七都镇的产业层次和发展水平。把光电缆业、有色金属加工业、轻纺业三大产业做大、做强、做优，振兴地方经济。

二、做强光电缆业集群

现状：20 世纪 80 到 90 年代，随着我国通信事业的快速发展七都镇光电缆产业经历了快速成长。七都被誉为"光缆之都"，通信电缆、光纤光缆产销量占中国市场的五分之一强，是国家农业部确定的"全国光电通信科技园"和国家科技部确定的"国家火炬计划光电缆产业基地"。形成了以亨通、新恒通等集团为龙头的骨干企业，在龙头企业的带动和示范下，形成了 30 余家光电缆企业。

问题：随着我国通信光缆干线"八纵八横"网络建成，国内市场需求量缩减，导致生产能力远远高于市场需求，光电缆市场竞争激烈。七都镇除部分光电缆企业步入大型生产企业行列之外，大部分企业规模小，产品技术含量低，缺乏自主知识产权和品牌，市场竞争力弱。受到市场原材料价格上涨、劳动力成本上升等因素影响，光电缆企业生产效益下滑，销售利润率已经不足 5%，七都 95% 从事光电缆生产的中小企业面临转产和整合。

对策：实施人才战略，加大研发资金投入，提高企业创新能力；改善投资环境，吸引资金流入；改革企业管理制度，提高生产效率，促进成本降低；以大企业为龙头，积极开发新产品，提升产业档次和技术含量，拓展国内外新市场。积极扶持重点企业，实行品牌带动战略；鼓励支持有条件的企业上市，实行资本运作。

三、做大有色金属加工产业

现状：有色金属加工业是七都镇工业历史上发展最早的行业，早在 20 世纪 70 年代就已经起步。它是光电缆产业重要的配套材料，光电缆业的兴盛在过去有效带动了七都镇有色金属加工业的发展。历经二十多年的发展，有色金属加工业已经成为七都镇继光电缆业后的又一支柱产业。七都的有色金属加工业正走出作坊式经营模式，在规模和技术上作出改进。七都有色金属加工业总产值占到工业总产值的30%。

问题：受宏观经济波动影响，铜生产的效益不是很高，有色金属加工本身材料价格上涨，虽然销售收入大，其实可创造增加值不多；人民币的升值对铜加工行业的影响较大；中小企业的抗风险能力不强。

对策：引进专业技术人才，加大研发资金投入，争取技术创新；更新设备，降低耗能，打造高精度产品；延长产业链，开发新产品，压缩粗铜加工，大力向精铜，如铜带、管箔、与IT产业配套的铜铸件等产品发展，开拓新市场；以重点企业为领头，争创品牌产品；与光电缆产业联动、互利发展；加大扶持力度，提供技术服务平台。

四、做优轻纺业集群

现状：七都镇的轻纺业在促进经济发展、解决就业方面发挥着重要的作用。由于七都镇靠近太湖，印染被限制发展，其轻纺业侧重于原材料的生产。近年来家用纺织品发展较好，主要用于做窗帘、家纺制品等。轻纺业稳中有升：合并乡镇时只有一家做纺织，现在庙镇有1000多家家庭纺织业。

问题：大部分企业规模较小、分布较散、效益不高；以家庭作坊为主，目前家纺面临蚕桑养殖业缩小的问题；受出口税退、汇率、全球金融风暴等影响，行业效益在下降，前景不容乐观；周围地区纺织市场竞争加剧。

对策：充分利用国家扶持政策、积极调整；进行空间腾挪与集聚，实现内外部规模经济；重新定位和开发市场；以明珠纺织、福丝特纺织、金明纺织等企业为领头，坚持自身特色，利用自己独特技术优势，将家纺产品后向延伸到最终产品，调整产品结构。

五、先进制造业的空间布局

光电缆企业、有色金属加工企业和轻纺企业业主要集聚在港东高新工业园和镇西工业园中，实行集群发展，实现集聚效益和生态效益。港东高新工业园有着良好的交通条件，并靠近镇区和生态涵养带，这里主要发展无污染的高新产业。目前该工业区内已经有恒通、天意、亨联等电缆厂，应加快光电缆企业及其关联企业在该工业园区内的集聚。将零星分布于各村的光电缆企业吸引至此，并逐步将这里的一些纺织、电镀、五金、家具等企业迁入镇西工业区内。在镇西工业区内也有光缆企业分布，如亨通集团公司。光电缆企业的配套产业，如有色金属及塑料行业，也集聚在镇西工业区内。此外，该工业区内还有五金、纺织、电镀等企业。所以，镇西工业区是一个综合工业区。

六、现代服务业

长三角地区的制造业较为发达，有着发展现代服务业的良好基础。面向生产的现代服务业将会是长三角地区未来产业发展的重要支柱和优势所在。七都镇依托优越的生态环境和交通区位条件，适合重点发展休闲旅游业和商贸流通业，以此带动当地的房地产、餐饮服务业等产业的发展。

（一）休闲旅游业

现状：七都北依太湖，自然条件优越，是环太湖旅游带上的一个重要驿站。江浙沪地区经济发达，七都有着广阔的旅游市场。随着环太湖旅游的整体开发和中国太湖螃蟹节的举办，七都的旅游业展现出新的生机和活力。

问题：历史文化资源开发价值不高，周边古镇旅游竞争激烈；旅游资源个性不足、人气不足；观光市场缩减、向休闲产业发展；目前房地产市场走低，投入到旅游业中的资金减少，七都缺乏成规模上档次的酒店和旅行社。

对策：充分挖掘七都深厚的历史文化资源，结合社会主义新农村建设，建设社会考察调研基地；立足生态型、休闲型、科技型，积极与江浙沪周边城市谋求区域合作，扬长避短，错位发展，提升七都旅游品位和档次；依托上海大市场，发展会议中心；依托沿湖生态经济区，吸引苏浙沪地区的房地产投资者以及观光旅游者，结合极富特色的原生态农业，开展农家乐等多种形式的农业体验旅游，大力聚集人气；充分利用"沪苏浙"高速和"苏震桃"公路的交通优势，抓住上海世博会的历史性机遇，大力发展旅游业。将七都打造成长江三角洲生态旅游目的地、休闲度假胜地、环太湖流域重要旅游节点、社会考察调研基地、社会主义新农村的典范。

（二）商贸流通业

近年来，七都镇商贸流通业发展速度较快，社会商品零售总额快速增加。今后一段时间内，七都镇应利用道路、工业园区建设及休闲旅游业的带动作用，加速发展商贸流通业。大力引入现代经营业态，积极推行连锁经营、配送中心、网上购物等新型商贸业态，促进商贸流通业的业态升级和结构调整。合理规划布局商业网点，规划建设特色街区，加速镇区的人流、物流、资金流，并合理布局各村商业网点，加大流通量。扩大商贸流通企业对外开放，积极引进国内外著名大型综合超市、购物中心、零售企业和物流企业入驻，争取1—2家世界级商贸流通企业登陆，借助外力提升七都镇商贸流通整体水平。

（三）现代服务业的空间布局

休闲旅游业：按照旅游业的开发思路，并结合七都镇旅游资源空间分布状况，规划七都镇休闲旅游业的空间布局为"一带两核两区"："一带"指太浦河—太湖旅游休闲带。以滨湖休闲娱乐为特色，成为吴江旅游空间布局的重要版块，并加入太湖旅游圈，做成七都旅游的一大亮点。"两核"指七都镇区和庙港生活区接待中心。"两区"指金鱼漾生态区和生态文化旅游区。金鱼漾生态区保留太湖特色产品，形成太湖水产观光、品尝、休闲区，突出太湖饮食文化。生态文化旅游区以浦江源头和"江村文化"为主题，建设浦江源头水乡景观，费孝通纪念馆和展览馆等，依托传统的蚕桑业，发展生态观光农业，形成极富特色的生态文化旅游区。

商贸流通业：商贸流通业主要布置在七都镇区内，在吴淞港—望湖路和沿人民路的两个主要的商业服务带的基础上扩大规模、向外拓展。此外，在庙港生活区内也应布置商贸流通业，以便于社区居民生活，并促进旅游业发展。

七、生态高效农业

（一）生态高效农业

生态高效农业是现代农业、都市农业的发展要求。七都镇位于江苏、浙江和上海两省一市交汇的金三角地区、东太湖流域，有能力且应该加快建设生态高效农业。围绕农业增效和农民增收的目标，七都镇生态高效农业的发展方向是水产养殖和观光休闲农业。目前水产养殖已拥有太湖"三白"、太湖大闸蟹等知名特色产品，应在此基础上以规模化、生态化、园区化为指导，加快基础设施建设，加强面源污染治理，推进水产养殖基地的建设。以水产养殖业、传统的蚕桑文化和良好的生态环境带动水产观光、品尝、休闲业的发展，建设集农业生产、生态观光和餐饮旅游为一体的高效农业。

（二）生态高效农业的空间布局

生态高效农业的空间布局要考虑目前的产业基础和生态环境。七都镇的生态高效农业主要规划在三个区域内：金鱼漾地区、庙港地区和太浦闸—开弦弓地区。在金鱼漾地区建造太湖"三白"、螃蟹等特色养殖区，加强水乡观光的生态环境建设区，建设太湖休闲中心，形成太湖水产观光、品尝、休闲区，突出太湖饮食文化。庙港地区保留有传统的蚕桑文化和水产养殖行业，以此为依托发展成为集农业生产、生态观光和餐饮旅游为一体的现代农业区。太浦闸—开弦弓地区依托传统的蚕桑业和文化内涵，发展生态观光农业。

第四节　策略与建议

一、引导产业集群

通过引导亨通集团等核心竞争力强、有相当规模、法人治理结构完善的企业集团，吸引相关中小企业进入大企业的产业链，构筑专业化协作体系，提高产业集中度和规模经济水平，壮大产业集群，发挥集群效益。

二、优化产业组织

利用光电缆业、有色金属加工等产业优势，加快培育核心领头企业，按照引进与培育并举的思路，引导块状经济专业化分工，逐步向新型块状经济和产业集群转变。利用产业链招商引资的方式，补充制造业链条中的缺失环节，发挥行业的整理联动优势。在新型市场化的过程中，鼓励完善行业协会、行业共建平台等主体的建设，提升行业组织化服务的能力。

三、完善功能平台

加快构筑支撑产业培育发展的功能平台，为产业升级和集聚培育提供空间，着力抓好各功能区建设，完善基础设施、齐全配套服务。构建完善的专业化技术服务体系。推动与产业发展密切相关的职业技术教育体系建设。提供高效的金融服务，建立富有活力的多层次、有特色的金融体系。为商品进入国内外市场提供多种渠道选择，主要是建立专业市场及电子商务为支撑的国际营销网络。建立交通运输、配送服务、仓储管理等功能设施完备，空间布局合理的物流网络系统。

四、推进技术创新

抓住产业、资本、人才加速向"长三角"集聚的机遇，将引"资"与引"智"并举。目前，七都镇实现产业产业结构调整的关键是技术创新，企业应加大研发资金投入，引进高级人才，成立技术研发中心；政府提供创新平台，出台优惠政策，鼓励技术创新。带动工业区产业技术水平的提高，提升产业层次。

五、推进集约生产

在全镇大力推进清洁生产，强化企业环保管理，工业企业污染物排放必须达到国家或省规定的标准，全面实现污染物排放总量控制，对新上投资项目必须执行环境影响评价制度，严格实行环境保护措施。切实做好资源节约和综合利用工作，把能源和水资源的可持续性利用作为战略重点，促进新能源和可再生能源的开发利用。合理布局产业功能区，提高基础设施的共享水平，重点培育环保产业的生产基地、示范工程和新产品。

六、优化投资环境

镇政府应加大环境基础设施投入，并在进行村庄整合的基础上，完善农村道路、河流水系、电力、饮水等基础设施建设，提供与镇区均等的服务水平。改善外来人口工作生活条件，在工业区附近为外来新市民配套建设公寓、文化活动中心和学校等公共服务硬件资源，同时扩宽职业介绍、社会保障，子女学籍等软件服务类型。一方面对于促进社会稳定和谐具有积极意义，另一方面增强对企业投资项目的吸引力，对于创建良好的投资环境平台发挥积极作用。

第五章 基础设施建设

规划原则

1. 充分考虑七都由工业型小城镇向生态经济社会协调发展小城镇发展中公共服务水平的要求，建立起符合七都城镇水平的公共设施体系。

2. 从被动配置转向主动引导，主动地将环境基础设施建设与城镇发展相统筹，促进产业结构调整升级。

3. 公共服务设施分类、分层次配置，根据不同人群、区位对公共服务设施的要求，配置公共设施。

4. 兼顾公平性原则，通过大型公共设施合理布局带动村庄快速发展。

5. 集中与分散相结合，建立网络化体系，使公共设施布局既方便生活，同时又能发挥聚集效益。

第一节 交   通

一、公路

规划镇域主要道路等级达到二级公路标准，将形成网状的村镇公路网连接各基层村。

镇区规划道路网采用方格网和环路相结合的路网形式，从城镇总体道路布局来看，七都镇区和庙港社区形成两个相对完整的道路网络，中间通过230省道和环湖公路连接。

规划镇区干道网密度为2.5千米/平方千米，支路网密度为3.5千米/平方千米。

规划以现有公路改建为主，着眼于改善主要公路的车辆通行条件，提高公路运输的效率和效益，强化农村地区的交通联系。整体构建四个层次的路网体系：对外高速干线、镇域交通主干道、城镇间联系通道、基层村和基础村联系通道，形成以七都镇城为中心，以镇域主干道为主体，完善村级公路网络，提升通行能力，向外辐射、向内成环、区域成网的公路骨干架。

表 22 主要道路规划表

道路等级	路 名	宽度（米）
对外高速干线	苏杭高速公路	待定
	苏震桃公路	40
	318 国道	32
镇域交通主干道	七都大道	40
	环湖公路	18
	吴越路	30
城镇联系通道	230 省道	40
	八七公路	18
基础村联系通道	现有村道的调整改造和再建	≥7

二、航运

七都镇域主要航道有通往南浔的古溇港，七都中部连接八都、庙港的稣鱼漾、江浙分界的横古塘和镇发源地吴溇港；其中吴溇港北端已不能通行运输船只。以上河道在一般水位下通行能力不超过 100 吨。

规划水路客运今后以旅游为主。旅游客运总码头规划设置太湖渔港附近，在心田湾设有货运码头，可通京杭运河。

规划严禁污染水体，严格控制机动船特别是货运船只行驶的范围。

三、停车设施

针对城镇不同功能分区，采用差异化的城市停车规划策略。根据停车设施的使用性质，将停车设施分为两类，旅游停车场与城镇公共停车场。

规划设旅游停车场二处，分别为滨湖入口停车场、镇南停车场。城镇公共停车场按规划人口 20 平方米/千人的标准设置。主要安排在镇中片区的公共服务区内，可与旅游停车场兼用。

四、公共交通

全面推行公共交通优先发展战略，加快确立公共客运交通在城市日常出行中的主导地位，积极引导个体机动化出行方式向集约化公共交通方式转移，促使城市客运出行结构趋于合理。

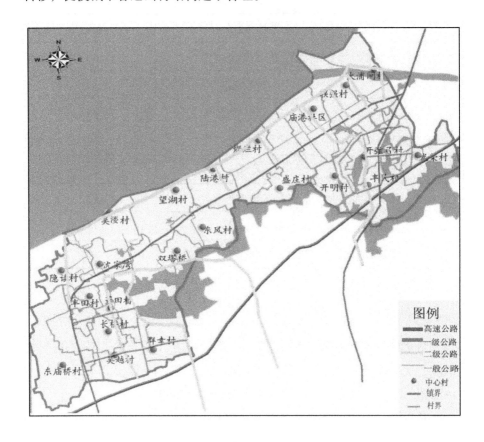

图例
━━ 高速公路
━━ 一级公路
━━ 二级公路
━━ 一般公路
● 中心村
━ 镇界
━ 村界

图 63　七都镇交通规划一览图

第二节　给　排　水

一、给水工程

规划目标：合理限制地下水的开采量，改善城镇生活用水水质，全面实行节水措施；开展雨水利用及中水利用以增加新水源。完善城镇供水设施和供水管网，为七都镇经济社会可持续发展提供水质和水量保障。规划范围内供水普及率达 100%，推广公共供水。满足城镇可持续健康发展的供水需求。

（一）用水量预测

规划生活用水采用人均指标法，工业用水采用地均指标的方法预测用水量。

1. 综合生活用水量

七都镇区取人均综合生活用水指标近期为 300 升/人·d，远期为 350 升/人·d，则综合生活用水量 2010 年为 1.4 万 m^3/d；2020 年为 2.5m^3/d。

2. 综合生产用水量

根据七都镇将来主要工业发展的方向，地均工业用水指标近期采用 130m^3/ha·d，远期采用 160m^3/ha·d，则 2010 年和 2020 年工业用水分别为 4.4 万 m^3/d 和 7.9 万 m^3/d。

3. 其他用水量

市政、绿化、消防及不可预计用水按综合生活、生产用水量之和的 10%计，则分别为 0.6 万 m^3/d 和 1.0 万 m^3/d。

4. 总用水量

2005 年总用水量为 6.4 万 m^3/d；

2020 年总用水量为 11.4 万 m^3/d。

（二）供水水源

七都镇区现由七都水厂供水。七都水厂目前以太湖水作为供水水源，供水量和水质均不能满足城镇进一步发展的需要，根据吴江市城市总体规划，吴江市将把七都镇区供水纳入其城市供水统一考虑。规划结合吴江市城市总体规划，由位于庙港的吴江太湖水厂统一向七都镇区供水。

（三）供水设施及管网规划

1. 水厂规划

七都由吴江太湖水厂统一供水。规划改建七都原水厂，作为吴江城市统一供水的中转站。

2. 供水管网规划

根据规划用地布局和管网状况，确定镇区内以环状干管加枝状配水管的管网系统。沿主要道路规划两条供水主干管，分别供应港东组团和镇中组团。在建立完整环网体系的情况下，明确主要输水管和配水管功能，改造供水瓶颈，扩容、提高供水量。

二、排水工程

（一）排水体制

规划采用雨污分流制的排水体制，污水集中收集后，统一入污水处理厂，经处理达标后，可排入自然水体。雨水就近汇流至后直接排入附近河道。镇区工业废水必须符合国家有关排放标准后，可排入城镇污水管网系统，进污水处理厂统一处理后排放。

（二）雨水管网规划

根据镇区地理特点，利用地形和密布的河网，雨水管网规划按河道水流的流向划分排水分区，尽可能在管线较短和埋深较小的情况下，让最大区域内的雨水以最短的距离，自流排放进附近水体。

（三）污水工程规划

1. 污水量预测

生活污水排放系数采用 0.85，工业污水的排放系数采用 0.75，市政及其他污水的排放系数采用 0.3，则近期 2010 年镇区污水总量为4.6 万 m³/d，远期 2020 年镇区污水总量为 8.4 万 m³/d。

2. 污水处理设施

规划在七都镇东南角新建污水处理厂，七都镇区的污水将统一进入该新建的污水处理厂进行处理。

3. 排水分区与污水管网规划

七都镇区内河网密布，因此污水管网规划原则上按河划分排水分区，以减少污水管线穿越河道和设置泵站提升。沿镇区主要道路敷设污水管道，经汇流后入污水厂处理。

第三节　能　　源

一、燃气

（一）用量预测

居民生活用气指标选 2200MJ/Nm，燃气低热值按 20MJ/Nm，则居民生活用气定额为 0.3 立方米/每人日，则 2020 年全镇生活用气量为 2.1 万立方米/日。居民生活用气量占总用气量的 60% 计算，则 2020 年全镇总用气量为 3.5 万立方米/日，农村居民用气量为 0.75 万立方米/日。

（二）输配规划

规划生活与生产用气均采用液化石油气。在各住宅组团设换气点，方便居民。农村居民点近期使用瓶装液化石油气，远期使用统一的管道燃气由区域统一供应。

二、电力

（一）用电负荷预测

近期采用 0.8 万 kW/km^2 的用电负荷密度，用电负荷 7.0 万 kW，按 65% 负载率计，则总计算负荷为 4.6 万 kW。远期采用 1.2 万 kW/km^2 的用电负荷密度，用电负荷为 14.9 万 kW，按 65% 负载率计，则总计算负荷为 9.7 万 kW。

（二）电源

规划镇区电源来自金鱼漾 110kV 变电站，丰田 110kV 变电站，联强 220kV 变电站，庙港 110kV 变电站以及盛庄南 110kV 变电站供电，由这些变电所引出 35kV、10kV 低变配送。规划将对变电所进行扩容，保留镇区内的配电间。

（三）线网规划

规划采用双回路供电的环网方式，开环运行，提高供电的可靠性。

镇区内电力线铺设以地埋敷设为主，避免架空铺设。

（四）电网建设

根据七都镇电力需求匡算，七都镇的电网建设和改造要适应负荷发展的需求，改善装备，完善电网结构。拟定七都镇电网电压等级为：

220kV——高压输电电压；

110kV——高压配电电压；

35kV——高压配电电压；

10kV——中压配电电压。

以上电网电压中 220kV 应为主要选用的高压配电电压等级，35kV 等级一般为农村乡村集镇、居住区和部分用电大户专用变。规划结合基层村建设，按"小容量、密布点、短半径"的原则进行优化改造，提高配电网络设施标准，降低农网电能损耗。加大对低压线路的改造力度，采用小容量、密布点的原则对农综配变进行布置，对接户线、户连线、计量装置要继续改造。

第四节 通 信

一、电信工程规划

（一）电信网发展目标

为适应七都镇经济发展和社会进步的需要，以提高全镇通信能力，提高网络技术水平为重点，大力开展公用电话网、数据通信网、移动通信网、智能网及综合业务数字网，建成一个通信能力强，业务类别多、运行高效、优质可靠的现代化电信网络。规划拟定主要通信业务发展目标如下：

表 23 规划主要通信业务发展目标

项目 数据 年度	主线 普及率 （线/百人）	固定电话 普及率 （线/百人）	固定电话 交换机容量 （万门）
2010	28	40	15
2020	42	50	20

注：以上数据含非中国电信的其他公用固定电信业务运营部门固定电话的数据。

（二）电信网建设

规划 2020 年形成母局、接入网组成的二级光缆网络体系，农村居民点实行网络全覆盖。母局：镇区设一个。接入网：各基层村。规划进入七都镇的公用通信系统均以光纤接入网建设通信用户网，实现通信网络的高速宽带传输，推动以计算机互联网为载体的信息业务在各通信系统网络中的快速发展。

二、邮政

以建设优质邮政服务网和快速高效的邮政网络为目标，近期全面完成邮政村村通。加强邮政局所建设，力争近期实现窗口电算化。加速向现代邮政的转变，努力形成集实物传递、电子信息、金融服务等综合业务为一体的现代邮政体系。远期新建邮政支局一处，根据城镇功能分区相应配套3—4个邮政营业所，沿主要街道每120m布置邮筒、邮箱。

保留庙港社区邮政支局，在工业区内部结合服务中心设邮政所，每处建筑面积不小于100平方米，用地不小于200平方米。

加快邮政业务结构调整，大力发展电子邮政和物流业务。形成邮递类业务、邮政金融类业务，电子信息类业务和集邮业四业并举的格局。

近期：对现有邮政网点进行改造，实现电子化。扩展和延伸传统邮政业务，积极尝试开办新型电子邮政业务。

远期：充分利用邮政现有资源，依托"三网融合"的优势，面向市场，积极参与电子商务，加快物流配送体系建设。发展网上购物，混合邮件、网上银行等现代邮政业务，适应市场经济和信息社会对邮政的新的需求。

三、广播电视

完善七都镇文化广播中心，以广播电视系统为中心组织干线网络。在完成有线电视数字节目试点工作的基础上，推广普及数字有线电视，增加网内播出的广播、电视节目，实现广播电视节目的多样性，丰富人民群众的电视文化生活。规划至2020年有线电视节目发展到50套，广播综合人口覆盖率达100%，电视综合人口覆盖率达100%。

广播电视着重落实覆盖农村的发展政策，采用有线、无线、卫星等多种接入方式。完善现有广播电视网络，实现双向传输，近期内建设完成广播电视宽带数据网。努力建设数字电视工程。推进宽带数据网的综合利用，建立网络平台，拓宽网络传输业务，增加各种增值服务，向广大用户提供多媒体服务。同时高起点建设七都信息港，利用该平台推行电子政务、远程教学、网上贸易，实现信息资源的初步利用，并逐步深化，以促进本区域的经济和社会快速发展。

第五节　环　卫

一、规划目标

环卫设施规划目标如表24所示。

表24 环卫设施规划目标　　　　　　　　　　单位:%

项　　目	近期	远期
生活垃圾容器化收集率	85	100
城镇道路清扫机械化半机械化程度	65	80
水冲式厕所比例	90	100

二、环卫设施规划

（一）垃圾中转站

规划在主镇区东部、西部及庙港社区各建1所垃圾中转站，分别占地2000平方米、2000平方米、1000平方米。

（二）环卫所

包括环卫专用停车场和维修厂，结合垃圾中转站布置。内设环卫清扫、保洁工人作息场所。分别占地4000km²、1500km²。

（三）公共厕所

商业区流动人口高密集的街道间隔300—500m设1座公厕，一般道路小于700m设1座。住宅区不少于3座/km²。

（四）废物箱

在主要街道按标准配置废物箱，果壳箱间距为50m/只，交通干道间距80m/只，一般道路间距100—120m/只。

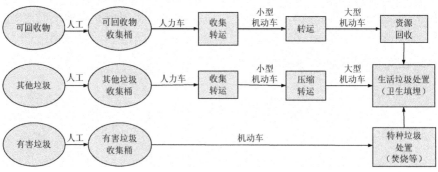

图64 垃圾分类收运、处理及处置规划图

三、垃圾处理规划

加大对垃圾的无害化处理能力，加强垃圾清运和处理，垃圾日产日清。垃圾箱美观耐用，防雨、阻燃、便于清洗，在路两侧和路口以及人流较为密集的公共场所，以50—80米间距设置垃圾箱。如图64垃圾分类收运、处理及处置规划图所示，对垃圾进行分类处理，每个村设立垃圾收集和清运点，定点收集，封闭运输，确保垃圾清运率达到100%。规划扩大提升原有垃圾处理厂，提高垃圾无害化处理能力。

生活垃圾收集方式：推行垃圾袋装化和分类化，由专人定时上门收集。

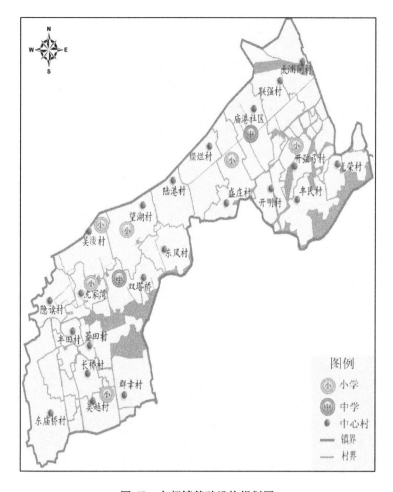

图65　七都镇基础设施规划图

四、环境保护

改善城市能源结构，减少污染产生和污染物排放总量。引导各村、街道工业企业走规模化、集约化道路，发展无污染、少污染的环保型产业项目。

大力发展生态农业，有计划性的植树造林，严禁滥砍滥伐，减少水土流失，涵养水源。在境内所有河道两侧增加林草植被，净水护坡，构筑生态屏障。

建设居住点的污水处理设施，加强镇区河道污水处理系统建设，禁止污水直接排放。

加强建设项目环境管理力度，强化老污染源监管力度。加强环境保护宣传力度，提高全民的环境保护意识。

加强地下水源地的保护，明确划定城区集中式生活应用水水源地，划定一级、二级保护范围，一级保护区为水源井周边半径50米的范围，二级保护区为一级保护区外半径为500米的范围，严格按照水源地的保护要求，禁止保护区内可能对水源造成污染和破坏的行为；各乡镇的水源地也要加强保护，确保人民群众的供水安全。

第六章 公共服务提升

本次规划公共服务设施统筹考虑城乡发展，配套水平与村庄人口规模相适应，并与镇区同步规划、建设和使用。公共服务设施项目配置规划见下表。

表 25 公共服务设施项目配置规划表

类　　型	项　　目	村庄	镇区
行政经济	1. 镇（乡）政府、派出所	—	●
	2. 法庭	—	—
	3. 建设、土地管理所	—	●
	4. 农、林、水、电管理站	—	●
	5. 工商、税务所	—	●
	6. 邮电所	—	●
	7. 银行、信用社	—	●
	8. 居委会	—	●
	9. 村委会	●	○
教育机构	10. 高级中学、职业中学	—	●
	11. 初级中学	—	●
	12. 小学	○	●
	13. 幼儿园	●	●
文体科技	14. 文化站、青少年活动中心	○	○
	15. 文化活动室	●	●
	16. 影剧院	—	●
	17. 体育场馆	—	●
	19. 科技站	—	○

类　型	项　目	村庄	镇区
医疗保健	20. 医院或中心卫生院	—	●
	21. 卫生院或卫生所	○	○
	22. 卫生室	●	○
	23. 防疫、保健站	—	●
	24. 敬老院	○	●

注：●—应设的项目；○—可设的项目。

第一节　公共管理

按照市场经济和现代城镇管理的需要，在明确和上级政府事权划分的基础上，建立以"小城镇，大服务"为目标的新型行政管理体制；建设一支高素质、专业化的行政管理干部队伍和管理职能明确、管理手段先进、廉洁高效、运转协调、行为规范的行政管理机构。

1. 增强政府公共服务职能，提高政府效率。今后政府要完善公共服务职能部门，加强其财政资金调配的权利，尽量提高其机构设置的规格。

2. 加强政府机构改革，转变政府职能。按照"精简、统一、效能"和分类指导的原则，设立行政机构设置党政、经济发展、社会事务三大办公室。

3. 建立外来人口服务中心。七都镇正处于工业化产业结构调整时期，企业数量多，吸引大量的外来人口。外来人口大量快速涌入给七都镇外来人口服务提出了新的要求。为了更好地发挥外来人口的积极作用，使外来人口和本地群众一样享受全方位的服务，规划建立外来人口服务中心。服务中心包括外来人口登记室、医疗服务站、法律服务站、文化活动室、咨询室和救助站等。为外来人口提供健康和医疗卫生服务，提供法律援助和社会保险服务，协调外来人口子女入学入托和定期开展就业培训和启动帮困救济基金等。

4. 作好经济社会发展规划的基础上，合理制定城乡总体建设规划、土地利用规划等专项规划，并保证规划的落实。

第二节　公共教育

教育作为社会公益事业，应该优先纳入规划范围。七都镇对教育设施建设应该具有一定的超前性，把教育提前考虑、优先考虑、超前开发，统筹城乡教育一体化，提高办学的质量和档次。

在中小学布局规划调整中主要考虑以下因素：学龄儿童的分布区域；居民区规划以及逐步实行小班化教学。

中小学学生人数匡算主要以镇域户籍人口为基数，外来人口以一定的带眷系数折算。规划小学人数 6500 人，规划班级数 130 班，规划保留现状 6 所小学并在镇区增设 2 所小学，每所小学占地规模至少 2.5 万 m² 以上。扩建七都中学、庙港中学。每所中学占地 6 万 m² 以上。扩展七都镇成年教育学校功能，立足成人素质教育与专业技能培训，坚持发展与创新，面向社会、面向行业，利用现有办学资源与设备，通过自身办学和合作办学等形式，脱产与半脱产相结合的教学模式，把七都镇成年教育学校建成有特色的职业培训学校，为七都的发展提供技能型人才。

第三节　公共安全

一、社会治安

壮大警力，提高装备水平，多方筹集办公经费。积极向市公安局申请，请求配备高素质的年轻警员壮大七都镇派出所警力，同时申请配备新装备和办公经费，以提高破案能力和治安管理水平。

对于管理的重点、难点地区，争取装备摄像头等监控设施，配备报警点等通信设施，提高应急能力。针对七都发案率高峰时间和地区及时调整警力部署，对辖区重点路段进行巡逻控制。

加强对外来务工人员的管理，对外来人口进行登记。定期排查旅馆、出租屋、网吧、歌舞厅等犯罪分子易藏身之所。

加大治安宣传力度，提高群众治安防范意识；加快村级治安联保体系建设，构建农村治安防治体系，努力营造七都良好的社会治安环境和投资环境。

二、交通安全

建立健全交通安全宣传机制，把《道路交通安全法》宣传教育纳入构建和谐七都和全镇精神文明建设的总体布局，印制交通安全宣传材料发至各村、中小学以及七都镇的各工厂企业，进一步提高人民群众的交通安全意识。

加强对超载、超速、无证驾驶、酒后开车、报废车上路等容易引起交通事故的路面违法行为的整治，同时对道路交通事故隐患点、段增大路面巡逻，不断降低全镇的安全交通事故，最大限度地保障道路安全通行。

加强对农业机械的管理，加大对农业机械"黑车非驾"的打击力度，不断提高农业机械使用的安全度。同时强化对运输企业的交通监管力度。

改善道路的安全性，加大投入，完善道路隔离、防护设施和交通标志、标线等交通安全设施，加强对急弯、陡坡、临水路段的管理，增设警示标志和安全防护设施，提高公路行车的安全性。

三、消防安全

按照"预防为主、防消结合"指导方针，根据城市发展需要，消防站、消防给水设施、消防通道、消防通信设施等公共消防设施应与其他城市基础设施统一规划、同步实施。

针对目前七都消防安全存在的隐患，首先要加强消防知识和消防法规的宣传教育，动员社会各界，尤其是提高广大加工企业和批发市场经营业主的消防安全意识和自防自救能力。真正形成人人重视消防、人人了解消防，自觉遵守消防法律、法规，自觉增强防范火灾事故能力的良好局面。

广泛开展消防安全检查工作，要以坚决杜绝重、特大火灾和群死群伤恶性火灾事故为目标，突出抓好宾馆、饭店、商场、歌舞厅、影剧院、网吧等公共场所及易燃易爆化学物品生产储存经营单位、大型物资仓库、高层建筑等消防安全重点单位的安全检查，对存在的隐患逐一登记立案，并制定切实可行的方案，限期整改，严防遗患成灾。

加强消防装备建设，逐步加大对消防工作的财政投入，努力提高灭火抢险能力。七都镇办专职消防队要不断完善车辆器材装备的配置，实行规范化管理、军事化训练，更好地为当地经济建设服务。

在镇区主干道按服务半径不大于120m的要求布置市政消防栓，同时在行政、金融、商业、科技文化中心及大型建筑物内部安装消防设施。

整合现有消防资源，促进消防资源的共享，着手建立民间的消防队伍。将企业消防力量和消防队正式消防力量加以有效整合，可以节约政府投入的成本，更好地满足七都消防事业的需要。

规划留设消防通道，消防车道宽度不小于 3.5m，将高不低于 4m。消防车道穿过门洞时，净宽和净高不小于 4m，门垛之间的净宽不应小于 3.5m，街区内道路中心线间距不宜超过 160m，当建筑物沿街长度超过 150m 或总长度超过 220m 时，均应设置穿过建筑物的消防通道。

四、灾害及紧急事件防治

紧急疏散场地：避震疏散面积按人均 1.5 平方米设置。利用城市公园、绿地、广场、学校操场、空地等作为紧急疏散场地。平时应加强对紧急疏散场所的管理，场地应远离次生灾害源，地质条件良好，对外交通方便，并有或便于设置供水、供电、通讯设施。

疏散救援通道：以城区的主、次要交通干道为主要疏散救援通道，要在疏散通道上设置醒目标志。

组建统一高效的紧急处置指挥系统，以现有行政管理体制为基础，本着临时和常设相结合，统一领导，多方协调、常备不懈的原则，建立紧急处置指挥系统。

第四节　科技文化和体育

政府应尽快建立企业创新专项资金，利用现有的国家政策扶持板材业科技创新事业发展。政府要加强引导企业研发，通过研发引导规模，通过规模来整合企业。引进进口设备来引导行业创新也是一个很好的办法。同时，应积极加强同苏州市及周边地区大学园区的科技合作，充分利用大学的智力资源，积极探索一套"产学研"一体化的、产业发展模式。

科技创新工作应重点强化以下几个方面：1.加强科技宣传，增强科技意识；2.以发展高新技术产业为重点，推进工业产业升级；3.加快农业技术的应用，推动农业科技进步；4.加强知识产权工作，提高企业自主创新积极性。

在文化和体育发展上，七都镇今后应进一步加强对文化体育基础设施的规划，包含图书馆、博物馆、文化宫、公园、体育馆等；规划七都镇的文化展和社区文化中心。加大公益行文化设施投入，以住地为中心，兴建文化园、文化一条街等，把社区文化作为新农村的建设的一个重要部分。

第五节　公共卫生和基本医疗

为了满足七都镇新农村社区医疗卫生需求，需要对现有的医疗设施进行进一步整合，开展以社区为主的社区卫生服务站建设，规划社区卫生服务站服务半径1.5千米，基本服务人口为1—2万人，建立就医联系卡，预约登记和巡诊等制度，为社区居民提供防疫、防病和保健服务。

扩大镇卫生院规模和医疗水平，发挥镇卫生院优秀医疗资源辐射和带动作用，满足本地和外来人口的就医需求。做好中心卫生院的改扩建规划，整合中心卫生院和各乡村卫生院，做到四统一，即人员编制、管理、财务、财政统一。

进一步推进新农村合作医疗制度，增加落实相关的配套资金。同时，大力加强对农民的宣传教育，使农民认识到参加合作医疗是个人所必需的一种预期卫生消费，能够为自身不可预见的风险提供保障而从中受益。

第六节　社　会　保　障

加快推行社区股份制改革，逐步实现农村基本养老保障，积极落实农民居民最低生活保障，加快农村新型合作医疗向农村基本医疗保险的过渡，着力解决农村的社会保障问题。

加快建立覆盖城乡居民，以社会保险、社会救助、社会福利为基础，以基本养老、基本医疗、最低生活保障制度为重点，以慈善事业、商业保险为补充的社会保障体系。完善基本养老、基本医疗、失业、工伤、生育保险和最低生活保障制度。扩大城镇基本养老保险覆盖范围，探索建立个人缴费、集体补助、政府补贴相结合的新型农村养老保险制度。全面推进城镇职工基本医疗保险、城镇居民基本医疗保险、新型农村合作医疗制度建设。提高统筹层次，充实社会保障基金，加强基金监管。加快建立多层次住房保障体系，特别要健全廉租住房制度，多渠道解决城市低收入家庭住房困难。健全社会救助体系。

一、多渠道推动就业

大力开展职业技能培训，促进务工者自主就业。通过开展"联合培训"、"上门培训"、"订单培训"、"定向培训"等培训方式，建立"用人单位下单、求职者填单、培训机构接单、政府买单"的培训就业机制，鼓励新办企业使用本地劳动力，设立专项劳动力培训资金，用于支持劳动力的技能培训。

发放小额担保贷款，推进创业带动就业。对有创业愿望的下岗失业人员进行资金帮助，提供一定金额贷款启动资金，提供全方位的管理服务。

建立就业援助长效机制，安置"零就业家庭"实现就业。开展招收街面与河道环卫工人的"千人就业"工程，为"零就业家庭"提供就业岗位。

二、完善社会保障体系

继续完善养老、医疗、工伤和生育保险制度和农村新型合作医疗制度、少儿住院医疗互助金制度。

探索农民社会保障的模式。积极推动大病统筹式的合作医疗保险的发展，争取覆盖绝大多数农民；向农民多多宣传各种社会保险，提高农民的参保率；探索以部分土地收益作为基本投入的农民社会保障资金的筹措模式。

完善城乡一体化的社会救助体系，通过建立"大病统筹基金"提高城乡居民应对大病、灾难的抵御能力。

第七章 生态环境保护

第一节 环境治理与保护

一、环境保护目标

加强环境综合整治，合理布局工业，保护水体、农田和林地，提高绿化覆盖率，采取多种措施，改善镇区环境质量。

（一）大气环境

七都镇区大气环境质量优于《环境空气质量标准》GB 3095—96 的二级标准，镇域其他地区接近一级标准。

（二）水环境质量

七都镇区主要河流水质达到《地表水环境质量标准》GH ZB1—1999 的Ⅱ类标准，镇域其他地区水体水质接近Ⅰ类标准。

（三）噪声污染指标

严格控制镇区环境噪声的危害，镇区各类区域环境噪声应实现低于《城市区域境噪声标准》GB 3096—93 中各类区域环境噪声的标准。

二、大气和水环境污染防治规划

（一）大气污染防治

建立镇区烟尘控制区体制，控制区面积覆盖率近期达到85%，远期达到100%，工业废气达标排放率达100%，在控制区内严格禁止新建具有大气污染的企业。

把绿化与环境保护工作结合起来，针对各种污染类型，有选择的种植抗污染的植物和防护林带，以达到辅助净化大气环境的目的。规划要求在工业区与生活居住区之间设置50米宽度的隔离防护林带。在污染区内载种抗毒力强的树种，在生活区种植净化能力强的树种，防护林带的绿化布置可将透风式绿化布置在上风向，密闭式绿化布置在下风向，以利于有害气体的顺利扩散。同时在粉尘污染源与生活区、办公区间设置高大阔叶乔木带，阻挡和吸滞粉尘。

加强城镇货运车辆扬尘的监测和防治工作，在镇区道路上禁止通行尾气排放不合格的车辆。

（二）水体污染防治

限期治理现有水污染源，逐步实行工业废水排放许可证制度和排放总量控制制度，加强对各排污单位的监督管理。在规划的工业园区以外，目前难以达到环境治理要求的工业企业，应抓紧调整企业内部产品结构转变，或采用技术抓紧污染治理。若仍难以达到排放标准，应严格实行关、停。

建设镇区雨污分流的排水体制，普及污水管网，并采用集中与分散处理相结合的方法，综合治理城镇生活污水和工业废水。所有工业污水均需经污水处理厂处理达标后方可排放。

提倡使用农家肥，减少化肥和农药使用量，减少农业对水体的污染。

综合污水集中处理率达 90% 。

三、噪声和固体废物整治

（一）噪声污染整治规划

合理调整镇区交通设施布局，科学组织镇区路网系统，提高镇区道路的质量等级，有效地分流镇区内部、对外和过境交通，降低交通噪声。

加强城镇公共娱乐场所和商业中心及居民商业区的合理布局及噪音管理。

在交通流量较大的主要道路两侧设置较宽的绿化林带，减少对道路两侧噪声的影响。

在居住区和商业服务区内，严禁设置有噪声污染的项目。

（二）固体废弃物整治

加强工业固体废弃物综合利用，制定具体的技术经济政策，鼓励并推广废渣综合利用技术。

加强工业固体废弃物的排放和堆放管理，对工业及医疗的有害、有毒废弃物要集中堆放，实现无害化处理。

建立城镇生活废弃物的统一收集、运输体系，并集中进行无害化处理。在镇区西部和庙港社区建立垃圾中转站。

工业固体废弃物综合利用处置率100%，生活垃圾无害化处理率90%，垃圾运至吴江市垃圾处理场所统一处理。

第二节　沿太湖生态保护

一、生态保护区与生态控制区

划定生态保护区域和生态控制区域。生态保护区域包括沿太湖1千米进深区域及所有的湖面，长漾、荡白漾、东庄荡、西庄荡、迮家漾、桥下水漾、蒋家漾、汪鸭潭、金鱼漾沿岸300—500米保护隔离绿带。生态控制区域为镇域范围内河渠水体、农田、果园等规划的不可建设用地以及沿太湖的超低强度建设范围。

在生态保护区域内，禁止任何新的开发建设项目，除市政设施以外的已有生产、生活、服务设施应该逐步迁出。在生态控制区域内，除正常的村镇建设活动以外，禁止新的开发项目，特殊项目需严格审定。

二、生态保护措施

逐步迁移金鱼漾周边分散的中小型企业，向港东工业园区和镇西工业区集中；制定有关政策，逐步疏散太湖沿线1千米进深内村庄；补植沿湖沿河沿街树木，保护太湖沿岸湿地；整治沿太湖主要界面。

保护农村弱质生态空间，适应七都镇发展旅游度假产业的战略目标，划定沿太湖超低强度建设范围和环金鱼漾生态保护区。

超低强度建设范围指允许旅游休闲度假设施开发的区域，旅游休闲度假设施开发区域内的建设行为必须严格保护生态环境。在超低强度建设范围中，容积率不得大于0.1，建筑密度不得大于10%，绿地率不得小于85%。

环金鱼漾生态保护区包括所有的湖面，以及长漾、荡白漾、东庄荡、西庄荡、迮家漾、桥下水漾、蒋家漾、汪鸭潭、金鱼漾沿岸300—500米保护隔离绿带。在环金鱼漾的生态保护区中，沿湖100米内禁止建设，沿湖100—200米内容积率不得大于0.1，建筑密度不得大于10%，建筑檐口高度不超过8米；沿湖200米以外，容积率不得大于0.2，建筑密度不得大于20%，建筑檐口高度不超过12米。

第三节　推进城乡生态建设

一、完善公共绿地系统

巩固和扩大现有城乡公共绿地，建设以近郊生态防护绿地和大面积的风景园林林地为基础，生态走廊、道路、水系绿化为纽带，内外贯穿，外契于内的绿色生态系统。积极实施居住区内的绿化建设和推广城市立体绿化工程，创造丰富多彩的城市绿化格局和就近方便的居住游憩环境。形成融山、水、林、园、城为一体，点、线、面相结合的公共绿地系统。

二、美化城镇生态景观

突出江南水乡城市特色。加强河网综合治理，研究解决城市内河循环流动问题，以提高河网水质。综合规划"江、河、湖、港、桥"等水系景观要素，通过梳理水系，调活水体、治理污染、改善水质、营造水景，实现"水清、岸绿、景美、流畅"的目标。河流水景观应多设计天然瀑布、溪流或人工喷泉等景观。河流整治中，尽量减少对河道的裁弯取直、缩窄与堵汊，力求保持自然状态，并有步骤、有重点地去除混凝土与石墙护坡、护岸，选用编篱、水生植物等生态与自然护坡、护岸、护堤。

从严控制滨水建筑。突出水在城市空间环境中的作用，融城市于风景之中，形成"水静影清"的水系景观意向。新建建筑在高度、体量、形式上高与水乡城市风貌相协调，保护空间视廊和视觉环境。从桥梁的视觉角度、历史价值以及安全等方面，对其栏杆、灯具、色彩等细部构件进行深入设计。应严格控制桥堍两侧用地，至少控制 10 米绿化带，同时加强桥梁底部耐阴植物的种植，使之与沿河绿化带融为一体，增强桥梁的整体景观效果。要充分利用七都优美的水乡自然环境和丰富的历史文化积淀，将水系景观建设与沿岸历史文化景点串连起来，构成景观轴。

要完善城镇生态景观。在城市化发展扩张的过程中，有计划有重点地保留部分城郊乡村，体现村庄历史风貌和特色，避免将农村过度城市化。结合郊区都市农业进行乡村景观的建设，在向城市提供无污染的农产品的同时，营造城乡过渡景观缓冲带，发挥城郊景观的生态服务功能。集聚整合农业基地，组建多类型专业农庄、农业观光园、农果品尝中心、垂钓中心等，形成以观光农业为基础、民俗文化为特色的旅游线，为生活在喧嚣都市里的人们提供体验农事、农趣、回归自然的空间。

三、改善农村生态环境

按照布局合理、设计科学、风格独特的要求，结合农村城市化进程，合理规划农村居住点建设。以各中心镇区为核心，选择一些交通条件便利、地域资源丰富和人口、经济现状有一定基础的村庄作为中心村，以建设中心村为突破口，改善农村居民点过度分散造成的用地粗放、农村基础设施和服务设施相对薄弱的局面，逐步完善中心镇区—中心村—基层村三级村镇体系格局。

深入开展生态村、园林村、现代化示范村和"国家环境优美乡镇"创建活动，进一步完善农村基础设施，改善生态环境质量，提高生态文明水平，建设与生态环境和谐、节约耕地的生态型村庄。通过中心村和中心镇的生态建设，加强对周围村庄的服务作用和吸引能力，增加中心村对人口的集聚力。按照现代化和生态化要求，统一规划建设农民公寓，完善农居的上下水、卫生等设施配套水平。按照"路硬、水清、村美、户富"和"农田园区化、生产清洁化、管理社会化"的要求，结合农村居民点改造，以生活垃圾和生活污水集中处理建设为重点大力推进农村环境综合整治。因地制宜，加快农村基础设施建设，彻底改变农村环境脏、村貌乱、设施差，布局散的现象，建成一批环境优美的村庄，促进农民群众生活环境的改善和生活质量的提高。

积极开展绿化造林和封山育林。形成山上绿化向山下绿化、平原绿化拓展的新趋势，促进标准田林网建设和村庄绿化建设，使之成为绿化造林的一个新亮点。结合农田结构调整，进一步加大退耕还林力度。对位于国道、高速公路、省道、县道沿线的乡镇，以道路作为绿化的重点，将绿化与发展经济林带有机结合，构筑"绿色经济走廊"，实现绿地系统的生态效益和经济效益的相互统一。

第八章　保障措施与政策建议

要加强政府的指导和调控，充分发挥市场配置资源的基础性作用，建立和完善促进开放合作的体制机制，通过自身努力与国家支持相结合，确保实现本规划确定的各项战略目标，努力把七都镇建设成为基础设施配套、功能区域分明、产业特色鲜明、生态环境优美、经济持续发展、农民生活富裕的新七都。

把七都镇作为统筹城乡发展的重要节点，加快城乡基础设施建设和公共服务设施建设。着力统筹城乡生产力空间布局，推动七都镇生产要素集聚和产业发展，构建小区域特色经济中心。加大对农业基础设施建设的投入力度，打造现代农业发展平台。促进城市公共服务设施向农村延伸，打造城乡基本公共服务平台。推动统筹城乡发展综合配套改革在七都镇先行先试，建设城乡管理体制创新示范区。促进城乡生态、环保基础设施同步规划、同步建设，打造生态文明示范区，逐步把七都镇建设长三角深化改革开放的先行示范区，太湖平原生态经济社会可持续发展的特色小城镇。

第一节　体制机制创新

推进行政管理体制、市场体系、土地管理制度等综合配套改革，大胆试验，开拓创新，为七都镇发展提供强大动力和体制保障。加快转变政府职能，理顺关系，优化结构，提高效能，形成权责一致、分工合理、决策科学、执行顺畅、监督有力的行政管理体制，建设服务型政府，完善行政部门设置。

深化投融资体制改革，积极探索组建新的投融资平台。建立统筹城乡基础设施规划、建设、运营和管理机制。创新农村金融体制，放宽农村金融准入政策，加快建立商业性金融、合作性金融、政策性金融相结合，资本充足、功能健全、服务完善、运行安全的农村金融体系。

建立土地资源增值收益共享机制。继续实行"留用地"政策，探索建立宅基地置换机制和土地资源增值收益共享机制。鼓励农户将集体土地承包经营权、宅基地及住房置换成股份合作社股权、社会保障和城镇住房。

以镇为单位，组建市场化运作主体，搭建平台，实施资产资本运作，实行"资源资产化、资产资本化、资本股份化"。

第二节 推进试点的措施

一、建立布局合理的城乡规划体系

一是高起点编制发展规划。从统筹镇与区以及统筹城乡发展的高度，结合市镇功能定位和发展目标，高起点、前瞻性地编制、修订和完善相应的规划，形成相互协调、相互配套的规划体系。

二是完善城镇空间布局规划。根据经济和生态保护的要求，加快编制和完善镇、村布局规划。传承和发扬市镇地域特色与文化传统，保护和运用好自然景观与生态环境。

二、创新现代农业发展机制

促进土地承包经营权流转，提高农业规模化经营和组织化水平。坚持现代农业"生态、生产、生活"的功能定位。认真落实优质粮油、花卉园艺、特种水产、生态林地为主导的"四个百万亩"农业产业布局规划。深入推进农业向二、三产业拓展延伸、融合发展，建成现代农业规模化示范区。

三、加强城镇发展的人口集聚

一是促进农民转移就业。积极推进统筹城乡就业工作，拓展农民的就业渠道，开展各种培训活动，提高农民的工作技能，培养有技术、有文化、懂经营的新市民，为城乡一体化发展提供人才和智力支持。

二是鼓励加快土地流转，吸引农民进城。合理确定土地流转的方向及规模，探索建立农村居民宅基地、农村土地承包经营权有序流转机制，建立完善的土地流转激励、协调、管理服务的机制，促进土地流转市场健康有序发展。积极探索买卖、出租、抵押、投资等农村土地使用权市场化实现形式，实现农村土地使用权市场化、货币化、股份化。采取"土地换保障"措施，对自愿放弃土地承包经营权和宅基地使用权的农户，可享受市镇居民待遇及与城镇职工同等的基本养老、基本医疗待遇。对自愿放弃宅基地使用权的农户，可易地在市镇优惠购置住房。

三是积极实施户籍制度改革。重点建立与新市镇要求相适应的新型户籍管理制度。放宽市镇落户条件，对在市镇落户的人员，各地区、各部门免收市镇建设增容费及其他类似的费用，逐步消除附加在户籍制度上的各种城乡差别，使城乡居民享受平等待遇。

四是加强新居民的服务和管理。实施新居民居住证制度，通过规划引导以及建设民工公寓等措施，有序引导外来人口向城镇规划点集中居住。

实施信息富民、信息兴业、信息理政、网络文化四大工程和数字家庭行动计划。大力普及信息技术教育，不断提高市民信息素质，倡导数字化生活方式。

第三节　争取城镇发展的扶持政策

一、争取加大财政扶持政策

全面建立向"三农"倾斜的公共财政分配体制，社会事业等方面的财政增量支出，至少70％用于农村。按照"一级政府、一级财政"的原则，改革完善城镇财政体制。确定分成比例时充分考虑城镇的功能定位和发展规划，建立与城镇经济社会发展相适应的财政保障机制。在保证2008年上缴基数的前提下，确定在一段时期（五年）内基数外新增财力全部留镇。延伸到镇的城市基础设施由市、区负责统一规划、建设。镇域内土地出让金的净收益全部留镇。新增耕地占用税应全部留镇。对太湖流域保护区要建立长效的财政补偿机制。

二、争取优先安排用地指标

鼓励推进农村土地整理、宅基地专项治理和复垦，由此而取得的用地指标，七都镇全部留用，探索建立土地在时间和空间上的置换机制，结合新一轮土地规划修编，为项目的落地解决一定数量的用地指标。

深入推进农村股份合作制改革，壮大农村集体经济，提高农民财产性收入。

三、争取部分城镇管理与审批权限下移

按照责权利统一，合法、便民的原则，市、区通过委托、授权等形式

赋予市镇在村镇建设、土地规划、投资项目等方面的审批权和城镇管理等方面的执法权。促进市、区部分管理与审批权限下移到镇，为农村居民及企业提供便捷周到的审批和服务，提高办事效率。积极有序地改革乡镇行政管理体制，使之与推进统筹城乡发展综合改革要求相适应。

四、争取成立村镇银行

深化投融资体制改革，加快建立政府引导、市场运作、社会参与的多元化投融资保障机制。探索建立资金回流农村的硬性约束机制，逐步构建商业金融、合作金融和小额贷款组织互为补充的农村金融体系。积极培育小额信贷组织，鼓励发展信用贷款和联保贷款。争取成立村镇银行，让更多的金融资金用于农村发展。

第四节 组织实施

国家有关部门要加强对七都镇发展的指导和协调。江苏省、市、区各级政府要切实加强组织领导，完善规划实施措施，要依据本规划调整相关城市规划、土地利用规划、环境保护规划等规划，并严格按照规划确定的功能定位、空间布局和发展重点，选择和安排建设项目。

建立健全规划实施监督和评估机制，监督和评估规划的实施和落实情况，协调推进并保障本规划的贯彻落实。在规划实施过程中，适时组织开展对规划实施情况的评估，并根据评估结果决定是否对规划进行修编。

完善社会参与和监督机制。拓宽公众参与渠道，通过法定的程序使公众能够参与和监督规划的实施。同时，推动企业、民间开展全方位、多层次的联合协作，引导社会力量参与规划实施和区域经济合作。

附录 2　沟帮子镇经济社会发展战略规划（2010—2020 年）

沟帮子镇是全国发展改革试点镇、辽宁省城镇建设示范镇，交通便利，地理位置优越。沟帮子镇正处于工业化和城市化快速发展的关键时期，辽宁省沿海经济带发展规划的实施和沟帮子经济开发区的快速发展，为沟帮子镇经济社会发展带来了积极的影响。

为深入贯彻落实科学发展观和《国家发展改革委办公厅关于开展全国小城镇发展改革试点工作的通知》（发改办规划〔2004〕1452 号）要求，以实现沟帮子镇经济社会全面协调可持续发展和推进沟帮子镇全面建设小康社会进程为目标，依据辽宁省、锦州市和北镇市城镇建设文件、沟帮子镇文件、统计资料和调研访谈记录，制定《沟帮子镇经济社会发展规划(2010—2020 年)》（以下简称《规划》）。

《规划》在对沟帮子镇经济社会发展水平总体评价的基础上，对经济社会发展的优势、问题及机遇进行了分析，提出总体发展思路和战略定位，对城镇空间布局优化、产业结构调整升级、社会事业发展、城乡一体化发展和生态环境建设等重点任务进行了阐述，是规划期指导沟帮子镇经济社会发展的重要依据。

规划期为 2010—2020 年，其中 2015 年为近期目标年，2020 年为规划目标年。范围为沟帮子镇行政所辖区域，面积 56 平方千米。

第一章 基础条件及发展环境

第一节 基 础 条 件

沟帮子镇位于辽西走廊北部，西连锦州，南临盘锦，东通沈阳，北靠阜新。沟帮子镇行政上隶属于北镇市，地理坐标为东经 121°46′，北纬 41°21′，西与闾阳镇、西北与常兴店镇、北与廖屯镇、东与赵屯镇相邻。

沟帮子镇下辖 10 个行政村，6 个居委会。2010 年镇域总人口 11 万人，其中外来人口 3 万人，土地总面积 56 平方千米。

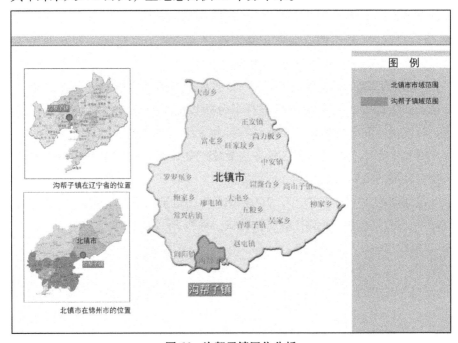

图 66 沟帮子镇区位分析

一、交通条件便利

沟帮子镇交通条件便利，西距锦州市 73 千米，东北距沈阳 155 千米，南距盘锦市 29 千米，北距北镇市 25 千米，距闾山南风景区（青岩寺）18 千米，距锦州港 100 千米。京哈和沟海铁路在镇内交会，102、305 国道穿镇而过；京沈高速铁路、秦沈电气化铁路临镇界而行，镇内客运站和火车站设置齐全，对外交通联系优势突出。

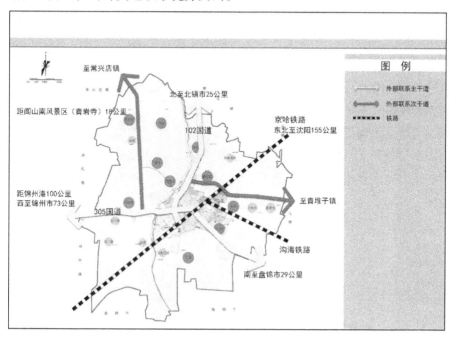

图 67　沟帮子镇对外交通分析

二、具有一定的品牌知名度

沟帮子镇交通便利，历史上就是东北地区连接京津唐地区的交通要道，是辽宁省唯一建有一级铁路客运站的镇，距离新建成的盘锦北站仅 20 分钟车程，交通辐射影响地区范围广。

沟帮子镇传统饮食文化历史悠久，沟帮子熏鸡被列为中华老字号，猪蹄和水馅包子等传统食品具有百年历史，名扬四海。

与周边乡镇相比，沟帮子镇商贸服务功能突出，教育和医疗等公共服务设施建设标准高，服务水平好，社会公共服务范围辐射北镇市南部乡镇，具有较强的吸引集聚能力。

沟帮子经济开发区为省级开发区，沟帮子镇先后被国家列为发展改革试点镇、辽宁省城镇建设示范镇，具有一定的社会知名度。

三、工业经济发展势头强劲

2006 年沟帮子经济开发区晋升为辽宁省省级开发区，为沟帮子经济发展注入了新的活力和生机。2006—2010 年，沟帮子镇第二产业快速发展，第二产业增加值从 2006 年的 6.8 亿元增加到 2010 年 28 亿元，年均增长率为 77%；地区生产总值由 2006 年的 12.8 亿元增加到 2010 年的 40 亿元，年均增长率为 53%。全镇现有工业企业 165 家，销售收入 1000 万以上企业 8 家，销售收入 2000 万以上企业 12 家，2010 年第二产业增加值占北镇市第二产业增加值的 65%，形成了粮油加工、熏鸡食品加工、石油化工和冶金机械四大主导产业。

沟帮子镇利用省级开发区和优越的区位条件，大力推进产业集聚和升级，引进了工业炉和电子元器件制造等新型产业项目，逐步形成以机械制造、电子制造和粮油加工等产业为主，配套生产性物流的现代化开发区。

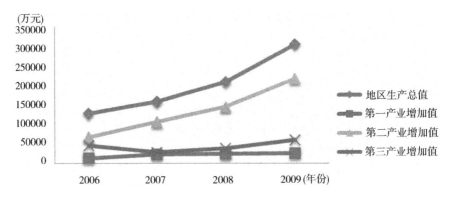

图 68　2006—2009 年地区生产值变化情况

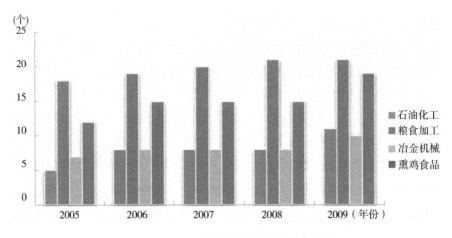

图 69　2005—2009 年分行业企业数量变化情况

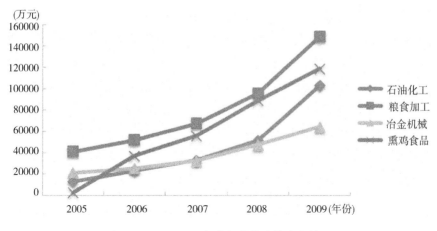

图70 2005—2009年分行业总产值变化情况

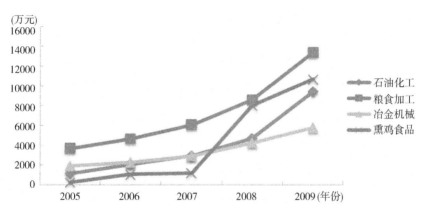

图71 2005—2009年分行业利润总额变化情况

四、公共服务水平有所改进

基础设施建设取得重大进展。沟帮子镇坚持高起点规划、高标准实施、高水平投入的原则，积极改善城镇和工业园区基础设施条件，镇区自来水普及率100%，液化气普及率100%，铺设排水管道13000米，绿化面积达到15万平方米。道路、给排水设施、电力、通信、污水和垃圾处理等基础设施的逐步完善，为提升园区档次和改善镇区居民生活发挥了重要作用。

教育、医疗工作成效明显。沟帮子镇拥有中学2所，小学2所，村级小学5所，学校教学质量较好，积极优化教育资源布局，规划在河西新区新建1所高标准的九年一贯制义务教育学校。沟帮子镇目前拥有4家医院，其中国有1家，民营医院3家，62个村级卫生所。沟帮子镇中心卫生院即北镇市第二人民医院努力改善基础设施条件，提高医疗服务水平，承担本镇及周边近20万人的医疗、保健服务。沟帮子镇教育和医疗服务工作在北镇市名列前茅，并对周边乡镇具有较强的吸引力。

重视文化、环保、科技等工作。积极完善社区阅览室、文化活动室等娱乐设施建设，开展与沟帮子传统文化紧密结合的文化娱乐活动，丰富居民文娱生活；正在大力推进沙子河河道治理工程、污水、垃圾处理等环境保护工作；成立农业专业合作社对养殖、种植技术进行推广，在生猪养殖领域积极进行技术创新，取得了良好的经济效益和社会效益。

第二节 发展阶段与水平判断

一、总体指标进程

2010年，沟帮子镇人均 GDP 为 36000 元，按照最新汇率计算，人均 GDP 为 5300 美元，根据钱纳里模型，沟帮子镇迈过工业化中级阶段。

二、结构指标判断

（一）三次产业构成

2010年，沟帮子镇地区生产总值40亿元，三次产业增加值比例为：第一产业7.25%，第二产业70%，第三产业22.75%，与2006年6∶60∶34的构成相比，第二产业发展占据绝对主导地位，对经济增长发挥主要贡献作用，第一产业增加值比重有所提升，而第三产业比重下降较快。

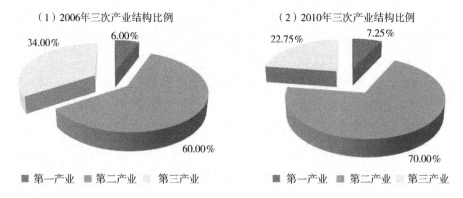

图72 2006年和2010年三次产业结构比较

（二）劳动力部门构成

2009 年沟帮子镇从业人员为 65449 人，就业人数在三次产业间的就业结构为 22.4 ∶ 38.0 ∶ 39.6。在非农产业就业的劳动力已经成为就业的主体，但与经济结构相比，第三产业就业人员比例略高于第二产业就业人员比例，二产劳动力供给不足，三次产业劳动率较低。

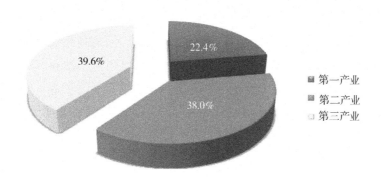

图 73　2009 年沟帮子镇三次产业劳动力分布图

三、对比分析

2009 年，沟帮子镇农民人均纯收入为 8561 元，分别比辽宁省（5958元）和全国农民人均纯收入（5153 元）高 43% 和 66%。2009 年，沟帮子镇财政总收入达到 1.2 亿元，2006 年全国千强镇镇均财政收入为 2.41 亿元；2009 年沟帮子镇镇区占地面积约 717 公顷，2006 年全国千强镇镇均镇区占地面积为 1053 公顷，沟帮子镇经济发展水平和城镇建设规模与千强镇平均水平仍有较大差距。

第三节　发展存在问题及制约因素

一、土地、人力资源和资金紧缺

土地指标紧缺。当前沟帮子镇正处于经济社会全面快速发展时期，经济开发区项目落地、城镇建设发展需要大量的用地保障，而上级政府分解到沟帮子镇的新增建设用地指标相对较少，难以满足经济社会发展需求。土地指标已经成为制约沟帮子镇经济社会发展的主要因素。

人力资源紧缺。本地劳动力存量有限，而产业发展尤其是第二产业发展对劳动力需求大，劳动力数量存在缺口，同时劳动力整体技术素质较低，高技术人才稀缺，制约了沟帮子镇产业发展提升。

资金紧缺。受到财政体制的影响，沟帮子镇可支配财力有限，财权事权不对等，公共支出需求大，用于基础设施建设资金紧缺。

二、城镇公共管理压力大

沟帮子镇地处"锦州1小时经济圈"范围内，距离新建的盘锦北站仅20分钟路程，102国道和305国道穿镇而过，镇区内火车站和客运站线路辐射整个辽西地区。优越的区位条件既是沟帮子镇发展的机遇，同时也带来较大的挑战。首先，道路对镇域造成了分割，致使发展空间受到制约；其次，整体交通条件改善后，沟帮子镇人流物流急剧增多，增加了沟帮子镇治安、道路管理的压力。

沟帮子镇实行"区镇合一"的管理体系，即一套行政管理人员同时管理沟帮子镇和省级开发区的各项事务，肩负城镇发展和开发区经济发展两项重要职能，却尚未享受相应的管理权限和资金、土地等方面的政策支持，存在管理人员紧张、工作任务重、管理难度大的问题。

三、三次产业发展不平衡

沟帮子镇第一、二、三产业发展基础良好，第二产业确立了以工业炉为龙头，完善产业链条的思路。但第一产业仍以传统的种植业和养殖业为主，发展动力不足，第三产业以生活性服务业为主，类型不丰富，三次产业发展状态不平衡，且第一产业和第三产业发展思路尚待梳理，应对现有的资源基础、周边资源条件和优势进行综合分析的基础上，确立完整全面的发展思路。

四、城镇环境有待提升

沟帮子镇区形态完整、城镇功能服务较为完善，但存在镇区内道路管理混乱、环境卫生较差、生活污水和垃圾随意排放堆积等问题，城镇环境和形象亟待提升。

综上所述，沟帮子镇处于工业化中级向高级发展阶段，但工业发展以资金和技术密集型为主，对劳动力就业带动作用不大，同时轻重结构、产品水平不高，粗放型经济增长方式尚未根本转变，产业结构调整提升空间大。与经济发展水平相比，公共服务水平滞后，城镇环境存在脏、乱、差的现象，城镇化发展水平亟待提升。

第四节　发展环境

一、国家对城镇化发展高度重视

中央政府一直高度关注我国的城镇化发展，中共中央十七届五中全会形成的"十二五"规划建议明确提出促进区域协调发展，积极稳妥推进城镇化的要求；坚持走中国特色的城镇化道路，科学制定城镇化发展规划，促进城镇化健康发展；在形成以大城市为依托，中小城市为重点，逐步形成辐射作用大的城市群，促进大中小城市和小城镇协调发展的布局基础上，提出增强小城镇公共服务和居住功能，推进大中小城市交通、通信、供电、供排水等基础设施一体化建设和网络化发展的建设要求，将符合落户条件的农业转移人口逐步转为城镇居民作为推进城镇化的重要任务。"十二五"规划建议为沟帮子镇城镇发展指明了方向，提供了规划保障和良好的政策氛围。

二、辽宁沿海经济带发展规划实施

辽宁沿海经济带包括大连、丹东、锦州、营口、盘锦和葫芦岛6个沿海城市所辖行政区域。辽宁沿海经济带发展规划指出要将该区域建设成为东北地区对外开放的重要平台、东北亚重要的国际航运中心、具有国际竞争力的临港产业带、生态环境优美和人民生活富足的宜居区，形成我国沿海地区新的经济增长极。辽宁沿海经济带规划为沟帮子镇发展创造了良好的外部环境，并指明了方向，沟帮子镇应充分发挥交通便利、工业基础较好的优势，加快省级开发区建设，重点发展化工、机械制造业、粮油加工和物流等产业，同时大力发展社会事业、增强公共服务能力、打造文明富裕、安定和谐的现代城市。

三、北镇市城市总体规划编制实施

《北镇市城市总体规划（2009—2030年)》将沟帮子镇定位为中心城

镇，承担综合型服务职能，规划期间将成为北镇市城镇化推进速度较快的区域，生态工业、宜居功能区和旅游集散中心。北镇市城市总体规划给予沟帮子镇较高的定位，为沟帮子城镇发展和产业调整提升提出了明确的要求，沟帮子镇经济地位凸显。随着《北镇市城市总体规划（2009—2030年)》的实施，在北镇市的大力支持下，必将有效推进沟帮子镇经济社会全面协调可持续发展。

四、省级开发区政策优势

作为省级开发和北镇市经济先导区，沟帮子镇享有招商等方面的优惠政策，北镇市80%的工业项目进驻沟帮子镇，为工业园区的发展提供了有力支撑。随着东北老工业基地振兴和"五点一线"发展战略逐步实施，为抓住新的发展机遇和转变北镇地区经济相对落后的面貌，北镇市"十二五"规划和相关文件都给予沟帮子经济开发区明确的优厚政策支持，举全市之力发展沟帮子经济开发区，进而带动和辐射整个北镇地区。

五、全国发展改革试点镇

国家发展改革委办公厅《关于公布第二批展全国发展改革试点小城镇名单的通知》（发改办规划〔2008〕706号）将沟帮子镇列为全国发展改革试点镇。沟帮子镇结合自身发展特点，充分利用试点机遇，从城镇管理职能、财政体制和土地制度等方面进行探索，促进沟帮子镇经济社会生态可持续发展。

第二章　总体发展思路和目标

第一节　指导思想及总体思路

一、指导思想

以邓小平理论和"三个代表"重要思想为指导，深入贯彻落实科学发展观，以科学发展为主题，以加快转变经济发展方式为主线，优化调整产业结构，大力提升以工业炉为主导制造业核心竞争力，促进第一产业集约化、规模化经营，加大三产服务业比重，促进三次产业协同发展；积极稳妥推进城镇化发展，加快推进社会主义新农村建设，促进城乡协调发展；坚持以人为本，积极改善民生，加快发展各项社会事业，努力提高城镇公共服务水平，加大生态环境建设和治理，到 2020 年全面建成小康社会，把沟帮子镇建设成为经济繁荣、社会公共服务完善、生态环境优美的小城市。

二、总体思路

沟帮子镇今后 5—10 年的主要任务是工业化和城镇化协调发展。工业化发展的总体思路是以沟帮子工业园区提升和三次产业结构调整升级为龙头带动沟帮子镇经济发展实力，为沟帮子镇城市化发展和建设夯实经济基础。城镇化发展的总体思路是以城镇空间布局优化和城乡一体化发展为抓手，促进本镇农业劳动力转移和外来人口集聚，重视基础设施和社会公共服务能力的建设完善，提升城镇水平，完善城镇功能，促进三次产业发展，为本镇常住人口提供宜居宜业的生活环境。

第二节　定位及发展方向

根据指导思想，充分考虑沟帮子镇现状和发展需求，沟帮子镇的定位和发展方向如下：

一、辽宁沿海经济带工业化和城镇化协调发展示范区

辽宁沿海经济带提出构建以特大城市为龙头、大城市为主体、中等城市及各类中小城镇有序发展的网络化城镇体系，积极培育若干区位优势明显的新兴城镇，增强综合支撑能力和服务功能；加快县城关镇和重点镇发展，推进小城镇发展改革试点工作。重点建设一批有规模、有特色的产业园区，引导资金、技术、人才等生产要素加快向园区聚集。沟帮子位于锦州市和盘锦市两大城市的辐射范围内，区位优势明显，省级开发区建设成效显著，产业发展基础好、实力强。沟帮子镇现有基础设施较为完善，教育、医疗等公共服务水平较高，对周边乡镇人口具有较强的吸引力，具备发展成为中小城市的基础和优势。贯彻辽宁沿海经济带城镇发展规划意图，对接锦州和盘锦，促进工业化和城市化快速协调发展，发展成为辽宁沿海经济带工业化和城市化协调发展示范区。

二、辽西东部地区以工业炉及配套产业基地和绿色农产品及精深加工基地

沟帮子农业生产资源丰富，具有从事农产品加工的产业传统，已经形成了五峰米业、沟帮子熏鸡等市场占有率高的品牌，具备做大做强的潜力和优势。工业炉具有技术和产品附加值高的特点，对下游产业带动辐射作用强。根据锦州市和北镇市的产业发展规划要求，沟帮子镇应积极发挥现有的交通便利、产业基础扎实和知名度高的优势，以富民强镇、促进城镇经济社会协调发展为出发点，抓住重点，积极将沟帮子镇打造成为辽西东部地区以工业炉及配套产业基地和绿色农产品及精深加工基地。

三、锦州湾沿海地区节点城市、辽西东部地区重要交通枢纽

沟帮子镇位于102国道和305国道的交会处，同时也是沈山铁路与沟海铁路的交叉点，镇域内公路客运站和火车站运营线路覆盖全省，新建的盘锦北站紧邻镇区，对外交通联系便利，人流物流集中。沟帮子镇应继续发挥交通便利的优势条件，建设成为锦州湾沿海地区节点城市，辽西东部地区重要交通枢纽，增强内陆与沿海地区经济联系，促进人流、物流和信息的流动。

第三节 战略目标

到 2015 年,沟帮子河西新区建设初具规模,以铁南工业园区、河西新区和河东商贸区为主体的城镇空间布局形态基本实现,加强镇内污水管网、道路、通信等基础设施建设,增加招商引资力度,积极调整和优化产业结构,完善城市发展基础。

到 2020 年,进一步增强科技和创新对经济增长的支撑作用,经济发展水平总体有较大的提升,第三产业比重和水平实现长足发展,城镇公共服务水平和生态环境得到极大改善,实现生态环境优美、经济繁荣、社会和谐的发展局面,积极参与区域合作与分工,建成辽宁沿海经济带特色城市。

表 26 沟帮子镇经济社会发展目标

指 标		单位	2009 年	近 5 年平均增长率(%)	2015 年	2020 年	指标属性
经济发展	地区生产总值	万元	306512	30	1400000	3000000	预期性
	人均 GDP	元	36000	28	100000	160000	预期性
	三次产业结构	—	9:71:20	—	7:68:25	6:64:30	预期性
	财政收入	万元	12059	25	45000	130000	预期性
	农民人均纯收入	元	8561	15	19000	34000	预期性
社会生活	常住人口	人	90000	7	130000	180000	预期性
	镇区人口	人	51000	8	80000	120000	预期性
	城镇化率	%	56	2	61	66	预期性
	人均受教育年限	年	9	5	12	12	约束性

指 标		单位	2009 年	近 5 年平均增长率（%）	2015 年	2020 年	指标属性
社会生活	新农村合作医疗参保率	%	87	3	100	100	约束性
	新农村社会养老保险参保率	%	16	55	60	100	约束性
	自来水普及率	%	60	13	100	100	约束性
生态建设	绿化覆盖率	%	8		20	30	预期性
	城镇生活污水处理率	%	90		100	100	约束性
	镇域垃圾处理率	%	40		100	100	约束性

第三章　城镇空间布局优化

第一节　空间布局优化原则

一、科学发展原则

立足沟帮子现阶段基本镇情，总结吸取过去空间布局的经验和教训，借鉴国内外小城镇和中小城市空间布局的经验和方法。坚持采用科学的空间分析方法，深刻把握沟帮子镇现阶段和未来发展过程中在空间上正在和将要面临的新问题新矛盾，增强沟帮子应对复杂局面和各种困难的能力。

二、城乡统筹原则

统筹兼顾城乡发展空间，加强城乡基础设施共建共享，提升城乡基本公共服务均等化供给水平，通过合理的空间布局促进城乡要素资源的有序流动，实现协调发展。

三、集群发展原则

充分发挥基础设施、公共服务和信息资源集聚对增强城镇功能区联系和提高效率的积极作用，加强上下游工业企业、商贸服务业和教科文卫等公共服务设施的集中布局和集群发展，提升社会效益。

四、持续发展原则

以土地资源节约集约利用和生态环境保护为基本方针，加快生态环境保护设施建设，提高土地利用率和利用效益，为沟帮子可持续发展提供土地资源和环境资源保障。

第二节　镇村体系布局

沟帮子目前处于快速工业化和城镇化时期，发挥镇区工业和三产服务业的带动能力，辐射周边农村，实现城乡资源要素互动和协同发展是城镇发展的重要任务。立足沟帮子城镇发展现状，以促进人口、产业有序集聚转移和城乡统筹发展为目标，构建"镇区—中心村——一般村"的三级镇村体系结构，具体内容如下。

一、镇区

（一）规划范围

包括老城区、铁南工业园区、河西新区。将沟帮子村、西沙河子村、河下头村、獾子洞村、马家荒村、姚屯村纳入镇区范围，共同形成镇域发展核心，扩大镇区发展的空间。

（二）定位和目标

全镇的政治经济文化中心，承担全镇商贸服务、社会公共服务等综合功能。2009 年底镇区常住人口规模为 5 万人，通过产业集中、人口集中等方式推动人口城镇化进程，规划至 2015 年常住人口为 8 万人，2020 年常住人口为 11 万人，达到小城市的人口规模。

规划安排行政办公、生产、居住、商业金融、文体娱乐、旅游服务、餐饮住宿等生产生活服务设施和贸易商务服务设施，形成功能齐全、设施完善的城区，为全镇居民生产生活提供服务。

二、中心村

（一）规划范围

四方台、孙庄、丁家村 3 个村作为中心村。

（二）定位和目标

3 个中心村位于镇东、镇南和镇西北部，远离中心镇区，属地范围较大。规划作为农村服务中心，重点加强中小学教育、文化、农村卫生站等基本公共服务设施和小型商贸服务设施的建设，增强人口集聚能力，引导周边农村的居民逐步向中心村集中居住。

三、一般村

（一）规划范围

河西村、姚家窝堡、老虎屯、前三家和赵家 5 个村。

（二）定位和目标

由于受到自然条件和历史社会因素的影响，5 个村的人口和属地规模都比较小，今后除逐步改善基本的生产生活条件外，应积极引导人口向中心镇区集中，通过城乡建设用地增减挂钩等方式实现人口和土地在空间上的更有效配置。

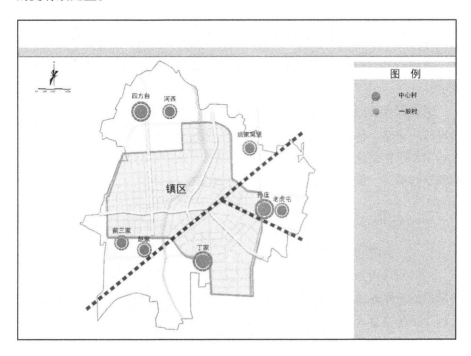

图 74　镇村等级规模结构示意图

第三节　镇区空间布局优化

以促进产业、人口集聚，集约利用土地，提升生产、生活和公共服务水平为目标，充分发挥道路的发展带动作用，结合沟帮子镇建成区和规划区发展现状，构建"一带、三轴、三片区"的城镇空间布局。

一、一带

一带即沙子河滨河生态景观带。

（一）定位

沟帮子镇标志性景观带，发挥沙子河生态景观和商贸服务的综合功能。

（二）重点建设任务

沙子河河道治理。通过河道清淤疏浚，修筑堤防保证防洪安全，修建蓄水闸坝拦水、关闭沿河排污口，改善水质。

滨河景观节点建设。与沿河两岸居住小区和公共服务设施建设相结合，在河沿线选择若干地点打造中小景观节点，如建设沿河休闲、娱乐以及健身设施，或建设亲水平台，修建生态型护岸，并在沿岸修建滨河公园，布置环境小品，为镇区居民创造休闲、旅游、亲水、美观的滨河环境。

商业服务功能开发。以保证大众公平、效益优化为原则，开发沙子河沿岸商业功能，根据沿河岸地形条件，从低到高、依次设置亲水设施、商业休闲步道和商业经营设施，如商业店铺、观景酒店、具有一定消费品位和消费场所等，提升沟帮子商贸服务业的档次和品质。

二、三轴

（一）东西向发展轴

东西向发展轴即沿305国道形成工业发展轴线，向东沟通沟帮子与盘锦联系的主要通道，向西是102国道和305国道合用的路段，均为外部进入沟帮子的主要入口，承担着"沟帮子门户"的作用。

规划期间的重点任务：一是在发挥轴线的门户宣传作用，对道路两侧违规违章建筑进行整治，对商户招牌、宣传标语等进行统一规范，拓宽路面并进行绿化美化，塑造沟帮子镇良好的对外形象；二是吸引集聚沟帮子熏鸡等特色农产品商贸企业和金融、物流、信息等生产性服务业，道路沿线集中布局对交通依赖程度较高的外向型工业企业和沟帮子熏鸡等特色产品商贸企业。

（二）南北向发展轴

南北向发展轴即沿国道102以及火车站站前街形成镇区的南北向发展轴。

南北向发展轴是沟帮子商贸服务区的核心骨架，南部连接沟帮子火车站，往北通向北镇市，沿线多布局与镇区发展和群众生活息息相关的居住、商贸、餐饮、娱乐等生活设施以及与北镇市衔接较为紧密的行政性功能设施。

规划期间本条轴线重点建设任务是完善城镇服务功能，轴线南部镇区段通过限制过境车流、优化居住和高端商贸服务等措施构建镇区发展的主轴，提升城市档次和品位，轴线北部加强与北镇市的联系。

（三）镇新区发展轴

镇新区发展轴即沿河西新区主干道1号路形成沟帮子新区发展的主要轴线。

规划本条轴线为沟帮子河西新区发展的核心轴，轴线两端重点布局沟帮子新区的综合性社会服务设施，承担沟帮子镇社会公共服务和旅游业服务中心服务功能。

规划建设重点任务：一是按照高标准、高起点的原则建设沟帮子镇行政、教育、体育文化和医疗等社会公共服务设施，成为沟帮子镇社会公共服务的核心；二是在社会公共服务的带动下，鼓励促进金融、信息、咨询、旅游服务等生产性服务业发展；三是沿线适当发展房地产业，为城镇居民提供便利和舒适的宜居环境，促进人口集聚；四是在干道1号路北侧建设旅游服务中心，依托青岩寺景区，发挥沟帮子与北镇市旅游资源便利的交通条件，促进带动旅游服务产业的发展。

三、三区

（一）河东商贸服务区

1. 规划范围：河东商贸服务区包括沙子河以东、京哈铁路以北的空间，河东商贸服务区基础设施建设完善，居住和商贸功能突出。

2. 发展定位：沟帮子镇商贸服务中心，生活性服务业集聚中心。

3. 重点任务：

一是加强河东商贸服务区道路交通管理、完善给排水、垃圾处理、供暖等基础设施，适度增加河东商贸服务区的公共绿地、小广场等公共空间的建设，营造整洁有序的经营环境。

二是加大棚户区改造力度，新建居住区以燃气、供暖、污水排放、垃圾处理等配套设施齐全的花园式、小高层为主，为本镇中等收入居民提供居住服务。

三是以沟帮子商贸城和温州商城等重点商贸综合体建设为抓手，提升河东商贸服务区的氛围和档次。

四是整顿治理沟帮子火车站至客运站站前街秩序，对商户经营行为，店面卫生环境、商户招牌等进行规范和治理，提升熏鸡、水馅包子、猪蹄、特色旅游纪念品等具有地方特色的商铺的经营标准，提高沟帮子品牌知名度。

（二）河西新区

1. 规划范围：沙子河以东、1号路东西侧和102国道南北侧的空间。

2. 发展定位：沟帮子镇行政文化经济中心，沟帮子镇经济社会发展的核心区域。

3. 重点任务：

一是加快河西新区生态环境景观建设，以沙子河景观带建设为重点，做好河西新区道路、给排水、电力电信、管网、公共绿地、污水管网、垃圾处理等基础设施。

二是加强教育、文体、医疗卫生等公共服务设施的建设力度，配置金融、邮政、电信等公共服务中心，为本区乃至全镇提供完善高档次的公共服务项目。

三是结合棚户区改造和房地产业发展，规划建设中高档住宅小区，并配套建设图书馆、文体活动广场等休闲娱乐设施，为本地和外来人口提供舒适的居住和生活环境。

四是加快旅游业服务中心建设。建设集旅游集散服务，旅游纪念品销售和游客服务于一体的旅游服务综合体建筑，吸引省内外旅行社和餐饮服务等企业，发挥带动北镇市乃至辽西地区旅游业发展的作用。

（三）铁南工业区

1. 规划范围：包括京哈铁路以南的地区，定位为以大型工业炉、石化冶金、特色农产品食品加工等为主要产业集聚的综合工业产业集聚区。

2. 发展定位：沟帮子镇第二产业集聚区，经济增长中心。

3. 重点任务：

一是注重土地节约集约利用。以省级开发区的角度，积极争取新增建设用地指标，合理利用城乡建设用地增减挂钩指标，保障产业项目需求；转变招商思路，严格控制项目投资强度、土地利用强度等指标，节约集约利用土地，提高土地利用效益。

二是加强工业园区基础设施建设。根据产业项目要求，统筹规划建设铁南工业园区道路、污水处理、垃圾处理、电力电信管网等，确保环保排污达标，提高工业园区项目容纳能力。

三是注重产业方向引导，梳理编制产业发展目录，鼓励工业炉、冶金、物流等相关企业进入园区，提高园区主导产业发展稳定性和可持续性。

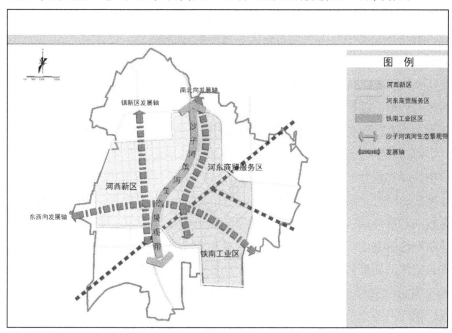

图 75　镇区空间发展结构示意图（2010—2020 年）

第四节　产业空间布局

结合沟帮子镇城镇空间布局，明确三次产业空间布局。

第一产业主要布局在镇区东部、西北和西南三个方向的村庄，其中水稻和大棚蔬菜种植在各村均有分布，生态养猪以沟帮子村的大雁养猪场为主要基地，鸡禽饲养基地则以沟帮子熏鸡集团养殖基地为主，分布在孙庄、沟帮子和四方台等村。规划期内重点对第一产业集中地做好农业面源污染和畜禽疫情防治工作。

第二产业集中布局在铁南工业园区。当前沟帮子镇的石化、有色金属冶炼、大型装备（工业炉）制造项目、高新技术园区和熏鸡等食品加工企业均集中在铁南工业园。铁南工业园集聚了全镇大部分的工业企业，是未来镇域工业发展的核心，规划期的发展方向是在工业炉项目的发展带动之下，延伸为工业炉配套的机械制造产业链，建成集设计、生产、配送于一体的工业炉产业基地；壮大发展熏鸡等绿色产品加工产业，扩大米业加工生产能力，带动本地及周边农业产业化发展。

积极引导镇区西部的米业加工企业和镇区北部的绿色食品加工企业向铁南工业园区搬迁。

第三产业集中分布在河西新区和河东商贸服务区。

两个区域在第三产业发展方向上各有侧重：河东商贸服务区凭借便利的交通条件和传统商贸业基础，吸引了较大的人流物流，规划期加强对河东商贸区的道路交通管理、经营环境治理，结合棚户区改造，扩大以生活性服务业为主的第三产业项目发展，为全镇及周边居民提供中档的商服业服务。

河西新区以全镇行政、文化和经济服务功能为主，第三产业发展主要以中高端的餐饮、住宿和城市商贸综合体为主，打造沟帮子镇特色餐饮、休闲娱乐特色街道，以高档次的生活服务，高水平的教育、医疗服务吸引高收入和高学历人才就业定居；加强金融、物流、贸易、咨询、法律服务等生产性服务业项目的集聚，为沟帮子工业企业发展提供便利的生产性服务；发挥河西新区1号路的对外联系功能，建设旅游服务中心，为前来青岩寺和北镇市周边旅游景点的游客提供特色、便利的吃、住、行、游、娱、购的一条龙服务。

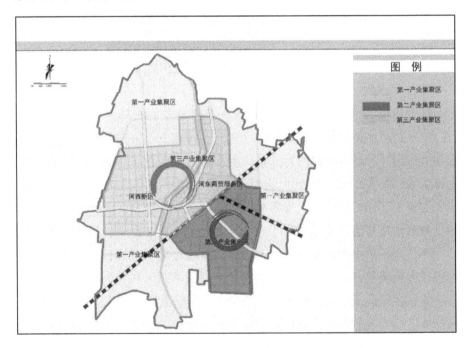

图76　沟帮子镇产业空间布局示意图（2010—2020年）

第四章　产业结构调整升级

第一节　积极促进第一产业发展

一、总体思路

加快土地流转，稳步提高农业产业化水平，发展规模型、合作型特色农业。积极促进第一产业向规模化、精细化、集约化方向发展，大力推广"龙头企业＋合作组织＋基地＋农户"的经营模式，延伸农业产业链条，提高农产品附加值和农业产业化水平。

二、发展目标

沟帮子镇2009年第一产业增加值2.6亿元，近5年平均年增长率为18.9%。根据沟帮子镇近年第一产业发展特点和周边地区发展状况，预计沟帮子镇2015年实现第一产业增加值9.8亿元；2020年实现增加值18亿元。

三、重点任务

（一）促进土地集约化经营

采取政府引导，企业参与的模式，积极促进土地流转经营。具体运作模式为政府搭建土地流转平台，为农民、中介组织和承包方提供合同制定、监督管理等服务，由农村土地中介组织，如农村信用社等以银行运作方式组织经营和管理，农民自愿将土地承包经营权以一定价格存入合作社，合作社支付给农民一定的土地租金；同时合作社将土地租赁给种植大户和当地龙头企业发展设施农业，促进土地集约化和规模经营，保障农民有稳定的收入，解放农村劳动力。

（二）促进农业生产规模化经营

鼓励促进家禽、生猪、种植和水产养殖农业生产合作社的发展。发挥农业合作社在组织生产、技术引导、信息流通等方面的作用，在种植大户和龙头企业的示范和带动下，提高农业生产和农民收入，促进农业产业化发展。

（三）发挥农业龙头企业带动作用

积极发挥沟帮子镇农业生产和农产品加工龙头企业的作用，带动农业生产经营，建设规模型、专业型和高效益农业生产基地，提升农产品附加值。在种植业方面，发挥五峰和恒信等龙头企业的带动作用，规划在孙庄、丁家村和四方台村，建立优质稻米试验和示范种植基地；以尹家熏鸡等企业为龙头，在四方台和丁家村发展鸡禽饲养，形成稳定的"沟帮子熏鸡"原料基地。

（四）提升农业生产科技水平

在龙头企业和农民合作组织的带动下，加强与农业科研单位的合作联系，聘请专业技术人员对农户进行种植和养殖技术指导，提高产品品质。

第二节　大力推动第二产业提升

一、总体思路

逐步发展和形成具有特色的主导产业，依托现有工业炉产业规模和良好的发展态势，加大招商引资力度，以龙头企业为核心，引进配套企业，不断扩大生产规模，形成产业基地；做大做强优势和传统产业，推进粮油加工和特色农产品深加工业优化整合，扩大龙头企业品牌竞争力，并努力向精深加工延伸，完善产业链条；发展配套机械加工制造业，利用东北地区制造业优势，以现有龙头企业为核心，延伸下游产业链，发展形成地方特色的产业集群。

二、发展目标

沟帮子镇 2009 年第二产业增加值 21.7 亿元，占地区生产总值的71.4%，近 5 年平均增长率为 64.7%，北镇市产值近 5 年年均增长率为40.7%。根据沟帮子镇近年第二产业发展优势和周边地区发展状况，预计沟帮子镇 2015 年实现第二产业增加值 95.2 亿元，2020 年实现增加值 190亿元。

三、重点任务

（一）打造中国工业炉产业基地

1. 加强龙头企业发展，加大新产品投入研发力度

加快龙头企业产能建设，培育壮大工业炉产业，形成产业规模，积极发展相关配套设备产业，如除尘器、电炉变压器、冷却系统、电极系统等，延伸产业链条，打造成套设备生产基地。

抓住国家鼓励节能减排，淘汰落后产能的有利时机，政府搭建平台，加强企业与北京、沈阳和大连科研院所进行技术合作，采取税收优惠和资金支持的方式，支持企业加强新技术、新工艺、新产品研发。

2. 加强工业炉产业基地宣传推介

通过市场广告、工业展会和政府推介等方式，加强沟帮子工业炉产业基地的宣传，积极了解市场产品需求，掌握行业主导技术方向，吸纳相关制造企业的直接投资和金融投资机构的融资支持，扩大沟帮子镇整体影响力。

3. 提升就业环境和劳动者素质

加快铁南工业园区产业基础设施和生活服务配套设施建设，为产业发展人才创造良好的就业和生活环境。政府与企业联合建立技术工人培训基地，在镇内现有培训学校的基础上，外聘沈阳、大连地区富有技术实践经验的专业老师为学员授课，并提供实习机会，满足企业发展的人才需求。

4. 创造良好的融资环境

政府主导，加强银企平台的建立和有效对接，通过抵押、融资、政府担保等形式，为产业基地创造良好的融资环境。

（二）打造辽宁西部通用设备及零部件基地

1. 引进成套机械设备制造企业

加快完善沟帮子经济开发区基础设施条件，积极争取与省级开发区相匹配的优惠政策，增强开发区产业集聚吸引力，引进成套机械设备制造企业。

2. 延长机械配件加工企业产业链

加强与周边地区成套设备企业的合作，充分了解市场产品需求的发展前景，提供统一规格，产业化水平高的机械配件加工服务，建立与上下游

企业的合作关系；鼓励企业进一步提升工艺技术水平，改进加工设备，提高自身产能水平，为配套企业入驻提供现实条件。

3. 促进机械加工设备企业技术创新

政府每年拿出一定的科研技术奖励资金，鼓励企业以市场为导向，了解设备采购商的现实需求，加强工艺水平、新材料、新工艺与产品的有机结合，积极开展技术创新。

（三）打造中华老字号沟帮子熏鸡生产基地

1. 扶持中小企业，促进配套产业发展

依托熏鸡食品加工业的产业规模，加强配套中小企业的发展，引入包装、食品机械加工设备制造厂，以实现环保健康、食品包装保质期长和保鲜效果佳为目标，整体提升产品市场竞争力。

2. 抓住细分市场需求，促进产品多元化

在市场调研的基础上，发展熏鸡系列食品，从口味，原料品质入手，满足不同群体消费需求，充分挖掘品牌价值；考察多元化销售渠道，以直营店、加盟店或老字号高端直营的形式开拓市场，推动产品销售和多元化发展趋势，扩大"沟帮子熏鸡"品牌影响力。

3. 加快建立行业标准，促进产业良性发展

政府加强对农产品加工原材料、加工、包装、运输等方面的监管，为从事熏鸡食品加工企业和相关配套企业建立食品监管数据库。

通过行业协会规范熏鸡产业标准，打击假冒伪劣产品销售行为，申报和核实熏鸡地域生产范围，维护发展百年品牌。

发挥行业协会在食品工艺技术、包装技术和品牌推广方面的指导协调能力，加强业内沟通，协调分工，促进产业集聚和产业技术提升。

（四）打造辽宁西部绿色稻米加工集散基地

1. 积极建立水稻生产基地，确保原料供应稳定

努力开拓和带动周边地区水稻种植，积极与省内沈阳、盘锦和营口，乃至外省优质水稻主产区发展订单农业，拓展和长期获取优质水稻供应来源。

2. 发展循环经济，延伸和拓展粮油加工产业链

积极拓展和深入发掘粮油加工的附加值，通过对大米加工产品进行差异化定位，满足高端和多元化需求，提高大米加工过程产生的稻壳和米糠利用效率，延伸和拓展产业粮油加工产业链，提高原料利用水平，发展循

环经济。

3. 积极促进大型龙头企业专业化，促进协调发展

强化粮油加工企业专业化、差异化的发展观念，避免同地区产品同质化竞争，如五峰米业加强纵向产业链延伸，加大米糠油项目投资力度，同时恒信米业加强横向产业链发展，加大方便米饭等产品多元化投资力度，促进本地产业协调发展。

4. 建立粮油集散中心

利用本地区粮油加工产业优势和区位优势，建立粮油集散中心，辐射和带动辽西，吸纳更多以粮油加工配套服务业的发展。引入规模化物流企业，提高粮食"四散"（即散装、散卸、散储、散运）运输水平，提高物流效率；加强对米糠油仓储设施规划和建设，为米糠油产品的储运提供支持。

第三节　提升第三产业服务水平

一、总体思路

依托沟帮子镇区位交通便利、人流物流集聚效应明显和商贸业发展基础好的优势，借助沟帮子镇产业结构调整升级和加速城镇化发展的契机，以促进产业发展和提升城镇服务水平为目标，丰富生产性服务业类型，提升三产服务水平，合理安排产业空间分布和区域发展重点任务，促进第三产业合理有序发展。

二、发展目标

根据沟帮子近年第三产业发展状况和北镇市对沟帮子镇的旅游服务功能定位，规划沟帮子镇2015年实现第三产业增加值35亿元，重点完成河西新区基础设施完善和河东商贸服务区的改造提升，旅游服务中心建设初具规模。

2020年第三产业实现增加值90亿元，基本完成东北物流粮食城的建设和招商引资工作，成为重要的物流集散中心和大型仓储基地，河西新区和河东商贸服务区实现三产服务功能完善，投资环境优良的目标，成为辽西地区区域性商贸中心城市。

三、重点任务

（一）提升生活性服务业水平

沟帮子生活性服务业整体水平的提升，是优化投资环境的重要保证。河西新区重点发展高端餐饮娱乐、休闲住宿等服务业，实现设施功能化、消费多元化；河东商贸服务区则重点发展商贸和中介服务业，实现设施集约化、功能多样化。

生活性服务业分区发展重点如下：

1. 河西新区

范围及定位：河西新区作为集行政办公、娱乐休闲、旅游度假于一体的大型生活功能区，强化对工业园区的服务功能，辐射周边，促进商贸集聚，吸纳人口就业，是带动城镇化的重要支撑点，也是沟帮子未来最重要的经济增长点。

重点任务：

——加快河西新区基础设施建设。镇财政适度向河西新区基础建设倾斜，集中有效力量，加快河西新区建设。修建主、次干路10条，总长度19千米；沿路布置修建污水、雨水和给水管网4.7万米；安装道路照明灯具824盏；沿沙子河西岸布置绿化带5.3万平方米；新建雨水泵站和桥梁各一座。

——生活配套服务到位。加快河西新区与河东商贸服务区之间公共交通建设步伐，采取政府规划指导，民间资本投资的经营模式；提供税收减免优惠政策，降低运营企业初期运营成本，降低准运门槛；严厉打击无证运营，为运营企业提供良好有效的公平竞争环境；积极与运营企业沟通，努力解决企业反映和关心的实际问题；鼓励餐饮娱乐、旅游住宿、日常生活服务业进入河西新区，采取降低或减免税收政策，补贴商业租用费用等方式，努力降低微利行业运营成本，促进长期经营发展，加快生活服务水平提高和完善。

——安居工程建设。在河西新区交通沿线两侧规划设计居民住宅小区，增强河西新区的人口集聚能力，建设"专家公寓"，为高技术人才，提供良好的生活条件，增强对人才的吸引力。

2. 河东商贸服务区

范围及定位：建设目标为沟帮子商贸中心，铁南工业区的生活配套区。发挥镇区的区位、市场和产业基础优势，带动和辐射周边地区的农产品资源丰富的优势，建设成为辽西最大的商贸批发业中心。

重点任务：

——改造工业和商业设施。改善河东商贸服务区道路、给水、排水、供电、供气等基础设施；根据河东商贸服务区现有商业店铺和门面房的建设年代、房屋质量和结构等基本情况，以整治改造为主，拆迁为辅的原则，有区别、有重点地对房屋进行改造，在不增加商业成本的基础上，提升商业设施功能，改善商业化境，扩大沟帮子镇作为区域性商业城市的优势。

——积极推进河东商贸服务区棚户区改造。对现有河东商贸服务区内商贸市场和棚户区进行统一规划，完善商业生活配套设施，改善社区环境。有条件的区域通过市场公开运作的方式开发商品房，政府回购安置房提供给符合迁入条件的居民；对非商贸市场区域，由政府主导，划分改造区域，采用"先易后难"的原则，要与住户充分沟通协调，逐步推进实施，为居民提供位于河西新区的定向安置房。

——吸纳民间资本改造河东商贸服务区。由镇规划部门统一规划，详细制定河东商贸服务区改造方案，在整合招标用地基础上，明确改造用途、建设标准等，通过公开设计、公开招标等方式，吸引有资金实力，有志长期经营的开发企业参与改造。

——发展中介服务业。依托镇区商贸发达的优势，鼓励各种形式的商业性服务中介组织的发展，大力发展农业经理人队伍，创造更多就业机会，为建设辽西最大商贸批发业中心提供有效平台。

——大力推进重点项目改造。熏鸡制品批发市场改造扩建，沟帮子站前街至沟帮子商业城一条街改造；沟帮子铁南工业大型超市及相关流通服务业配套设施和沟帮子建筑材料批发市场建设等。

（二）促进生产性服务业发展

根据沟帮子镇发展基础和需求，规划期间大力推进物流仓储业、旅游服务业、职业培训三大生产性服务业的发展。

1. 物流仓储业

沟帮子人流物流集聚效应明显，区位交通便利，物流仓储业发展基础较好，同时对于完善增强沟帮子开发区配套设施，增强开发区吸引力具有积极作用。

发展目标：

到 2015 年，在把握东北粮食市场的具体调研信息和南方粮食市场需求发展方向的基础上，建设东北物流粮食城；到 2020 年，基本完成东北物流粮食城建设，实现设施功能化、专业化、集约化。

重点任务：

——规划建设物流仓储园区。加快东北物流粮食城建设，为沟帮子发展物流仓储业打好基础；结合镇区产业特点、规模和未来市场发展需求，对物流仓储的建设规划给予足够重视，吸引更多企业把沟帮子作为本企业商品集散中心，以满足未来仓储需求多样化，赢得发展先机。

——培育物流仓储龙头企业。整合现有从事第三方物流企业，促进行业规范化、标准化、专业化；以沟帮子稻米加工基地为依托，发展和完善现有从事专业化物流公司，为其提供产业发展优惠政策，减免各种税收费用，降低流通成本；政府主导，与银行搭建融资平台，对物流公司购置车辆实行行业统购安排，降低贷款门槛和成本，鼓励扩大物流规模。

——加快物流仓储业重点项目建设。规范建设沟帮子铁南工业园区内流通服务业配套设施；在充分调查研究周边地区粮食物流规划基础上，规划建设东北物流粮食城，辐射和带动辽西地区农业生产；建设集研发、仓储、加工、批发于一体的大型粮油批发企业，形成产业规模，辐射东北地区。

——完善沟帮子开发区配套设施。依托沟帮子良好的区位和产业发展基础，满足未来物流仓储业发展需要。完善基础生活设施，对物流规划区域周边建设物流配套服务区，满足基本生活需求；引进物流配套专业设备，尤其是农副产品专业装卸和包装设备，提高商品流转速度和服务专业化水平，吸引更多企业入驻工业园区；搭建物流服务平台，促进物流仓储园区管理专业化水平的提高，促进物流信息的有效传递，为物流仓储园区的发展创造更多机会。

2. 职业培训

随着大批工业项目进驻沟帮子，大批技术工人需求无法得到有效满足，这不仅仅使现有企业发展受到人才制约，更是对未来期望入驻企业制造客观障碍，职业培训的产业化将是沟帮子未来一段时期的重要发展方向。

发展目标：利用北镇市经济先导区的优势地位，建立和完善职业化教育，满足企业用工需求，尤其是在北镇市职业中专的基础上，进一步加强机械设计、机械加工、工艺设计、数控机床、焊接技术、模具加工、汽车维修、电工电子、自动化技术、计算机应用等机械工业职业教育课程，结合企业用工实际，加大对专业技能型人才的培养力度，为沟帮子未来发展提供动力。

重点任务：

——制定符合沟帮子实际需求的职业教育发展规划。为解决沟帮子发展过程中的用工矛盾，实现长期持续有效发展，制定符合镇区实际的专项职业教育发展规划，主要内容包括对镇区内职业培训机构进行定期短期培训，促进教学质量提升；加强课程针对性、实用性。通过政府主导、企业参与的方式，采取"重点突出，全面培养"的教学方针，增加用工需求量大的职业教育课程，贴近用工实际进行培养，同时为学员提供企业实习机会，积累实际操作经验；扩大招生规模。在满足教学质量的前提下，努力扩大招生规模，使学员明确未来用工前景；政府应积极协调解决职业培训机构的实际教学经费问题，减少其后顾之忧，积极扩大招生规模。

——引进职业培训机构。对于镇区培养能力不足的问题，积极引进周边地区大型职业培训机构设置分校。尤其是引入沈阳、大连的职业培训机构，给予相应的招生鼓励政策，利用其品牌优势和实际用工培训经验，吸引生源，加快培养技术人才。

——积极争取政策支持。根据沟帮子镇现有产业发展优势和用工实际需求矛盾的问题，沟帮子劳动部门应积极争取职业教育管理纳入镇内管理，便于统筹、协调发展，整合教育资源，以配合沟帮子开发区的未来发展。

3. 旅游服务业

沟帮子应充分发挥辽西重要陆路通道的节点作用，通过周边旅游业的发展，提升镇区旅游服务能力，打造高品质旅游服务中心区形象，提高沟帮子知名度。随着辽西旅游业的发展，沟帮子将成为重要的旅游集散中心、服务中心和接待中心。

发展目标：

充分发挥沟帮子交通区位优势，促进和完善集"吃、住、行、游、购、娱"于一体的旅游服务中心建设，满足广大游客全方位需求，尤其是在宣传推广地方特色、加强旅游服务设施建设、镇区休闲生态游等方面加大投资和规划力度。到 2015 年，旅游集散中心初具规模，旅游产品日益丰富；到 2020 年，沟帮子成为北镇地区最重要的旅游服务品牌，辐射辽西地区。

重点任务：

——完善旅游服务业产业链条。打造和完善集"吃、住、行、游、购、娱"于一体的旅游产业。一是发展旅游特色食品。沟帮子传统食品如"沟帮子熏鸡"、"北镇猪蹄"等都极具地方特色，且具有规模化生产能力，通过地方特色旅游进行包装推介宣传，提升品牌知名度；二是完善镇区宾馆住宿的旅游接待能力，满足不同接待人群的消费需求；三是加强镇区基础设施建设，尤其是加强沿线设施镇区旅游宣传力度，扩大沟帮子区域影响；四是积极推出特色旅游，比如农家乐、休闲采摘等项目；五是提高旅游购物服务能力，尤其是加大旅游路线和餐饮业的特色食品流通网点铺设，以便游客沿途就近选购；六是加大休闲度假设施建设，满足都市游客"贴近自然，放松身心"的需求，成为理想的休闲度假中心。

——提高旅游服务业品质。对镇区内餐饮、娱乐、休闲单位进行有效整合，改进服务水平，培养服务意识，提升管理水平，制定和推出迎合市场需求的特色旅游方案，打造精品旅游线路。一是制定行业服务细则，培养服务意识，促进服务标准化；二是设置旅游服务投诉电话。针对旅客投诉，要及时处理，向行业内进行通报，加强行业监管；三是制定特色旅游线路。旅游线路的制定以带动北镇市乃至辽西地区旅游资源目标，突出便捷、休闲、生态游，扩大沟帮子镇旅游服务的影响范围。四是成立餐饮服务行业协会。主要是开展人才培训和咨询服务，通过行业协会制定行业发展规划和服务细则，建立行业信用体系，整体提高服务品质。

——加强旅游设施建设，提升沟帮子品牌形象。一是以镇区内沙子河为城市中心景观轴线，加快建设进度，完善配套设施；二是改善已有主要干线和旅游辐射线路交通设施，提升游客到达旅游景点的便捷度，尤其是作为未来旅游集散中心的河西新区，应加快优先发展；三是提高镇区绿化水平。尤其是旅游设施周边区域，比如沿沙子河两岸和主要辐射干道绿化带，提升旅游形象。

——鼓励镇区旅游中介组织的发展。提供优惠税收和产业政策，引进周边有资金实力的大型旅游公司进驻，搞活镇区和北镇旅游市场，带动其他配套服务业发展，同时提升沟帮子旅游形象，扩大区域影响力。

第五章　城乡发展统筹协调

第一节　城乡一体化发展总体思路

立足沟帮子镇城镇化水平高、农业发展基础好、农业龙头企业多、带动能力强的特点，坚持"以城带乡、以工促农"和"多予、少取、放活"的方针，统筹沟帮子城乡发展，继续提高农业开放程度，大力发展现代生态农业，强化农业企业带动作用，充分发挥城镇主导和辐射作用，协调推进工业化、城镇化和农业现代化，努力构建城乡经济社会发展一体化新格局。

到 2015 年，初步消除城乡二元结构，城乡差距明显缩小，城乡大部分指标实现接轨，基本形成城乡一体化发展新格局。

到 2020 年，基本实现城乡产业发展、城乡空间布局、城乡基础设施建设、城乡社会公共服务、城乡劳动就业、社会保障、城乡生态环境建设与保护一体化的发展目标。

第二节　城乡一体化发展重点任务

一、统筹城乡产业发展

沟帮子镇城乡一体化的关键是大力推进农村人口的转移，大力发展二、三产业，为农村劳动力提供稳定的就业岗位。大力增强二、三产业对统筹城乡发展的支撑作用和城市化在城乡一体化中的带动作用；继续紧紧抓住东北老工业基地振兴和邻近沈阳新型工业化配套改革试验区的有利时机，围绕打造中国工业炉产业基地和北镇市旅游服务中心，继续支持发展稻米加工、熏鸡等传统农产品加工产业；加快建设铁南工业园区和河西新区，加快企业集聚、园区整合，优化提升城镇功能，走新型工业化、城镇化道路，切实提高城市对农村的辐射能力和带动能力，增强农业龙头企业对农民的带动组织作用。

在农村，继续加快农业结构调整，积极对接城镇需求，提高农业生产组织化程度，大力发展效益型农业、生态型农业和旅游观光型农业，提高农业在农民就业和农民增收中的基础保障地位。

二、优化土地利用结构

沟帮子镇经济社会的快速发展使建设用地需求大幅度增加。根据节约集约土地利用的目标，沟帮子镇应合理控制建设用地总量增长和新增建设用地供应规模，并调整优化城乡建设用地规模和结构，在土地集约利用水平不断提高的基础上保障经济社会发展用地。沟帮子镇新一轮土地利用总体规划规定，到 2020 年，全镇建设用地规模控制在 1611 公顷，新增建设用地规模控制在 222 公顷，安排挂钩周转指标 200 公顷，其中建新安置 60公顷，安排农村建设用地复垦规模 50 公顷。

（一）城乡建设用地增减挂钩

积极盘活存量建设用地，充分整合利用砖瓦窑厂、工矿废弃地，分析和制定盘活存量建设用地的方案，并保障实施。

通过实施城乡建设用地增减挂钩，解决河西新区和铁南工业园区 66.2公顷的建设用地需求问题。其中河西新区建新区总面积 33 公顷，现状地类包括一般耕地、村道、沟渠等，全部用于城镇建设和工商业发展，包括用于农民安置的住房用地；铁南工业园区建新区总面积 33.2 公顷，现状为水田、村道、沟渠等，全部作为工业发展用地，为沟帮子镇经济开发区建设提供用地保障。

（二）农村土地整治

坚持节约集约用地、从严控制城乡建设用地总规模的原则，大力促进人口城镇化和土地城镇化的同步发展，在吸引农村人口向城镇和中心村集中的过程中，加大对农村居民点的整理。

规划期内，将镇区周边的沟帮子村、沙河子村、河下头村、獾子洞村、马家荒村、姚屯村、河西村纳入镇区，实施统一规划和建设管理，推进村屯撤并和农民集中居住，提高公共服务和基础设施的规模效益，预计到 2020 年，全镇将形成以 8 万人口的镇区为中心，外围有 3 个人口在 3 千—5 千人左右的行政村的格局。

积极推进农村建设用地复垦整理，促进农村居民点集中集聚，改善农村生产、生活和生态环境，优化城乡用地和产业布局。在操作方式上，通过开展城乡建设用地增减挂钩试点，逐步实施迁村并点工作，引导镇域城镇空间结构优化。在挂钩实践中，通过空间重新配置，实现农村低效土地的较高级差收益，并返还农村，促进新农村建设；通过农村建设用地复垦整理，有效增加村屯耕地面积，促进耕地集中连片，为发展高效、生态、观光型农业提供基础；调整受城镇发展以及工业园区建设影响的耕地，支撑城镇和产业园区发展，并留足生态绿地，实现园区与高效生态农业区的有效隔离。

挂钩项目区城乡建设用地增减挂钩指标66.2公顷，拆旧区通过废弃砖瓦窑和农村宅基地整理复垦可新增耕地66.67公顷（1000亩）。拆旧区整理复垦和搬迁工作计划在2011—2013年完成，具体安排如下：

第一年度，完成项目区内摸底调查、宣传发动和方案制定；项目区可行性研究及报件材料上报审批；姚屯和河下头废弃砖瓦窑土地平整和农民搬迁工作。

第二年度，完成孙庄、獾子洞、丁家废弃砖瓦窑土地整理复垦和丁家拆迁农民搬迁工作。

第三年度，完成马家荒废弃砖瓦窑土地整理复垦工作；整理项目区资料，完成项目验收。

三、深化农村产权改革

土地是农业生产的资源基础，是农民的重要资产。经济社会发展过程伴随着土地的升值和土地利用结构的调整。明晰的产权是农民主张土地权利的重要依据。为防止城镇建设发展以及村庄撤并过程中对占用土地的纠纷，近期加强农村土地确权颁证工作，按照"四个一致"（土地、台账、证书、合同相一致）要求，积极搞好农村土地确权工作，按照"应确尽确"、"据实确权"和"四个一致"的要求，全面推开未确权村屯的农用地实测确权和集体建设用地使用权、农村房屋产权、农村集体土地所有权的确权颁证工作。积极推进农村土地流转，促进农村土地资本化，为现代农业发展创造良好条件。

推广大雁猪场等农业合作社模式，继续支持建立农业专业合作社、股份合作社等以资本为纽带的新型集体经济组织，发展产权明晰的农村新型集体经济，推进农业集体化、集约化发展，提高农业组织化程度，增强农民应对市场风险的能力。

四、统筹城乡社会事业

近期全面完成镇域内村镇规划编制，实现城乡规划管理全覆盖。

加快城乡基础设施的联结，推进城镇基础设施向农村延伸，加强交通网络建设，解决国道穿越镇区的问题，逐步实现村级道路路面硬化。加强农村环境综合治理，生活垃圾的处置减量化、无害化、资源化。调整工业结构，防治工业污染，逐步实现生活垃圾收集、运输密闭化，道路清扫机械化，整治水体污染、垃圾散落、道路泥泞等环境"死角"，建成村镇生活污水、生活垃圾集中处理设施，不断净化、美化、绿化农村的生产环境、生活环境和生态环境。

加快实施城乡供水系统建设，划定村镇集中式饮用水源保护地，实现城乡供水同网同质，提高农村饮用水质量。

调整优化教育、文化、卫生等社会公共服务设施布局，提高设施集聚集约水平。加快建立覆盖城乡的电力、通信、公交等基本公共服务设施网络体系，使城乡人民共享现代文明成果。

以基础设施建设为载体，以河西新区九年一贯制学校建设为契机，积极争取省、市资金支持，完善农村社会化服务体系，逐步实现城乡衔接，高起点、高标准进行建设，加快建设与农村居民日常生活密切相关的公共服务设施。

着力推进农村劳动力稳定就业和农村居民市民化，建立城乡均衡发展，普惠式、广覆盖、多层次的社会保障体系，提高新农合，积极推广农村养老保险。加大户籍制度改革力度，允许本地农村居民和外地符合条件的务工人员在沟帮子镇落户，给予进城农民与城镇居民同等的就业和社会保障权利，包括参加养老、医疗、城镇低保、失业、再就业培训等权利，形成全镇居民共享发展成果的新格局，力争在统筹城乡发展方面走在全市乃至全省前列。

五、加大财政支持作用

按照"总量持续增加、比例稳步提高"的要求，加大财政对农业的投入力度，重点加大对农副产品深加工产业的支持，增强农业企业对农业发展的带动作用，深入落实资源要素配置向农村倾斜的政策，整合各项支农资金以及部分土地出让收益，确保财政支出优先支持农业农村发展，特别是农业基础设施、土地综合整治和农村公共服务领域。发挥财政资金的引导作用，以挂钩试点为契机，坚持市场化配置资源的原则，吸引社会资金参与农村土地综合整治和新农村建设，探索形成政府主导、市场运作、多元融资的可持续发展机制。

第六章 公共服务全面提升

第一节 加快基础设施建设

一、交通设施

加强对外联系道路建设，以高标准、高质量为原则修建绕城路，分流过境交通减小过境交通对镇区生产生活的不利影响，通过改建、修建和新建道路等方式形成交通网络，以保证镇区内部交通通畅，并实现镇区交通与镇域交通的紧密联系。

提高镇内道路功能和效率，提高道路网密度，保证道路系统的完整性，针对不同功能等级的道路，采用不同的建设和管理标准。以促进商业发展的原则，在河东商贸服务区内增设小三轮、自行车的通道，适度缩减商业区内的道路宽度，增强道路通达性和便利度，促进商业发展。以节约集约利用土地为原则，在铁南工业园区内以双向双车道为主的道路建设为主。

加强河东商服服务区和河西新区经济联系，在沙子河两岸建设主干路和桥梁设施，并与镇区内部次干路、支路共同形成不规则方格网状道路系统，满足日益增长的出行需求和停车需求。

二、市政设施

给排水方面，规划在镇区建设两处水厂，镇区污水采取集中处理方式，村庄污水采取集中处理或化粪池分散处理的方式，处理后的水灌溉农田或排入水体。

供电方面，为满足全镇生产及生活的用电需求，在镇区铁南工业园区内新建66/10kV 二次变电所两座。

电信方面，根据城乡用户需要，相应增设电话程控交换机，大力发展固定电话用户，推广宽带网络。

有线电视方面，各村屯实现有线电视网络覆盖，实现近期达到70%，远期达到 100% 的目标。

环保环卫设施方面，在镇区设垃圾转运站，并与镇南部的垃圾填埋场进行有机的衔接，逐步实现生活垃圾收运密闭化，道路清扫机械化，废物治理达到减量化、资源化，垃圾、粪便处理无害化。

三、城市景观建设

（一）城市主题色彩及风格

以和谐、服从城市功能分区需求和体现沟帮子镇传统文化和时代面貌为原则，根据城市区域划分，河西新区作为行政和文化中心，建筑物主题色彩以灰色等凝重色彩为主，建筑物以 20—100 米高的范围，其中沙子河景观带两侧考虑行人步行和视觉开场等效果，应以低层建筑为主；铁南工业园区宜采用白色、浅驼色等明快的色彩，展现城镇活力；河东商贸服务区作为商业中心区，采用活跃的色彩，建筑物以低层为主，而居住小区宜采用米色等素雅的颜色，建筑物以多层为主。

（二）公共开放空间

沟帮子镇人流往来密集，应更注意公共开放空间系统建设，主要包括三大类，一是景观休闲类空间，即在对沙子河河道和水质进行治理的基础上，充分发挥河道两岸景观和商贸功能，设计建设亲水平台、休闲广场和商铺等，提供景观和商贸服务；第二类是市政服务类，在河西新区行政中心南侧建设市政广场，在体育用地西侧、河西新区南侧规划文化休闲广场；第三类是人口疏散和安全服务类，河东商贸服务区南部规划沟帮子文化广场和火车站北侧规划集散广场，为过境人口提供文娱活动空间。

（三）重点街区景观建设

为提升沟帮子镇城镇形象，对 102 和 305 交叉路口、商业街、火车站站前街等重点街区的景观进行建设。102 国道和 305 国道道路断面尺度过大，为了避免大尺度街区造成交通拥堵，增加了人员往来的不便利性，规划对镇中心区的大街区进行分割，建立 100 米 × 100 米的街区，增加支路网密度，建设排水排污设施，整修路面，建立街区内小型机动车、自行车和人行道，增设小尺度休憩空间，达到增加商业店铺和营造商业氛围的目标。

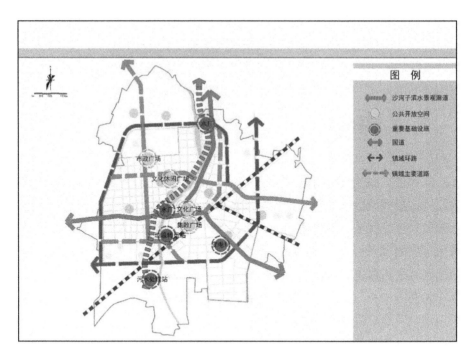

图77 镇域基础设施建设提升示意图（2010—2020年）

第二节 社会事业

一、公共教育

加强学前教育投入，引入民营办学模式，适当发展特色幼儿教育。义务教育方面，进一步调整教育资源布局，优化教育资源合理配置，稳步提高师资队伍水平，使得城乡教育均衡发展，学生素质全面提高。同时镇域内有针对性地发展职业教育，从适应本地企业需要角度出发，探索与企业合作办学，同时加强学生实践经验。

调整教育资源合理配置，实现城乡均衡发展、资源共享。通过河西新区九年一贯制学校的建立，逐步整合教育资源，撤并五所村级小学、两所中学，集中资源创建高质量的教学环境，实现城乡教育资源共享。考虑到学生就近上学的需要，建议暂时保留另外两所村小，并加大资金投入力度，改善教学环境，提高教学质量。

保证教育经费投入，加强基础设施建设，改善办学质量。加大对学校软硬件设施的投入，强化政府对义务教育的保障责任，进一步完善义务教育投入机制，改善教学楼质量，保证教学基础设施高标准配置，并积极开展校园绿化、净化、美化工程。

建立教师奖励淘汰机制，提升教师素质，提高教学水平。定期培训教师，鼓励教师运用现代教学手段和方法，并建立一套有效的奖励机制，逐步提升教师整体教学水平，适应目前素质教育的需要。

鼓励发展职业教育，实施校企联合办学战略。以就业和创业为导向，鼓励各类职业学校、学院和培训机构的办学，探索各种形式的教学模式。实行灵活的"学分制"和"订单式"教育，推行学历证书与职业资格证书并重的"双证书"制度，积极为未能升学的青年提供各种就业培训。鼓励扶持民办职业教育发展，促进中等职业教育与普通高中教育协调发展。鼓励形成环境育人的校园文化，建立市级绿色环境学校。

二、医疗卫生

按照小城市的建设标准加强沟帮子镇医疗卫生体系建设，优化医疗资源合理配置，发挥镇区大型综合医院优势，吸引周边乡镇居民就医，同时加强村级卫生院的建设，满足地方百姓日常看病就医需要。

增加卫生资源总量，合理调整卫生资源在镇域内的优化配置。通过增加政府投入、吸引社会资本、鼓励企业或个人捐赠等多种渠道，增加卫生资源总量。遵循以政府主办非营利性医疗机构占主导，营利性医疗机构为补充的原则，控制总量，盘活存量，优化增量，提高质量。

加强公共卫生服务体系建设，提高公共卫生服务水平。加强村卫生院的建设，提供村民日常生活所需的公共医疗卫生服务。包括农村妇幼保健，计划免疫，传染病和地方病的预防控制等。建立健康教育的社区网络，积极推进慢性非传染性疾病防治工作的信息化系统管理，加强医疗救治体系建设和信息网络建设。

加快卫生体制改革，实现公共卫生事业投资多元化。继续鼓励支持民间资本兴办各类医院、社区卫生服务机构、疗养院、门诊部、诊所、卫生所（室）等医疗机构，参与公立医院转制改组。政府逐渐转变自身职能，从"办"到"管"，加强对转制后的医疗机构和民营医疗机构的管理力度。确保公共卫生服务、基本医疗服务和医疗保险定点服务到位。鼓励医疗人才资源向民营医疗机构合理流动，确保民营医疗机构在人才引进、职称评定、科研课题等方面与公立医院享受平等待遇。从医疗质量、医疗行为、收费标准等方面对各类医疗机构加强监管，促进民营医疗机构健康发展。

三、文化科技

进一步深化文化体制改革，完善公共文化服务体系，以资源整合、挖掘为原则，发挥现有文化娱乐基础设施效用。对现有体育、娱乐设施进行改造提升，如对中学篮球场和电影院进行改造，为群众的休闲文化生活提供公共空间和配套设施。积极开展丰富多彩的文娱活动，通过举办体育赛事、文化节，并努力打造地域特色鲜明的精品力作，营造具有地方特色的文化氛围，满足广大人民群众的精神文化需求，增强沟帮子的吸引力和凝聚力。

加强农业科技投入，鼓励企业科技创新，加强科技支撑力量。进一步加强基层和农民科技带头人的培训工作，积极培养乡土科技人才队伍。结合当地实际，立足本地区经济社会发展的需求，建立和健全合理配置科技资源的统筹机制，促进企业与企业之间的技术交流与合作，形成机制灵活、资源共享、密切协作的科技创新合力，大力推进科技体制创新、机制创新。

第七章　生态环境明显改善

第一节　生态环境建设原则

一、经济、社会、环境协调可持续发展

注重资源的优化配置、保护、改善生态环境，实现社会效益、经济效益、生态效益的同步增长。坚持生态环境整治与加速经济发展相结合的原则，坚持生态环境建设与产业开发、农民增收、区域经济发展相结合，力求将沟帮子镇建成环境优美、城镇居民及农民富足和社会稳定的生态城市。

二、治理、建设、保护并重

以保护水资源和农田环境为目标，以造林绿化、建设绿色屏障为核心，生物、工程、农业措施相结合，治理、建设、保护并重，在重点治理河道污染和加强绿化建设的基础上，全面整治沟帮子经济开发区的生态环境，从而实现全区生态环境的根本好转。

三、统筹规划、突出重点、分步实施

从实际出发，因地制宜，量力而行，处理好全局与局部、长远与当前、沟帮子与北镇市以及不同部门间的关系，优先安排生态环境脆弱区的水资源保护、天然林保护和防风固沙等重点生态环境建设工程。

第二节　生态环境建设的目标

从打造新型生态工业园区和现代生态城市的角度出发，沟帮子镇要遵循可持续发展战略思想，确保环境保护与社会经济协调发展。突出其在北镇"生态市"建设中的地位和作用，通过污染防治和生态建设，使镇域内各类污染得到有效治理，生态破坏得到基本控制，环境质量得到明显改善，城镇生态良性循环并与自然生态和谐相融，将沟帮子建设成为环境舒

适优美，居民安居乐业的生态优美镇。

根据北镇"生态市"建设规划对于环境质量的指标要求，年平均空气质量达到二级空气标准，全年空气污染物指数（API）≤100的天数大于等于全年天数的85%。城镇水环境功能区水质达标率100%，且镇域内无劣V类水体。噪声控制方面，区域内环境噪声平均值≤60dB（A），交通干线噪声平均值≤70dB（A）。

第三节　生态环境建设的重点任务

根据沟帮子镇城镇生态环境特点，将沟帮子划分为城市发展区、生态产业区和农村社区，并根据区域的特点，提出针对性的生态环境建设的重点任务。

一、城市发展区

（一）河东商贸服务区

结合近期的旧城改造，改善老镇区道路绿化、给排水管网等建设。特别是配合近期规划的沟帮子垃圾填埋厂，规划完善镇区垃圾收集、转运和集中处理体系。结合沟帮子镇污水处理厂建设，配套完善镇区纳污网管。加强集中供暖工作力度，使中心镇区集中供暖率达到100%，有效缓解冬季取暖对大气造成的污染。新建居住区配套先行，高标准严要求，以满足城镇快速发展需要。

（二）河西新城区

在综合考虑居住人口增长的需求和功能发展的要求配套基础设施建设的同时，利用沙子河滨河生态景观带的规划建设，带动周边自然生态景观体系的形成，将自然环境要素融入新城镇建设中，实现自然资源保护，美化城镇空间形态，提升城镇整体形象的目标。结合沙子河综合整治工程的建设，规划配套沿岸的截污管道，确保入河污水全部纳入管网统一处理。同时对其进行河道绿化美化建设，保护建设护河防护林带，在距离居民区较近的河段进行绿化景观建设，在水边安排开放的公共休憩空间，为在城区生活的人们提供观赏休闲、亲水娱乐的机会。

二、生态产业区

沟帮子镇作为省级开发区承担着经济发展的重任，无论是工业园区的建设还是农业的发展都应该遵循循环经济的发展模式，即将社会发展与其依托的生态环境作为一个统一体，运用生态学规律而不是机械论规律指导人类社会的经济活动。与传统经济对于资源的一次性粗放型利用不同，循环经济提倡资源利用的"减量化、再利用、再循环"。

同时大力发展低碳经济、环境友好型产业，而对于高能耗、高污染、高排放产业则需谨慎对待。政府出台相关税收、土地等优惠政策，支持和引导环境友好型企业的发展，实现经济增长与生态保护同步实现的可持续发展目标。

加强同类工业功能区块建设，在招商引资过程中也要充分考虑同类型产业或同一产业链上的相关产业的集聚，按照不同产业类型划分不同产业区块，从而带来生产的集聚效应同时有利于提高污染处理的规模效益，大大降低污染治理成本，有效解决环境污染问题。建议原镇区北部以熏鸡加工企业为主的绿色食品加工区迁到铁南工业园区西侧形成以尹家熏鸡新城为核心的新加工区。原加工区内主要加工销售部门逐步移到新绿色食品工业园，原有镇北的企业只保留部分销售店铺。

鼓励企业对现有循环生产模式进行进一步深化创新，争取发展成为全省乃至全国有名的绿色生态稻米加工示范区，打造沟帮子绿色稻米品牌。

以行政村为单位，建立生态农业示范区。通过生态示范区的建设，一方面普及生态意识，引导农民保护环境，克服短期行为，为农业、农村的可持续发展打下良好的基础；另一方面总结生态建设模式，为以后农村全面开展生态农业建设积累宝贵的财富。

运用农业生态工程原理与技术，适时调整生产结构，充分合理利用当地的资源，提高资源利用率，保护农业生态环境，减少农业生产造成的污染，实现经济、社会和生态效益协调发展的目标。

重视农田林网化，顺应镇域的自然条件，优先布设生态基础设施用地。遵循"林带网格化、结构立体化、林木良种化、管理集约化"的原则，保持林网化的完整性，达到既可充分发挥农田防护，又可促进镇域总体生态环境建设的目的。

进一步推广测土配方施肥和使用农家肥，农产品农药残留合格率大于85%，农膜回收率大于80%。建设标准养殖小区，普及沼气池，畜禽粪便还田利用率达到90%以上。

三、农村生活区

以行政村为单位制定生态村建设规划，规定村镇集中式饮用水源保护地，确保饮用水水质卫生合格率达到100%。加大农村基础设施建设，确保生活污水处理和综合利用率大于70%，生活垃圾日清运率达到100%。村民对环境状况的满意度大于95%。生态村建设环境保护指标和具体要求见表27。

表27　农村生活区环境建设保护指标

指 标 名 称	要　　求
村容村貌	有良好的感官和视觉效果
环境质量	达到功能区要求
村庄绿化覆盖率	≥25%（平原地区）
户用卫生厕所普及率	≥90%
工业污染物排放达标率	100%
养殖业污染物排放达标或综合利用率	100%
水土流失治理率	≥90%
秸秆综合利用率	≥90%
无公害、绿色和有机农产品种养率	≥50%
清洁能源普及率	≥90%

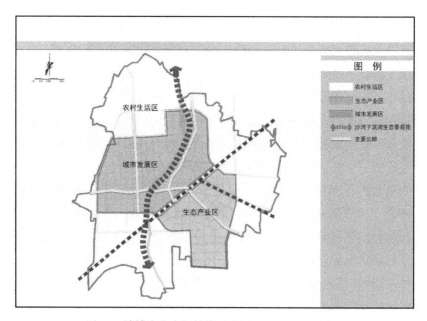

图78　镇域生态空间结构示意图（2010—2020年）

第八章　实施机制及措施

第一节　体制机制创新

深化"镇区合一"行政管理体制改革。通过深化"镇区合一"行政管理方式改革，整合区域资源和行政资源，提高行政管理效率。进一步厘清开发区与乡镇管理结构的分工和协作关系，明确两大管理结构的职责、权利和义务。充分发挥园区管委会在招商引资和促进产业发展的龙头作用，乡镇建设为园区发展搭建平台，促进沟帮子镇经济社会全面快速协调发展。

根据经济总量和管理任务，科学设置机构和人员编制，提高行政办事效率。非垂直部门事项属地管理，其所属人员工资、办公经费由镇财政列支，并对其享受管理权限，对垂直部门实行双重管理、属地考核制度，主要领导任免须征求沟帮子镇党委意见。

适应快速城镇建设的需要，适度放宽沟帮子镇政府城镇管理权限，镇域范围内环境卫生、市政公用设施的管理及相关的违章、违规案件的处罚，授权沟帮子城镇管理部门统一行使，适度放宽沟帮子镇政府对城镇建设管理的审批权。

加快转变政府职能，发挥政府宏观调控和政策导向作用，加强公共管理机制体制创新，完善公共管理体系和政策，建立社会参与和监督机制。拓宽公众参与渠道，通过法定的程序使公众能够参与和监督规划的实施。同时，推动企业、民间开展全方位、多层次的联合协作，引导社会力量参与规划实施和区域经济合作。

第二节　组织保障措施

加强对沟帮子镇发展的指导和协调。辽宁省、市各级政府要切实加强组织领导，完善规划实施措施，要依据本规划要求给予沟帮子镇发展项目、资金和土地指标等方面的支持，并严格按照规划确定的功能定位、空间布局和发展重点，选择和安排建设项目。

建立健全规划实施监督和评估机制。监督和评估规划的实施和落实情况，协调推进并保障本规划的贯彻落实。在规划实施过程中，适时组织开展对规划实施情况的评估，并根据评估结果决定实施对规划的调整和修编。

第三节　财政扶持政策

积极争取上级财政扶持政策，按照"一级政府、一级财政"的原则，改革完善城镇财政体制。充分考虑沟帮子镇的功能定位和发展规划要求，优化分成比例，建立与沟帮子镇经济社会发展相适应的财政保障机制。在保证2008年上缴基数的前提下，确定在一段时期（五年）内基数外新增财力全部留镇。延伸到镇的城市基础设施由市、县负责统一规划、建设。镇域内土地出让金的净收益全部返还镇。全面建立向"三农"倾斜的公共财政分配体制，社会事业等方面的财政增量支出用于农村的比重不低于70%。

第四节　资金保障措施

深化投融资体制改革，加快建立政府引导、市场运作、社会参与的多元化投融资保障机制。探索建立资金回流农村的硬性约束机制，逐步构建商业金融、合作金融和小额贷款组织互为补充的农村金融体系。积极培育小额信贷组织，鼓励发展信用贷款和联保贷款，让更多的金融资金用于农村和城镇发展。

第五节　人力资源政策措施

实行按居住地登记户口的户籍管理制度。凡在沟帮子镇内拥有合法固定住所、稳定职业或生活来源等具备落户条件的本地农民和外来人员，可申报城镇居民户口。新落户人员在就学、就业、兵役、社会保障等方面，按有关规定享受城镇居民的权利和义务。

政府加大力度改善外来务工人员的就业条件和生存状态，严格监督企业用工制度，促使企业努力改善外来务工人员的劳动就业环境和生活待遇。争取上级政府保障房建设政策向沟帮子镇倾斜，在沟帮子镇开展经济适用房或廉租房建设，建设外来工新村，进行社区管理，为在沟帮子镇达到一定居住时间，有合法收入来源的外来人员提供安居乐业的条件；另一方面，大力宣传构建文明社区、和谐社区的理念，增进本地居民与外来务工人员的融合发展。

及时了解本地企业用工技术要求和务工人员技能水平，加强企业和本地成人教育学校的合作，针对企业要求和农民就业意愿开展针对性的技能培训，提供务工人员技能水平，促进企业劳动力素质提高。

根据产业发展要求，灵活采取技术顾问、长期聘用等形式引进中高级技术人才，在社会保障、子女教育、户籍管理、住房等方面给予引进人才优惠和支持政策。为沟帮子镇工业炉及相关配套产业发展做好人力资源和智力储备。

第六节　开发区发展配套措施

对沟帮子镇"镇区合一"的发展模式给予积极的支持，配套行政管理体制改革，将北镇市发改、规划、建设、交通等部门的部分管理和审批权下放到沟帮子镇，凡是能下放、授权、委托的一律赋予沟帮子镇政府行使。报省以上审批的事项，需市、县两级转报的，相关部门实行"见章盖章"、及时转报，激发开发区创新活力。

树立举全市之力做大做强沟帮子经济开发区的观念和信心，积极争取辽宁省、锦州市和北镇市三级政府对经济开发区的支持。推进城乡建设用地增减挂钩工作，由此取得的用地指标用于经济开发区和城镇发展建设项目，将沟帮子经济开发区培育成为锦州市新的经济增长极，同时实现土地资源规模集约利用。

东涌镇经济社会发展战略规划
（2012—2020 年）

为了更好地发挥城镇化拉动内需，促进经济转型升级的作用，国家出台了一系列有利于促进城镇化健康发展的方针政策。作为广州市特大镇，东涌镇经济社会发展面临用地空间紧张、产业升级困难等问题，经济社会发展急需取得突破。未来 5—10 年，东涌镇进入经济社会全面转型发展的关键时期，有必要制定前瞻性和全局性的经济社会发展战略规划，指导全镇经济社会发展的重点任务和空间部署。

为深入贯彻落实科学发展观和《国家发改委办公厅关于开展第三批全国城镇发展改革试点工作的通知》（发改办规划〔2011〕2085 号）要求，以完善东涌镇公共服务、增强城镇综合承载能力，强化产业工功能为目标，依据广东省、广州市城镇建设文件、东涌镇各部门相关文件、统计资料和调研访谈记录，制定《东涌镇经济社会发展战略规划（2012—2020 年)》本规划范围为东涌镇所辖行政范围，面积 91.66 平方千米，规划时段为 2012—2020 年。

第一章 基本情况及发展环境

第一节 地 理 位 置

东涌镇位于广州市番禺区和南沙区交界之处,地处珠江三角洲几何中心,广州"南拓"轴中心节点上,北与广州新中心城区相接,距广州市中心城区40千米、香港91千米、澳门69千米。

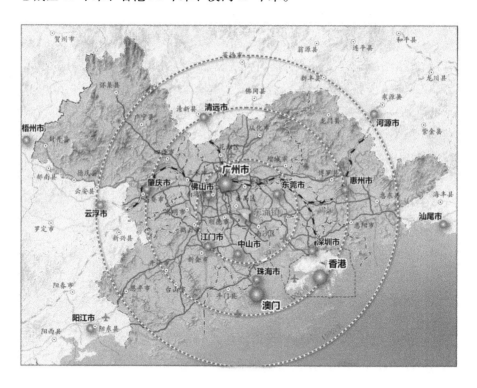

图79 东涌镇在珠江三角洲位置图

东涌镇于2006年,由原东涌镇、鱼窝头镇和灵山镇的西樵村组成。土地总面积91.66平方千米,下辖22个行政村,镇区分为东涌镇区和鱼窝头镇区。

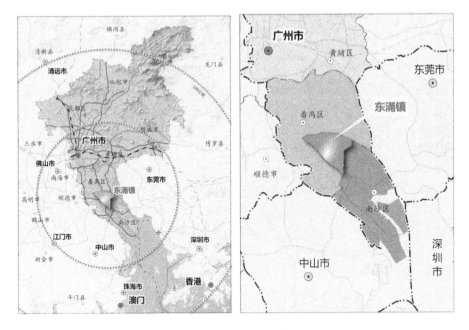

图80 东涌镇在广州市位置图

第二节 交 通 联 系

东涌镇交通条件便利，位于珠江三角洲几何中心，至广州白云国际机场约45分钟，至深圳机场约50分钟，至珠海机场约60分钟，目前已经形成了以高快速路、城市主干道、快速轨道线为骨干，水运为重要补充的对外交通体系。

公路交通方面：目前经过镇域的公路纵向交通主轴线有南沙港快速路、京珠高速公路、番禺大道；横向交通主轴线有市南路、广州南二环路、黄榄快线。另外有60条三、四级公路，总里程达到88.4千米，镇域内道路四通发达，十分便捷。

轨道交通：广州地铁四号线、广深港高速铁路客运专线在镇开设庆盛站，实现无缝接驳，广州地铁十二号线在境内设有东涌站，与地铁四号线实现接驳，一小时生活圈覆盖了珠江三角洲的主要城市。

水路交通：沙湾水道、骝岗水道、西樵水道、莲花山水道环绕整个镇域，距南沙货运港仅18千米，至南沙客运码头22千米，距莲花山口岸28千米。

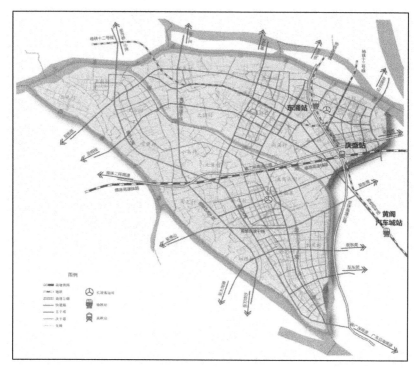

图81 东涌镇交通联系图

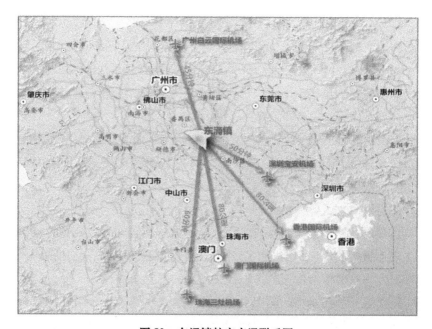

图82 东涌镇航空交通联系图

第三节 人口及就业

一、人口

2006—2011 年，东涌镇总人口 16.1 万增加到 18.2 万人，2008 年达到高峰值 18.8 万人。从下图可以看出，2006—2011 年，东涌镇户籍人口数量稳定，外来人口数量变化是东涌镇总人口变化的主要因素。

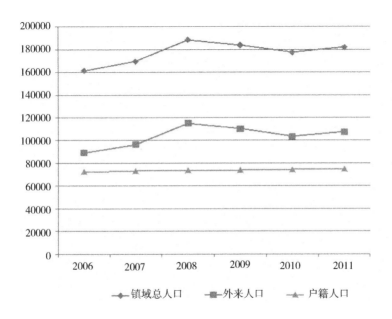

图 83　2006—2011 年东涌镇人口

2011 年东涌镇总人口 18.2 万人，其中户籍人口 7.4 万人，户籍人口分布在下辖 22 个村和 2 个社区委员会。

2006—2011 年，东涌镇外来人口整体变化幅度不大，总体保持在 10 万左右。2008 年，东涌镇外来人口达到 115235 人的峰值，比 2006 年增长了 30%。由于受到金融危机和企业搬迁转型的影响，东涌镇外来人口自 2008 年后略有减少，2011 年外来人口为 107403 人。东涌镇外来人口主要集中在太石工业集聚区、励业工业集聚区、鱼窝头工业集聚区和镇区。

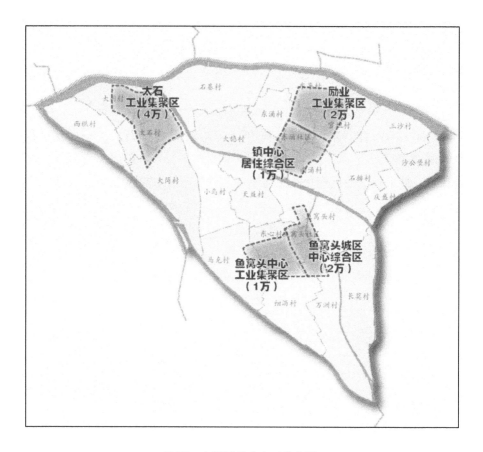

图84 东涌镇外来人口分布图

二、就业

（一）本地人口

东涌镇本地劳动力数由2006年的45093人增加到2011年的48235人，年均增长率为1.3%，劳动力数量基本保持稳定。

东涌镇户籍劳动力就业主要集中在第一产业，第三产业就业人口数略高于第二产业。2007—2011年，东涌镇户籍劳动力在第一产业就业人数逐年下降，第二、三产业就业人数逐年增加。

2011年，东涌镇户籍劳动力第一产业就业比例为41%，第二产业就业比例为27%，第三产业就业比例为32%。

（二）外来人口

2006—2008年，东涌镇外来人口劳动力由89256人增加至115235人，受到金融危机的影响，2008年后东涌镇外来人口略有下降，2011年东涌镇外来人口劳动力107403人。从下图可看出，东涌镇外来人口就业主要集中在第二产业，其次为第三产业和第一产业。2011年，东涌镇外来劳动力第二产业就业比例为65%，第三产业就业比例为30%，第一产业就业比例仅占5%。

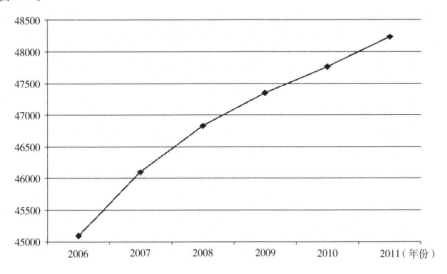

图85 2006—2011年东涌镇户籍人口劳动力数量

注：劳动力统计口径为男18—60岁，女18—50岁，包含18岁以上学生人数和未就业人数。

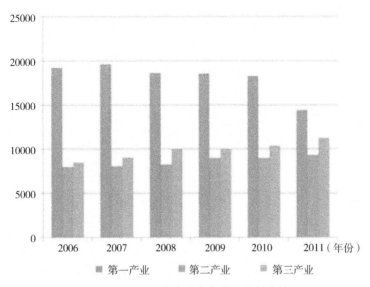

第一产业　第二产业　第三产业

图86 2006—2011年本地户籍劳动力就业情况

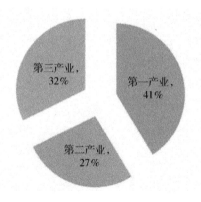

图 87　东涌镇三个产业就业人数比例

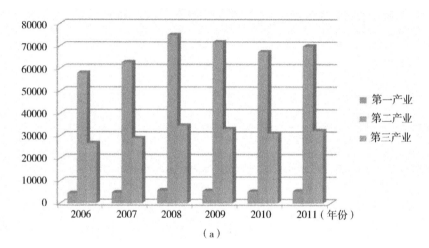

（a）

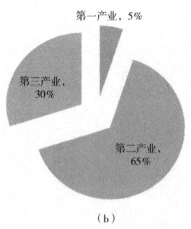

（b）

图 88　2011 年外来劳动力就业分布情况

第四节　资源条件

一、土地资源

东涌境内绝大部分为珠江三角洲沙田平原，土壤肥沃，地势平坦。其地势西北略高，为高围田，东南略低，为低围田。镇内有零星散布的花岗岩小丘 3 座，即红岗、荔枝岗、沙黎岗，海拔分别为 46 米、38 米、29 米。

2009 年东涌镇农用地面积为 5961.23 公顷，占土地总面积的 65.12%，其中耕地 3797.08 公顷，园地 349.51 公顷，林地 10.11 公顷，其他农用地 1804.53 公顷。

建设用地面积为 2451.40 公顷，占土地总面积的 26.78%。城乡建设用地 1962.34 公顷，其中，建制镇用地 544.31 公顷，农村居民点用地 1401.73 公顷，采矿用地 16.30 公顷；交通水利用地 488.54 公顷；其他建设用地 0.52 公顷。

其他土地 741.00 公顷，占土地总面积的 8.10%，其中水域 687.41 公顷，自然保留地 53.59 公顷。

东涌境内超六成的农用地资源，适合农耕，极大地促进了当地农业现代化发展，初步形成了以蕉、蔗为主的果业经济带，以瓜菜为主的蔬菜产业经济带，以花卉、绿化苗木为主的绿色经济带，以水产养殖为主的碧水产业经济带的"三高"农业规模经营新格局。

表 28　东涌镇土地利用现状统计（2009 年）

地　　类			面积（公顷）	比重（%）
农用地		耕地	3797.08	41.48
		园地	349.51	3.82
		林地	10.11	0.11
		其他农用地	1804.53	19.71
		合　　计	5961.23	65.12
建设用地	城乡用地	城镇用地	544.31	5.95
		农村居民点	1401.73	15.31
		采矿用地	16.30	0.18
		小　　计	1962.34	21.44

续表

地 类			面积（公顷）	比重（%）
建设用地	交通水利用地	铁路用地	39.06	0.43
		公路用地	354.32	3.87
		港口码头用地	1.03	0.01
		管道运输用地	0.00	0.00
		交通用地小计	394.41	4.31
		水工建筑用地	94.13	1.03
		水利用地小计	94.13	1.03
		小　计	488.54	5.34
	其他建设用地	风景名胜设施用地	0.00	0.00
		特殊用地	0.52	0.01
		小　计	0.52	0.01
	合　计		2451.40	26.78
其他土地	水域		687.41	7.51
	自然保留地		53.59	0.59
	合　计		741.00	8.10
土地总面积			9153.63	100.00

数据来源：2010 年 3 月东涌镇第二次土地调查成果。

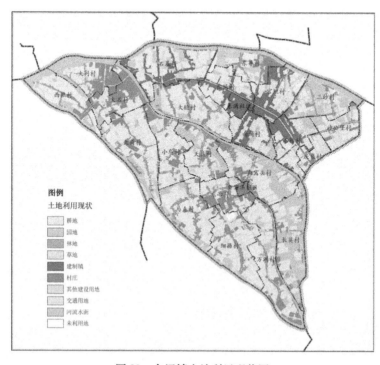

图 89　东涌镇土地利用现状图

二、水资源

东涌镇属珠江三角洲河网地带，镇内河网交错，是典型的岭南水乡。全镇北临沙湾水道，南靠西樵水道，骝岗水道穿越镇域中部，其中，镇域境内沙湾水道流长 3.4 千米，骝岗水道流长 15.1 千米，西樵水道流长 12.2 千米。上述水道也是东涌境内的地面水水源，为东涌镇及附近乡镇提供饮用水保障，东涌水厂就在骝岗水道附近。

三、农业资源

东涌镇农民传统的种植和养殖技术精湛，农产品丰富多样，鱼窝头潺菜、西樵节瓜、公堡水瓜、大稳珍珠番石榴、细沥粉葛、东涌木瓜、马克果蔗、东涌香蕉、天益盛唐罗氏虾等都是东涌极具特色的农产品。

东涌还发展了优质水产新品种养殖基地、香蕉品种试验示范基地、蕉苗生产基地、绿化花卉苗木基地和温棚营养滴灌栽培技术生产基地等多个现代农业基地。

四、旅游资源

东涌镇旅游资源丰富，为配合广东省特色名镇名村创建，东涌镇确定了镇区主路口吉祥围——岭南特色水乡民俗文化广场及商业街、濠涌岭南水乡风情街、东涌湖湿地生态景观、岭南特色园林公园等名镇打造重点；绿色长廊、湿地公园、十里骝岗画廊、十里沙鼻梁涌及三稳涌水上绿道等名村打造重点。

专题：东涌绿色旅游生态景点	
东涌绿道	依托自然、历史、文化、旅游、成形道路等资源优势，从镇区和乐路出发，一条平均 4 米宽掩映在香蕉树、甘蔗林、石榴、木瓜、桂木、青橄榄的绿道蜿蜒向北延伸，而其中一段 1.5 千米长、3.5 米高的瓜果藤条棚架极具特色。 绿道沿线范围设立了 5 个驿站，分别是文化广场驿站、三稳涌驿站、骝岗画廊驿站、沙鼻梁涌驿站和湿地公园驿站，游客可以骑车沿途饱览岭南水乡的田园美景，欣赏青砖黛瓦的沙田村落，品尝风味独特的农家美食，还能休憩打球下棋，尽情呼吸新鲜空气，感受"慢生活"

续表

绿色长廊	位于广东省罗非鱼良种场边，全长约 1.5 千米，是一条集观光、科普、农具体验于一体的绿色长廊。长廊两旁种植了珠帘、老鼠瓜、蒲瓜、千成兵丹、丝瓜、水瓜、蜜本南瓜、长柄葫芦、西番莲、刀豆等一批观赏性强、长势旺盛的瓜果，形成长型、圆形、纺锤形、葫芦形等形态各异的多果型结合
湿地公园	湿地公园种植了荷花、再力花、水生美人蕉、铜钱草、风车草、狐尾藻、水草、水芋、芦苇、桐花、无瓣海桑、鸢尾、梭鱼草等 10000 多株水生植物，游客可以欣赏湖里湖外的美丽景色。 湿地公园为游客设有步行路径、观景台等取景点，游客可从多角度感受生态美景；另外，园内设有古农具展示区，放置了舂臼、灰臼、石碌、石磨机械脱粒机、脚踏打磨机、泥耙、风柜、打谷桶等农具，游客可在畅游休闲之际，感受、体验岭南传统农耕文化
水上绿道	水上绿道依托东涌特有的河涌资源，位于濠涌、沙鼻梁涌、三稳涌三条河涌主干道上，游客可沿途欣赏村落、流水、石桥、古榕散落其中的原生态特有景致，是一个有水，有景，有沙田风情的度假胜地。 游客一边在农艇上欣赏两岸花开四季色外，一边倾听渔民们唱咸水歌的情调，亲身体验钓螃蟹、钓鱼、拗缯捉鱼的水乡乐趣
一村一品	东涌镇近年积极推进"一村一品"品牌，形成了"鱼窝头潺菜"、"西樵节瓜"、"公堡水瓜"、"大稳珍珠番石榴"、"细沥粉葛"、"东涌木瓜"、"马克果蔗"、"东涌香蕉"、"天益盛唐罗氏虾"等多个特色农业品牌，其中"东涌木瓜"、"天益盛唐罗氏虾"更是获得"番禺区特色旅游农产品"称号。 游客可以在绿道范围里饱览东涌的特色农产品，同时也可以跟水乡人一起到 15 亩大的农事体验区农作，品尝木瓜、香蕉、黄皮、龙眼、枇杷、玉米、阳桃、番石榴等 10 多种水果，以及数十种清淡适宜、活色生香的特色农家菜
农业生态博览园	东涌镇拟将农业生态博览园项目打造成为具有中高品位，以水域、园区为景观，以绮丽的沙田水乡、农业生态田园和农产品展销体验为特色，集景观欣赏、娱乐、饮食、住宿、科普教育、农产品购物于一体的旅游休闲农园

第五节　发展背景

一、城镇化发展意义作用凸显

受到世界经济增长放缓，国际贸易增速回落，国际金融市场剧烈动荡等影响，党中央和国务院提出了以扩大内需为战略基点加快推进经济结构调整的战略任务，并明确提出城镇化是扩大内需的最大潜力。2011 年 3 月发布的《国民经济和社会发展"十二五"规划》提出了中小城市发展的具体要求，即"强化中小城市产业功能，增强小城镇公共服务和居住功能，推进大中小城市交通、通信、供电、供排水等基础设施一体化建设和网络化发展。"同时提出"要把符合落户条件的农业转移人口逐步转为城镇居民作为推进城镇化的重要任务。中小城市和小城镇要根据实际放宽外来人口落户条件。"为中小城市人口转移落户提供了政策支持。

二、珠三角改革发展动力强劲

2009 年 2 月国家出台了《珠江三角洲地区改革发展规划纲要（2008—2020 年)》，肯定了珠三角地区经济结构转型发展对于提高国家综合实力、国际竞争力和抵御国际风险，积极参与国际经济合作，带动区域发展的重要意义，明确提出珠三角未来发展的五大定位，即科学发展模式试验区、深化改革先行区、扩大开放的重要国际门户、世界先进制造业和现代服务业基地、全国重要的经济中心。同时地方各级政府相继出台了落实《纲要》的各项重要规划和文件，为新时期珠三角地区经济和社会发展注入了强大的动力，提供了巨大的发展契机。

三、全国发展改革试点镇

国家发展改革委办公厅《关于公布第三批展全国发展改革试点小城镇名单的通知》（发改办规划〔2012〕507 号）将东涌镇列为国家发展改革试点镇。东涌镇结合自身发展特点，充分利用试点机遇，从城镇管理职能、财政体制和土地制度等方面进行探索，促进东涌镇经济、社会、生态可持续发展。

四、南沙新区规划编制

《广州南沙新区发展规划》提出将广州沙湾水道以南，原属于番禺区的大岗、榄核和东涌三镇划归南沙新区管辖。随着南沙新区上升为国家级新区，南沙新区管理权限升级，同时将获得特殊的政策支持。随着国家对南沙新区优惠政策的逐步落实，东涌镇有望在粤港澳合作、用地指标、重点项目和资金等方面获得更强的发展动力。

五、广东省促进城镇发展政策实施

2011 年广东省发布了《关于打造名镇名村示范村带动农村宜居建设的意见》（粤府〔2011〕68 号），根据意见要求，东涌镇列为广州市名镇，大稳村列为区级名村，各级政府对辖区内名镇名村建设给予一定的资金补贴。东涌镇以岭南水乡特色为主线，深入落实，进行了农村基础设施改造和河道清理，重点打造镇中心区商业街区和岭南风情街，从建筑风格、整体形象等多角度体现了岭南特色，改善城镇环境，提升了文化特色，为东涌镇打造生态宜居城镇创造了良好机遇。

2011 年广州市发布《广州市简政强镇事权改革实施意见》（穗办〔2011〕4 号），在对广州市所属建制镇进行科学分类的基础上，提出深化小城镇经济社会管理事权和行政管理体制改革的重要举措。以乡镇常住人口、土地面积和财政一般预算收入为分类指标，东涌镇综合指数为 324 分，列入广州市特大镇，获得了一系列事权改革政策，一定程度地减少了发展障碍。

第二章　发 展 优 势

第一节　经济实力较强

一、经济增长速度较快

2006—2011 年，东涌镇地区总产值由 309657 万元增加到 960814 万元，年均增长率为 35%，其中第一产业增长率为 18%，第二产业增长率为 31%，第三产业增长率为 56%。人均 GDP 则由 2006 年的 1.92 万元上升到 2011 年的 5.28 万元，年均增长率达到 22.4%。

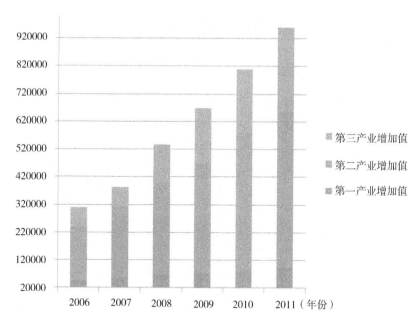

图90　2006—2011 年东涌镇 GDP 及三次产业增加值

二、经济总量位于全区前列

2010 年，东涌镇地区生产总值 809998 元，位列番禺区第四位，前三位是番禺区中心城区的市桥街道、大石街道和大龙街道。

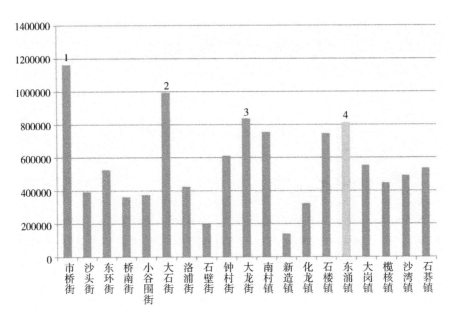

图 91　2010 年番禺区 10 街 9 镇 GDP 情况

三、产业结构不断优化

东涌镇产业结构不断优化：一产所占比重持续下降，由 2006 年的 14.2% 逐年下降到 2011 年的 9.46%，下降近 5 个百分点；二产比重则呈现先升后降的趋势，由 63.15% 上升到 65.62%，又下降到 58.68%；三产比重在波动中由 22.65% 上升到 31.86%，提高了近 10 个百分点。

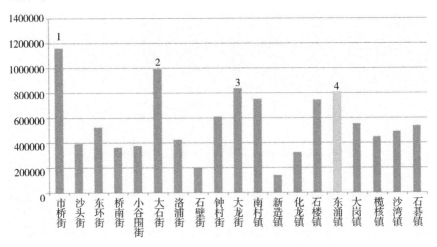

图 92　2006—2011 年东涌镇三个产业结构变动情况

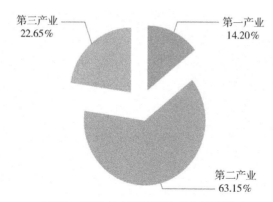

图 93　2006 年东涌镇三次产业结构图

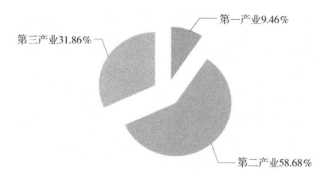

图 94　2011 年东涌镇三次产业结构图

第二节　生态环境优美

一、岭南水乡特色明显

东涌镇属珠江三角洲河网地带，镇内河网交错，流经东涌镇的主要河流有沙湾水道、蕉门水道、西沥、骝岗涌。

东涌镇现有耕地 5643.34 公顷，水域 1484.37 公顷，园地 523.97 公顷，农业用地（非城市建设用地）共计 7983.39 公顷，占总用地的87.10%。原生态河涌纵横交错，蕉林、蔗田果园和观赏苗木间落有致，与田园风光交相辉映，绿色生态资源存量丰富，岭南水乡特色鲜明。

二、名镇名村建设成果显著

东涌镇以"岭南水乡文化，绿色沙田生态"为主题，扎实推进广州市名镇建设工作，开发建设绿色长廊、水上绿道、湿地公园、十里骝岗画廊、民俗文化广场、水乡风情街等项目，融合沙田、河涌等水乡风貌为一体。大稳村凭借良好的生态景观和自然风貌，积极发展观光休闲农业，拓展农事体验、农业科普等旅游项，名村建设成果显著。

第三节　城镇建设基础好

一、道路交通完善便利

东涌镇对外交通联系便利，形成水路交通、公路交通、轨道交通和航空交通于一体的立体交通体系，与珠江三角洲主要城市建立"一小时生活圈"。

镇域内交通体系完善，除对外交通联系干道外，另有 60 条三、四级公路，镇域范围内公路总里程达到 88.4 千米，路网密度达到 0.96 千米/平方千米，覆盖面广。

二、基础设施承载能力高

东涌镇供水和污水处理和固体废弃物处理等环境基础设施完善，目前供水设施和污水处理设施的处理能力远远超过处理规模，完全能满足镇内生产和生活需求，具有较高的承载能力。近期拟建固体废弃物处理 1 座，增强东涌镇固体废弃物处理能力。

第四节　公共服务水平较高

一、重视公共服务投入

2006—2011 年，东涌镇财政收入由 2.09 亿元增加到 3.85 亿元，同期财政支出由 2.08 亿元增加到 3.92 亿元。从财政支出结构看，用于社会公益事业的支出比重扩大，由 2006 年 50.4% 增长到 2011 年的 60%，其中 2010 年的公益事业支出比重达到 65%；用于基础设施建设的支出比重经历了先增加后减少的过程，由 2006 年的 11.2% 提高 2009 年的 24%，2011 年，则下降到 14% 左右。

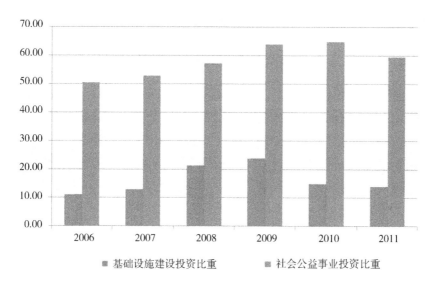

图 95 2006—2011 年东涌镇财政支出情况

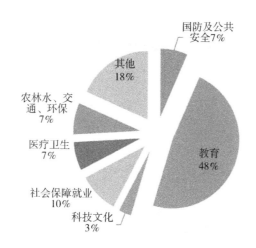

图 96 2011 年东涌镇经常性财政支出比例

注：其他类包括一般公共服务支出和城乡社区事务支出等。

2011 年东涌镇财政经常性支出 2.87 亿元，教育支出、医疗卫生、社会保障就业和科技文化的等公共服务支出高达 68%，其中教育支出比例最高，为 48%，政府公共服务投入水平较高。

二、公共服务设施完善

东涌镇现有幼儿园 24 所，小学 21 所，普通中学 3 所和成人文化技术学校 1 所；下设 2 家一级甲等中心医院，镇级文化广场 3 处，公共服务设施类型全面，体系完善，为东涌镇居民提供较为完善的公共服务。

三、创新外来人口子女义务教育服务模式

东涌镇政府重视外来人口子女义务教育，创新外来人口子女义务教育服务模式，在原有积分入学的基础上（即为在东涌镇工作符合国家计划生育政策且购买社保满三年以上的外来员工子女提供入读公办学校的机会），根据企业经营、纳税状况和科技水平，东涌镇直接将学籍指标分配到企业，达到了促进企业向科技转型、增强人才吸引力和解决外来人口子女教育三项目标。

四、重视传统文化传承

围绕打造"广东省特色名镇"为目标，立足本镇水网纵横的岭南田园风光，进一步传承岭南传统文化，挖掘疍家文化，搜集、传唱疍家咸水歌，摸查疍家特色食品等非物质文化遗产。通过搜集咸水歌、唱龙舟曲目，组织人员学习、传唱及开展儿歌新唱和咸水歌谱新词活动，加深年轻一代对传统文化的认识，增进瑞对咸水歌、龙舟歌的喜爱度，为东涌镇建设发展打下坚实的文化基础。

第三章　发展突出问题

第一节　发展空间受限

一、规划对空间发展控制严格

2002 年，广州市编制《广州新城规划》将目前的东涌镇划入广州新城规划控制区。为了确保广州新城建设发展的空间，东涌镇各项建设受到严格的控制，"十一五"期间，全镇用地报批工作基本停顿，重点工业园区——万洲工业集聚区多个优质招商项目受到搁置，该镇最近房地产销售项目（锦绣新城）在 2006 年发售完毕后，至今再无进行商业和房地产开发。

为了确保重点建设项目、番禺区城市发展和亚运会建设项目的用地需求，番禺区从严控制新增建设用地指标，东涌镇几乎从未获得新增建设用地指标。《番禺区土地利用总体（2010—2010 年）》规划确定到 2020 年，东涌镇耕地保有量目标为 4107 公顷，基本农田保护面积不低于 3955 公顷，基本农田保护率高达 96%，东涌镇基本农田保护面积约占全区总指标的21.6%，发展空间受到严格限制。

根据《番禺区土地利用总体规划（2010—2020 年）》，2009 年东涌镇建设用地总规模 2451.40 公顷，规划至 2015 年建设用地总规模控制在2388.83 公顷以内，至 2020 年建设用地总规模控制在 2347.28 公顷以内，建设用地总规模不增反减，还需减少 104.12 公顷，东涌镇用地指标极度紧缺。

二、交通水网对空间分割严重

东涌镇水网、路网密集，骝岗水道穿越镇域中部，将镇域空间分割为南北两部分。随着基础设施的延伸，京珠高速广珠北段、南沙港快速路、市南路、番禺大道等道路穿过镇区，广州市地铁 4 号线、12 号线和广深港高速铁路经过东涌镇，并设有站点，主要交通干道在提高东涌镇交通便捷程度的同时，对城镇空间造成分割。地铁 12 号线将沙湾水道和骝岗水道中间镇区进行了分割，南二环高速和广深港高铁将骝岗水道和西樵水道中间的镇区进行了分割，地铁 4 号线从东部穿越镇域，对东涌镇东部地区进行了分割。

三、城镇建设分散

现东涌镇是由原来的东涌镇、鱼窝头镇、灵山镇的西樵村经过行政区划调整合并而成的。受行政区划的影响，原有镇中心区分别位于镇域的中部及东南部，这在整体上决定了城镇建设的分散格局。且由于历史发展的原因，东涌镇内各行政村比较均匀地分布并独立地发展建设，使得各种建设用地布局也比较分散，不利于土地资源的节约集约利用。

东涌镇农村居民点用地 1401.73 公顷，占镇域总面积的 15.31%，用地量大。受到传统文化和生活条件的影响，东涌镇农村居民点沿河涌两岸建设特征明显，建设较为分散。

随着工业园区的发展壮大，吸引带动了周边村庄的出租屋和商贸服务业的发展，太石工业园区、励业工业园区和鱼窝头工业园区成为外来人口集中分布的地区，人口居住就业分散导致了城镇建设和空间形态散乱，生活功能与生产功能区混杂，生活空间环境质量较差。

四、城镇改造空间有限

《番禺区控制性详细规划》规定，东涌镇工业用地容积率控制在 1.5—1.6，商住用地容积率控制在 1.8 左右，容积率过低限制了东涌镇的空间利用，无法向空间和高度要效益，限制了社会主体实施城镇改造开发的积极性。

由于一直以来受到严格的规划控制，镇域范围内符合"三旧"改造和城镇建设用地增减挂钩政策的地块较少，同时改造地块以旧村居为主，改造成本高，实施难度大。

第二节 经济发展质量不高

一、地均 GDP 水平较低

东涌镇经济发展质量不高，地均 GDP 水平在番禺区 10 街 9 镇中排名第 14 位，用地效益低下。

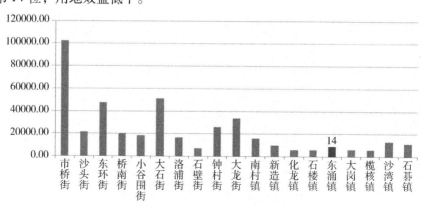

图 97　番禺区 10 街 9 镇地均 GDP 情况

二、财力有限增长与公共服务需求矛盾突出

2006 年，东涌镇可支配财政收入为 2.09 亿元，到 2011 年，增加到 3.85 亿元；同期财政支出也由 2.08 亿元增加到 3.92 亿元。从历年财政收支情况看，各年财政收支基本平衡。

东涌镇财政收入以预算内收入为主，一般预算收入约占财政总收入的 40%。一般预算收入以增值税、营业税、房产税和城建税为主。受到产业转型升级困难，三产服务业不发达等产业经济的影响，东涌地税收入目前在番禺区仅占 3.1%，制约了镇政府财力的增长潜力。而全镇在社会公益事业的支出比重扩大，由 2006 年 50.4% 增长到 2011 年的 60%，其中 2010 年的公益事业支出比重达到 65%，财政收支矛盾日益突出。

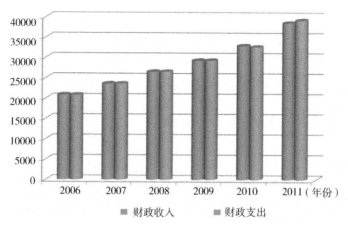

图 98　2006—2011 年东涌镇财政收支情况

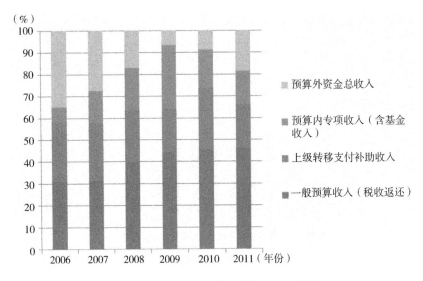

图99 2006—2011 年东涌镇财政收入情况

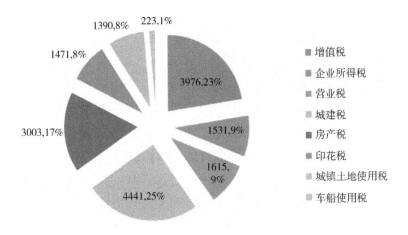

图100 2011 年东涌镇一般预算收入情况

三、产业空间布局分散混杂

东涌镇是工业重镇，工业发展较快。在鱼窝头镇和原东涌镇合并后，在产业空间布局上仍保持了原有格局，形成励业、太石、中心、万洲四个规模较大的工业园区。但由于广东省众多城镇普遍存在"自主城镇化"的形式，各行政村利用本村建设用地，建设厂房，对外出租，形成村村有企业的局面。且企业类型多样、规模不大。东涌镇的22个行政村中，仍有较多零星工业园区分布，如以发展旅游观光农业为主的大稳村、镇中心区周边的官坦、石排等村等。分散的工业园区，不仅不利于土地资源的有效利用、生产污染的集中治理、居民生活环境的不断改善，而且产业发展难以形成集聚效应，无法为中小企业做大做强提供更大发展空间。

四、产品自主品牌影响力和附加值低

东涌镇是工业大镇，但也存在大而不强的问题，目前东涌三次产业比例为10.2∶61.2∶28.6，产业发展层次有待提高。目前，东涌镇都市农业发展刚刚起步，工业发展步伐虽快，但以传统劳动和资本密集型企业为主，如钢铁、服装加工等，比重都在20%左右，虽然东涌镇高新技术产业发展日益受到重视，但由于起步较晚，影响力不大，在全镇463家企业中，认定为高新技术企业的有14家，占全部企业家数的比重不足3%。东涌镇企业在品牌创建方面，取得了一定的发展，但总体来说，自主品牌影响力不大，品牌附加值不高，行业利润水平普遍较低。例如，电子电器行业，利润水平仅约5%，纺织轧花行业利润水平近年来呈现明显的下降趋势，由2006年的5%左右下降到2010年的3%—4%的水平，服装鞋业利润水平也维持在较低的水平上。由于长期作为出口加工基地，众多加工型企业被锁定在产业链的低端，虽然开始注重品牌的建设，但短期内品牌价值提升空间不大。

五、劳动力资源对产业发展支持力不足

劳动力数量紧缺。由于本地劳动力存量有限，加上内陆人口外流数量的下降，部分企业存在用工不足的问题。而产业发展尤其是第二产业发展对劳动力需求大，劳动力数量存在缺口，各个行业就业人数上都呈现出有所下降的趋势。例如，纺织轧花行业就业人数由2006年8000多人，下降到2011年的6600人；电子电器行业也有4405人下降到2011年的3800人；作为劳动密集程度最高的服装鞋业，就业人数由2006年的1.45万人下降到2010年的1万人。就业人数的下降，一方面是由于企业技术提升以及资本构成的改变；而另一方面，也与劳动力的供给数量下降等有密切关系。

劳动力整体技术素质较低，高技术人才稀缺。根据对外来务工人员受教育程度及专业技能的初步调查，在外来务工人员中，1.5%未上过学，6.3%的文化程度为小学，45.5%的文化程度为初中，21.7%的文化程度为

高中，13.5%的文化程度为中专，11.5%的文化程度为大专以上（图）。而就外来务工人员具有的技能情况看，没有技能等级的占58.2%，初级技工占21.9%，中级技工占15%，高级技工占3%，技师占1.4%，高级技师占0.5%（图）。东涌镇处于经济结构转型发展的关键时期，劳动力技术素质低下，高技术人才稀缺难以满足产业转型发展要求，成为经济转型的一大瓶颈。

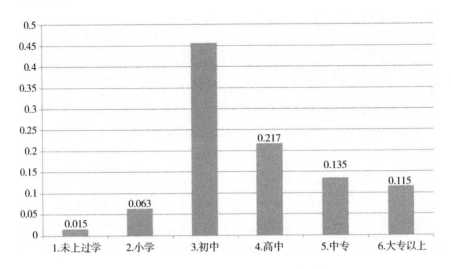

图 101　东涌镇外来务工人员教育程度

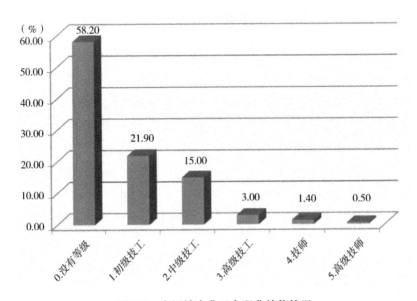

图 102　东涌镇产业工人职业技能情况

第三节　产业竞争力不强

一、农业产业化程度低

东涌镇农用地占土地总面积的 65.12%，第一产业劳动力约为 2.4 万人，东涌镇农业方面的用地和人力投入水平较高，但农业兼业化、边缘化的问题较为突出。农业以传统的种植、水产养殖和苗木花卉种植为主，农业经营效益低下，2011 年东涌镇第一产业增加值为 90857 万元，占全镇 GDP 的 10%。农业经营方式以农户分散经营为主，全镇已成立运营的农民专业合作社 4 个，带动农户 300 余户农业专业合作社和规模化经营发展较慢，对农业规模化经营带动作用有限。第一产业以农产品生产和初级加工为主，产业链条短，农产品附加值低。

二、第二产业自主创新能力低

东涌镇第二产业类型丰富，缺乏主导产业。2006—2011 年纺织轧花、电子电器、服装鞋业等主要产业的产值比例占全镇工业总产值的 36%—50%，波动区间范围较大。

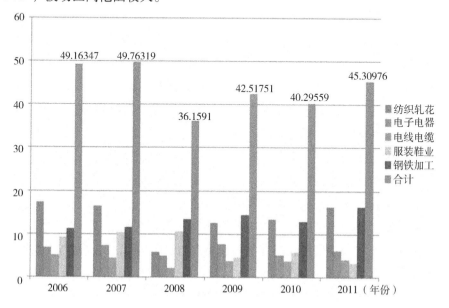

图 103　2006—2011 年部分产业产值占工业产值比重

工业企业自主创新能力低。东涌镇工业企业以传统的劳动密集型为主，资本密集型和技术密集型企业所占比例很小，高新技术产业发展起步较晚，拥有自主知识产权的产品比重较低。同时目前还存在部分纺织、印染企业，工业污染和能耗水平较高，工业整体竞争力不强。

三、第三产业发展滞后

商贸服务业态层次较低。目前东涌镇商贸服务业以传统的餐饮住宿、商贸流通为主，根据工商部门统计数据，东涌镇商贸流通类行业组织占工商业登记数量的90%，其他则以餐饮等为主，信息、金融保险、物流等生产性服务业比重小。

商贸服务业发展缓慢。2006—2011年，全镇社会消费品零售总额增长率为11.1%，远低于GDP增长率，在整体消费升级的情况下，消费总额增长并不显著，商贸服务业发展较为缓慢。

商贸服务业分布分散。东涌镇目前已经形成三个较为完善的商业中心，即东涌中心商业街区（东兴一二三街）、太石村简太路商业街和鱼窝头中心商业街区，布局相对分散，没有形成集中的商业中心。商业网点规模较小，主要为居民提供简单的生活型服务，层次较低，实力较弱。

四、生态休闲观光旅游业处于起步阶段

旅游景点特色不明显。东涌镇旅游业以生态休闲观光为主，旅游景点以绿地景观和河涌水系等自然风光为主，旅游景点特色不鲜明，同构性强。以大稳村为代表的岭南水乡体验式旅游体量规模较小，开发深度不够，以传统的休闲观光型产品为主，缺乏运动养生、文化体验、节事活动等高端旅游休闲产品，对游客的吸引力非常有限。

东涌镇旅游资源开发利用以政府投入为主，经营水平不高，招商引资难度大。由于城镇建设较为分散，不利于旅游资源整合和利用，镇域人口以产业工人为主，旅游业发展气氛不浓。

东涌镇生态观光休闲旅游业知名度不高，河涌水网居多，但由于缺乏整体规划，尚未实现联通，需要加强线路设计、交通组织、旅游产品创新等方面的工作。

旅游文化底蕴挖掘不够。疍家水乡文化和岭南文化挖掘不够，文化传统、风俗和旅游产品的结合不紧密，造成东涌镇旅游业发展特色不鲜明。

第四节　区域竞争激烈

一、国家级新区竞争激烈

为了促进珠三角及广东省经济转型发展，继续深化粤港澳合作，广州市组织编制了《广州南沙新区发展规划》，拓展南沙新区的发展空间和承载能力，将原属于番禺区的大岗、榄核和东涌镇并入南沙新区，积极争取将南沙新区列为国家级新区。在珠三角区域内，先后成立了横琴新区和前海新区，两个新区的发展规划也得到了国务院批复，由于三个发展区地缘接近、资源禀赋类似，在发展定位和目标上面有一定的重合，面临较为激烈的竞争。

二、与周边城镇竞争激烈

东涌镇位于珠三角核心区，珠三角地区人口密集，自然条件优越，交通联系便捷，改革开放 30 年来，珠三角以外向型经济为主导，区域内小城镇产业、基础设施和社会各项事业快速发展，涌现出了一批特色镇和专业镇，成为我国城镇化发展水平最高的区域。但在招商引资、产业引进等方面具有相当程度的雷同性，加剧了各镇之间的竞争。

东涌镇与沙湾、大岗、榄核、石碁等镇相邻。相比而言，东涌镇面积最大，人口最多，经济总规模也最大。从人均水平而言，东涌镇人均 GDP 在五个区域中居于第二位，略低于沙湾镇；农民人均纯收入则仅仅高于石碁镇，低于其他三镇。从产业结构看，东涌镇是典型的工业重镇，二产比重超过 60%，高于其他四镇，三产比重则不足 30%，低于其他四镇。

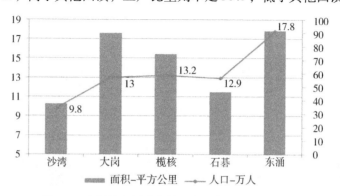

图104　东涌镇与周边乡镇面积和人口规模比较

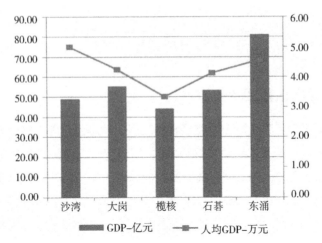

图 105 东涌镇及周边乡镇经济规模比较

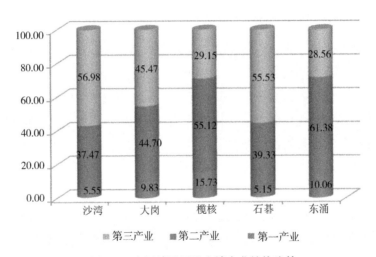

图 106 东涌镇及周边乡镇产业结构比较

三、南沙新区规划对东涌镇影响

(一) 区划调整对东涌镇影响

对比番禺区和南沙区基本经济情况,2011 年番禺区总人口规模达到 170 万,而南沙区人口规模仅为约 26 万,番禺区人口规模远远大于南沙区,教育、医疗等公共服务设施和水平均远高于南沙区水平。

番禺区三次结构为4.01∶40.79∶55.20,三产服务业比重最高,超过 50%,南沙区三次产业结构呈现二产为主导局面,第二产业比重高达 80%,对比可看出,南沙区目前发展侧重第二产业,而番禺区产业结构协调，三产服务功能较强。整体而言，番禺区城镇产业和综合服务功能完善，而南沙区偏重产业，整体服务功能相对滞后。区划调整后近期，对东涌镇公共服务和城镇综合功能发展有一定不利影响。

表29　番禺区和南沙区基本情况对比

内　容	番禺区	南沙区
成立时间	2000年5月撤市建区	2005年4月，原称南沙经济技术开发区（由番禺区部分街道组成）
土地面积（平方千米）	786.15	544.12
总人口（人）	1764869	259899
经济总量（亿元）	1235.78（13%）	571.06（13%）
人均GDP（元）	70021元	219723元
地均GDP（亿元）	1.57	1.05
三次产业比例	4.01：40.79：55.20	2.6：80.49：16.91
一般预算财政收入（亿元）	70.84	31.25
农民人均纯收入（元）	17428	17346
城镇居民人均可支配收入（元）	31745	28833

注：经济数据为2011年数据，人口数据为第六次人口普查数据。

（二）南沙新区定位功能对东涌镇影响

根据南沙新区发展规划，南沙新区规划形成中部、北部、西部、南部四大特色功能组团。北部组团的城市功能定位为围绕庆盛交通枢纽进行布局，由教育培训与研发成果转化区、高新技术产业园区和汽车制造基地三个功能区块组成。发挥粤港澳教育、医疗和科技优势，重点发展高技术服务业、教育培训业、高新技术产业、高端医疗产业和汽车制造业。西部组团由高端装备制造业区、岭南文化旅游区、都市型现代农业区三个功能区块组成。利用岭南水乡文化和生态农业景观基础，重点发展都市型现代农业、文化旅游业；依托广州重大装备制造基地（大岗），重点发展高端装备及重型装备制造业。

从地域范围来看，东涌镇部分属于北部组团，部分进入西部组团，重点发展方向为，围绕庆盛交通枢纽发展商贸服务业、技术服务业、高新技术产业，装备制造业等，依托现有生态景观和岭南水乡文化，发展生态休闲农业和文化旅游业。

表 30　南沙新区规划主要内容

南沙新区规划	
范围	新增番禺区东涌镇、大岗镇和榄核镇，面积扩至 803 平方千米，水域面积 233 平方千米
发展定位	粤港澳全面合作示范区 粤港澳优质生活圈 新型城市化典范 以生产性服务业为主导的现代产业新高地 具有世界先进水平的综合服务枢纽 社会管理服务创新试验区
空间组团	中部组团（220 平方千米）：城市综合服务区、合作配套区、明珠湾城和岭南"钻石水乡"示范区 北部组团（130 平方千米）：由教育培训与研发成果转化区、高新技术产业园区和汽车制造基地三个功能区 西部组团（190 平方千米）：高端装备制造业、岭南文化旅游区、都市型现代农业区 南部组团（260 平方千米）：南沙保税港区、海洋高新技术产业基地、生态保护与度假疗养区

第四章　战略思路和重点

第一节　战　略　思　路

一、扩大开放，积极融入区域发展

充分发挥东涌镇在连接粤港澳、交通便利的区位优势，以《内地与香港关于建立更紧密经贸关系的安排》（简称 CEPA）为指导，加强与粤港澳地区人才、技术、信息交流和合作，以高铁庆盛站为节点，以现有服装、首饰和电子等核心时尚产业类型为重点，带动产业转型升级。

立足东涌镇发展基础，抓住南沙新区发展的机遇，强化服务配套能力，积极争取相关优惠政策，扩大东涌镇行政管理权限，拓展用地发展空间，争取财税、人才和社会保障等方面的支持政策，释放东涌镇发展活力。

二、优化配置，加大统筹城乡发展

在城乡建设规划一体化的前提下，合理配置主要功能区空间布局，统筹规划镇村土地利用，规范开展城乡建设用地增减挂钩试点，稳妥推进村庄土地整治，促进城乡土地资源要素优化配置，提高农村基础设施配置效率。

加大对农业和农村经济发展金融支持和项目支持，促进农业规模经营、提升农产品加工水平，提高农产品附加值，多元化农民收入来源，增加农民收入。

三、包容和谐，继续加强公共服务

秉持包容和谐的理念，提高公共服务水平，缩小城乡公共服务差距，完善农村公共服务体系和水平；重视加强外来人口公共服务水平，扎实提升外来人口子女教育、医疗、出租屋管理方面的水平，提升人才吸引力，为企业发展做好人才服务。

四、转型升级，促进经济持续增长

重视产业结构和经济转型升级，提升第一产业规模经营效益，增强第二产业自主创新能力和产品技术含量，增加第三产业规模，提高第三产业档次，增强东涌镇经济实力。

五、打造特色，树立岭南水乡品牌

以建设广州市名镇名村为契机，依托较好的生态环境，特有的沙田风光，深入挖掘岭南水乡文化，发展生态休闲农业、打造岭南水乡的特色品牌。

第二节　指 导 思 想

以邓小平理论和"三个代表"重要思想为指导，全面贯彻落实科学发展观，坚持以转变经济发展方式为主线，以提高人民生活水平，增强经济发展实力为目标，以改革试点为动力，以区划调整和高铁线路开通为契机，以城乡一体化发展为重点，以重点项目和名镇名村建设为抓手，大力实施"区域融入、城乡统筹、产业升级、社会和谐、生态美观"五大战略，优化城乡空间布局，促进产业转型升级，创新社会管理服务，美化生态环境，提升城镇化发展质量，全面推进新型工业化、新型城镇化和农业现代化，把东涌镇建设成为经济发达，社会和谐、人民幸福、生态优美、岭南水乡文化特色鲜明的现代化小城市。

第三节　战 略 定 位

一、区域定位

粤港澳合作先行先试示范镇

充分发挥高铁庆盛站连接广州和香港的交通优势，利用国家实施 CE-PA 综合示范区的机遇，积极争取国家和省市的政策支持，加强与深圳、香港等地区的技术、经济、信息交流，重点开展时尚创意研发设计、教育培训等领域的合作，创新社会管理和公共服务等领域的合作模式，将东涌镇建设成为粤港澳合作先行先试示范镇。

二、功能定位

（一）社会功能定位

1. 广州市宜居宜业宜游新市镇

发挥东涌镇生态环境优美和区域交通便捷的优势，吸引广州市区产业和城市功能转移，积极承接外来人口定居，提升商业、商贸、餐饮、娱乐等服务业质量，打造广州市宜居宜业宜游新市镇。

2. 外来人口服务创新实践基地

塑造包容和谐的社会风尚，努力提升外来人口公共服务水平，积极创新并实践外来人口就业、子女教育、居住、劳动权利保护等公共服务模式，吸引人才、留住人才，将东涌镇建设成为广州市外来人口服务创新实践基地。

（二）经济功能定位

1. 广州市时尚创意产业基地

依托东涌镇天创、六福、惠威等知名品牌产品，发挥高铁庆盛站的交通优势和全球先进的消费品检测中心落户东涌的技术优势，结合港台市场元素和先进设计创意理念，大力发展时尚创意产业，打造一个产业带动、品牌集聚、配套完善的时尚创意产业基地。

2. 广州市现代电子制造业基地

以巨大集团长嘉生产总部基地项目、中德电控项目为重点，拓展斯泰克、展辉等高科技电子项目，优化整合提升电子产品企业，加快发展现代电子制造业，重视自主创新和品牌打造，支持建设人才和技术交流平台，加快推进现代电子制造业发展。

3. 广州市民营经济总部集聚区

把握周边开发机遇，持续不断地优化镇区产业及配套环境，加大引入生产性服务业技术力度，提升产业供应链的本地化协同水平，深度围绕民营企业发展做好配套建设，进一步吸引大中型民营企业及外资企业的关注，打造民营经济总部集聚区。

4. 华南电子商务物流园区

以万洲综合物流园为基础，结合便捷的立体交通优势，打造供应链物流网商务平台，吸引国内知名的电子商务企业进驻，形成华南地区最大的电子商务结算中心与现代物流配送基地。

（三）生态功能定位

1. 广州市名镇名村建设示范镇

继续深化名镇名村建设工作，将名镇名村建设与观光休闲农业发展相结合，与促进新农村发展相结合，加大城镇和村庄环境整治力度，完善村庄环境基础设施，改善河涌水网环境，将东涌镇建设成为广州市名镇名村建设示范镇。

2. 岭南水乡特色名镇

充分发挥东涌镇田园广阔，河涌水网交错纵横的生态优势，深入挖掘岭南文化和疍家文化特色，改造城镇和村落景观形象，开展形式多样的岭南水乡文化推广活动，打造岭南水乡特色名镇。

第四节 战 略 目 标

一、总体目标

以建设"时尚东涌、产业东涌、生态东涌、平安东涌、发展东涌"为目标，坚持走新型城镇化、工业化和农业现代化道路，着力打造粤港澳合作先行先试示范镇、广州市宜居宜业宜游新市镇、广州市名镇，加大经济结构调整和转型力度，提高农业产业化水平，提升公共服务质量，力争到2020年全面建成小康社会，基本实现现代化，把东涌镇建设成为产业繁荣、服务完善、生活富裕、生态优美、社会文明的现代化新市镇。

二、具体目标

表31　东涌镇经济社会发展具体目标

类别	序号	指　标	2015年	2020年	指标属性
经济发展	1	地区生产总值年均增长率（%）	18	15	预期性
	2	城镇居民人均可支配收入年均增长率（%）	18	15	预期性
	3	农民人均纯收入年均增长率（%）	18	15	预期性
	4	规模以上工业产总值年均增长（%）	20	15	预期性

续表

类别	序号	指　　标	2015	2020	指标属性
科技创新	5	全社会 R&D 投入占地区生产总值的比重（%）	>5	>8	预期性
	6	高新技术产业增加值占地区生产总值比重（%）	>12	>15	预期性
社会发展	7	常住人口总量（万人）	19	21	预期性
	8	人口自然增长率（‰）	8	7	约束性
	9	小学入学率、巩固率（%）	99.9	100	约束性
	10	高中阶段入学率（%）	90	100	约束性
	11	千人综合病床数（张）	3	5	约束性
	12	社区卫生服务覆盖率（%）	100	100	约束性
城乡建设管理	13	万元地区生产总值能耗达到市区要求			约束性
	14	城市空气质量达到市区要求			约束性
	15	大气污染物二氧化硫、氮氧化物排放总量达到市区要求			约束性
	16	农村生活污水处理率（%）	85	100	约束性
	17	城市绿化率（%）	40	42	约束性
	18	工业固体废物综合利用率（%）	99	100	约束性

第五节　战略重点

一、区域融入

　　坚持"积极融合，增进合作"原则，融入区域发展，积极参与分工和合作，为东涌镇发展创造良好的区域环境。

（一）树立区域融入理念

东涌镇在地理位置上处于广州、东莞和深圳等珠三角核心城市的中心地带、同时处于区划调整时期，因此东涌镇要认真分析区域环境、发展定位和方向，立足自身优势和发展要求，积极参与区域经济社会发展分工，为自身发展创造良好的外部环境。

（二）积极参与粤港澳合作

发挥东涌镇交通便利和高铁庆盛站的优势，结合本地产业发展要求，搭建自主创新和设计研发平台，吸引港澳先进的设计创意理念，努力成为粤港澳合作的窗口。

（三）争取区域发展的优惠政策

抓住南沙新区上升为国家级新区的发展机遇，理清东涌镇经济社会发展的政策需求，积极争取管理权限、财税支持、用地管理、人才社会保障和产业项目等方面的支持政策，确保经济社会发展的政策保障。

二、城乡统筹

（一）要素合理流动配置

以城乡规划为龙头，统筹城乡资源要素合理流动配置。按照因地制宜、集约节约的原则，有序开展城乡建设用地增减挂钩、三旧改造等土地综合整治工作，优化城乡用地结构，提高土地利用效益。

（二）提高农民收入

促进农村土地规模经营，大力发展农产品深加工行业，增加农业经营性收入；加大农民职业培训，鼓励农村劳动力向二、三产业转移，拓宽农民工资性收入来源；增加农业收入；加强对农民职业就业培训，加大农村劳动力转移力度，增加农民就业收入。

（三）增强农村公共服务

加强农村垃圾、污水处理等基础设施建设，建立城乡一体的基础设施服务网络。提高农村教育、医疗等基本公共服务质量，丰富农村社区尤其是外来人口分布较为集中社区的文化娱乐活动，创新农村社会管理。

三、产业升级

（一）提高农业产业化水平

丰富生态休闲观光农业内涵，推进农业产业化经营。以现有特色农产品、苗木花卉和特色养殖基地为基础，走规模经营和特色发展的现代农业道路，打造东涌镇特色农产品品牌；积极培育农产品加工龙头企业，延伸农业产业链条，提高农产品附加值，提高农业生产经营效益；打造以疍家文化和岭南水乡文化为内涵品牌项目，重点建设集旅游休闲、体验参与和生态景观为一体休闲观光农业基地。

（二）巩固提升装备制造业

以裕丰钢铁有限公司为龙头，发挥企业的技术优势与规模优势，积极开发国内短缺的各种规格的钢材深加工产品，鼓励企业走出去，建立生产基地，促进企业由传统经营向电子商务以及总部经济的转型。同时，加快建设商品化钢筋加工配送网络，形成以东涌为总部的钢铁现代服务业体系。

以敏嘉数控机床制造技术有限公司等龙头企业为基础，以建设珠三角重要的机械装备现代产业基地为目标，坚持自主创新，重点发展为汽车、造船和轨道交通等行业配套的功能部件和数控机床，延伸产品设计、技术咨询等领域的集成服务领域，拓宽市场，推动机电装备制造业转型升级发展。

（三）促进时尚产业整合转型

以东涌镇现有的服装、鞋帽、珠宝首饰、电子电器制造业为核心，发挥连接港澳便利的区位优势，吸引国际、国内先进的时尚创意、设计和制造方面的理念、技术和人才，整合提升珠三角地区的时尚产业制造及市场资源，提高产品知名度，增强品牌效应，打造以时尚产品研发、设计、制造、流通等配套服务完善的，具有岭南水乡特色的时尚产业基地。

（四）提升商贸服务业水平

以东涌镇中心区现有吉祥围街区为主体，以提升东涌镇商贸服务业水平为主，打造增强城镇核心功能的商贸服务业集聚区；整合提升鱼窝头片区和太石工业园区的商贸服务业，重点发展增强城镇核心功能和服务本镇居民的购物、餐饮、娱乐和商业服务等生活性服务业；在高铁庆盛站和万洲工业园区周边发展以创意设计、产品鉴定检测、电子商务和现代物流等为主的生产型服务业。

（五）大力发展生态休闲旅游业

充分利用广东省名镇名村建设的良好机遇，积极参与粤港澳合作分工，大力发展生态休闲旅游业，打造东涌品牌。充分挖掘东涌镇疍家文化和岭南水乡传统文化，强化外在旅游资源以文化内涵，整合旅游景点和服务设施，提升旅游服务水平，努力把东涌镇建设成为集休闲度假、文化体验、乡村旅游为一体的广州市及周边地区重要的旅游目的地。

四、和谐创新

（一）扬长补短，突出公共服务优势

发扬镇政府长期以来重视居民公共服务的优势，多渠道收集社情民意，重视关注居民日常生活、生产的基本公共服务需求，为本地常住人口提供优质、高效的公共服务。针对目前东涌镇公共服务水平现状，秉持扬长补短的理念，继续发扬东涌镇在基础教育、就业服务等方面的优势，增强东涌镇教育知名度；努力改善公共服务方面的短板，提高医疗服务水平，扩大公共服务优势，增强区域竞争能力。

（二）管理创新，深化外来人口服务

坚持"和谐、服务"的理念，深化外来人口服务，努力扩大外来人口子女教育范围和比例，积极试点创新外来人口养老、医疗和就业等服务内容；深入企业和村庄，深入了解外来人口生产生活需求，有效促进社会管理和服务工作；丰富外来人口文化娱乐活动，为外来人口创造健康、向上的生活氛围，增强外来人口融入感。

（三）深化改革，优化行政服务能力

按照"责权利相一致"的原则，深化行政管理体制改革，强化东涌镇在城乡建设、外来人口管理方面的公共服务和管理职能，争取财政、用地和项目支持，简化项目审批服务缓解，增强东涌镇经济社会发展活力。

五、生态美观

（一）加强生态景观保护

纵横的河涌水网和广袤的农地资源是东涌镇生态景观的基础，东涌镇应加强生态景观的保护，高标准整治河涌水质、沟通水网水系、加强农地资源保护利用，突出东涌绿色景观特色，打造河清、水秀、岸绿、景美的岭南水乡风情。

（二）生态基础设施更新改造

结合特色名镇名村建设，整合提升现有资源，突出岭南水乡小城文化主题，以岭南水乡特色的建筑为载体，升级改造镇区内的公共服务基础设

施，完善全镇排污管网建设，加强城镇中心区、工业园区和人口密集地区的污水排放、垃圾收集设施建设，循环合理利用绿色资源，塑造城镇园林景观，重点加强特色名村水乡民俗文化体验设施建设，将东涌城区及周边地区打造成为既保有岭南水乡传统风貌，又体现现代化大都市怀抱中的小城镇浓郁风情气息，集聚人流、涵养人气、生态灵秀、宜居宜业的岭南水乡名镇。

第五章　空间布局与优化

第一节　镇域总体空间结构

主动接受广州南拓战略和南沙新区发展的辐射，通过优化镇域空间布局，协调好城镇建设、产业发展和生态保护之间的关系，按照"工业向园区集中、人口向城镇集中、住宅向社区集中"的思路，将镇域居住、产业、生态、基础设施等功能区域有机融合，形成现代农业、城区居住、低碳工业和生态景观为相互依托、相得益彰的空间发展格局，科学谋划"一主一副、三轴四区"，统筹镇域空间发展。

一、一主一副

"一主"即东涌中心镇区和励业工业园区。定位为东涌镇的行政办公、文化娱乐、公共服务中心，建成成为以居住、旅游休闲和公共服务为主要功能，以良好的生态环境和岭南水乡景观风貌为特色的现代化城区。

"一副"即鱼窝头片区，包括鱼窝头中心工业园区和鱼窝头镇区。鱼窝头镇区产业、人口集中，定位为东涌镇副中心，以满足鱼窝头片区居民生产和生活需求为主，完善教育、医疗、商贸服务和居住等主要功能，为鱼窝头中心工业园区和万州工业园区等提供必要的公共服务。

二、三轴

东涌镇地域范围开阔，城镇功能区相对集中，根据东涌镇现有交通基础设施和功能区分布情况，选择三条发展轴，促进镇域空间协调发展。"三轴"即市南路发展轴、番禺大道发展轴、励业路－市鱼路发展轴。

市南路发展轴：贯穿太石工业集聚区、励业工业集聚区（国际纺织服装产业园）、名村（大稳村）、高铁站场（庆盛站）等的轴线。轴线体现东涌镇产业特色和景观优势，是沟通主要功能区以及未来发展潜力区的动力轴。

励业路－市鱼路发展轴：是连接"一主一副"两大镇区的功能轴，将东涌片、鱼窝头片区连接起来，并可延伸至番禺和南沙区，主要满足内部人口居住、就业和交通功能。

番禺大道发展轴：连接太石工业园区、鱼窝头片区和万洲工业集聚区，与励业－市鱼路发展轴共同分担本镇人口居住、就业和交通功能。

第二节　功能布局

根据东涌镇城乡建设和自然资源现状，形成城镇综合服务区、工业集聚区、高铁综合商住区和农业发展区的空间发展格局。完善功能区基础设施和公共服务水平，促进产业集中、人口集中和设施集中，提高东涌镇空间利用效益。

一、城镇综合服务区

（一）范围及定位

包括东涌镇中心区和鱼窝头中心区，涉及东涌社区、鱼窝头社区、东涌村、南涌村、大稳村、鱼窝头村，官坦村、东深村和万洲村的部分区域。城镇综合服务区定位为集教育、文化、商贸服务和宜居等多功能的城镇核心区，其中东涌片区为全镇政治和公共服务中心。城镇综合服务区是展示东涌镇城镇风貌、体现城镇形象和品位的重点区域。

（二）重点任务

1. 提升商贸服务功能。提高城区容积率，增加商业服务业用地空间，合理规划建设商业街道和商业中心，加强商业区域街道环境整治，促进城镇核心区商贸服务经营单位和人气聚集。

2. 促进人口集聚。采用增加用地空间和旧村居厂房整治等方式，促进城镇综合服务区用地向商贸服务功能转化，适度增加保障性住房和商业住宅项目建设，吸引农村人口和外来人口向城镇综合服务区聚集。

3. 街道景观塑造。第一类是岭南水乡特色景观，根据东涌镇名镇名村建设要求，做好镇区河道水系清理、道路整治、建设绿化景观，打造东涌镇岭南水乡特色风情街，塑造具有岭南水乡特色的城镇景观；第二类是城镇休闲服务景观，在产业、人口集聚地区，建设公共绿地、文化休闲广场、街边休闲公园等设施，为周边居民提供休闲空间。

4. 完善基础服务设施。加强对产业和人口密集地区的道路、给排水、排污、垃圾处理、停车场、公共卫生间等基础设施进行升级改造，提高公共服务设施承载能力；完善地铁站周边道路交通和环境基础设施建设，加强地铁站与公共交通的接驳，提高居民生活便利度。

二、工业集聚区

（一）范围及定位

包括励业工业园区、太石工业园区、万洲工业园区和鱼窝头中心工业园区。工业集聚区是东涌镇最重要的产业和经济基础，是增强全镇经济实力的核心区域。

（二）重点任务

1. 提高土地利用效率。对工业集聚区内闲置、低效工业用地进行盘活，转移转产或停产的低效益、高耗能、高污染企业，推进低效闲置工业用地腾退，为转型升级产业提供空间，提高土地利用效率。

2. 促进产业转型升级。鼓励技术改进，增强自主创新能力，着力调整优化产业结构，大力促进数控机床、机械制造、电子制造等产业发展，改造提升传统纺织、印染等高耗能、低附加值产业，加快培育发展壮大生产性服务业，推进高耗能、高污染、低附加产业有序退出，发展具有独特竞争力的企业，积极促进现有产业转型升级。

3. 完善公共服务配套。积极转变政府服务职能，为工业集聚区企业提供行政手续办理、信息咨询、权益保护、融资担保、品牌申请等方面的服务；根据产业发展需求，加强产业工人劳动技能培训，为产业转型升级提供人才储备，创新社会公共服务管理，为外来就业人口提供子女教育、社会保险、保障房居住等方面提供便利。

4. 加强基础设施建设。着力解决工业集聚区内企业发展和生产过程中的交通、用水、用电等需求，不断提高工业集聚区承载能力，加强纺织、印染等污染企业的环境基础设施建设，降低环境污染。

三、高铁综合商住区

（一）范围及定位

以高铁庆盛站为核心，范围涉及庆盛村、沙公堡村、三沙村、石排村以及官坦村的部分地区。高铁综合商住区是促进全镇经济转型新的增长点，CEPA 先行先试区和时尚产业集聚区，是提升东涌镇品牌和形象的重点区域。

（二）重点任务

1. 明确定位合理规划。认真分析高铁综合商住区的经济发展环境和潜力，慎重确定区域发展方向和定位，合理规划，做好用地、建设和基础设施的规划设计工作，为高铁综合商住区发展打好规划基础。

2. 积极做好土地储备。全面协调土地利用总体规划、城镇总体规划等，确定全镇可利用土地数量和布局，深入分析城镇建设用地增减挂钩、"三旧"改造等用地政策，认真摸清全镇土地利用潜力，积极开展土地综合整治，为高铁综合商务区发展做好土地储备。

3. 完善基础设施建设。围绕高铁综合商务区建设，完善庆盛站周边交通基础设施建设，做好高铁、公交、地铁无缝接驳，提高交通便捷度，发挥交通枢纽作用；重视景观设施建设，做好公园绿地、防护绿地和附属绿地的规划和建设，美化综合商务区周边环境。

四、农业发展区

（一）范围及定位

除去以上三个区之外、东涌范围内的广大农村地区划定为农业发展区。农业发展区在东涌镇承担农业生产、解决农村人口就业和美化生态景观的功能。

（二）重点任务

1. 促进农业产业化经营。加强特色蔬菜、养殖品种的培植，扩大特色品种种养殖面积，发挥种、养殖大户、龙头企业的带动作用，促进农业规模经营；积极引进、培育农产品加工企业，提升本地农产品附加值，促进农民增收；继续与省、市相关农业科研单位保持良好的合作关系，努力成为特色农产品培育、种植养殖基地，打造特色农业和精品农业。

2. 提高农村公共服务水平。合理规划农村中小学教学点布局，提高教学点软硬件设施水平，提高农村基础教育水平；强化对农村医疗卫生人才的培训和管理，增强农村公共卫生服务能力；加强对与工业集聚区相邻村庄的治安、消防、出租屋等重点内容的管理，创新农村社会管理。

3. 改善农村生产生活环境。加大农村污水排放设施建设，清理河道、沟渠，完善农村垃圾收集清运体系，改善农村生产生活环境；对发展生态观光旅游的特色村庄，加大对村庄环境卫生的监督管理；对邻近工业集聚区的村庄，重视道路、排水、电力等基础设施的维护和更新，提高农村居民生活水平。

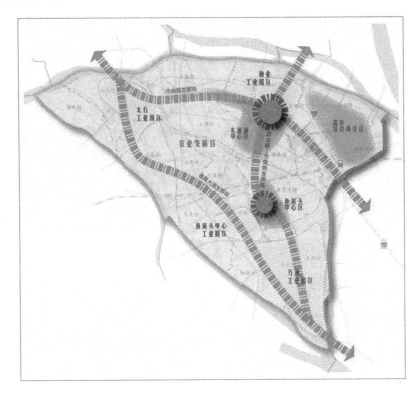

图107　东涌镇空间结构和功能布局图

第三节　城镇空间挖潜

根据东涌镇土地利用总体规划（2010—2020年），2009年东涌镇建设用地总规模2451.40公顷，规划至2020年建设用地总规模控制在2347.28公顷以内，建设用地总规模需减少104.12公顷。而东涌镇城镇总体规划（2007—2020年），预计到2020年，城镇和工业园区规划范围内需要新增建设用地1851.28公顷。在建设用地总规模减少的情况下，需要优化现状建设用地结构和布局，在建设用地内部之间进行平衡。

一、积极争取新增建设用地指标

将规划期间东涌镇土地利用总体规划图和城镇总体规划图件叠加，得出 2020 年，东涌镇城镇和工业园区新增建设用地需求高达 1851.28 公顷，高铁综合商住区用地需求约为 450 公顷。面临如此大的用地缺口，东涌镇应抓住发展机遇，主动协调，积极向上级政府争取本级新增建设用地指标；同时争取更多项目列入省级或市级重点项目，使用国家建设用地指标。

表 32 东涌镇城镇和工业园区规划新增建设用地统计

规划区域	涉及行政村	新增建设用地面积（公顷）
东涌镇中心居住综合区	东涌社区	7.02
	东涌村	6.50
	南涌村	76.26
	官坦村	1.81
	大稳村	49.24
	小计	140.83
鱼窝头城区中心综合区	鱼窝头社区	1.32
	鱼窝头村	22.53
	东深村	41.89
	万洲村	59.97
	小计	125.71
庆盛高铁站综合商住区	庆盛村	38.29
	沙公堡村	146.82
	三沙村	201.52
	官坦村	26.66
	石排村	2.58
	小计	415.87
励业工业园区	东涌村	47.77
	官坦村	72.90
	东导村	72.13
	小计	192.8

续表

规划区域	涉及行政村	新增建设用地面积（公顷）
鱼窝头中心工业园区	细沥村	46.76
	东深村	40.28
	马克村	29.46
	万洲村	3.38
	小计	119.88
太石工业园区	太石村	79.23
	大简村	12.63
	大同村	46.67
	小计	138.53
万洲工业园区	万洲村	309.96
	长莫村	322.45
	细沥村	85.25
	小计	717.66
总　　计		1851.28

图 108　东涌镇新增建设用地需求分布图

二、开展土地利用综合整治

在新增建设用地指标有限的情况下，建设用地存量挖潜也是一条可行之路。通过城镇建设用地增加和农村建设用地减少相挂钩，建设用地通过空间布局调整达到优化配置；通过城镇更新和改造，释放出可用空间。这些都能开拓城镇发展空间。

（一）规范开展城乡建设用地增减挂钩工作

统筹规划镇村土地利用，稳妥推进村庄土地整治。在尊重农民意愿、确保农民利益的前提下，依据土地利用总体规划，规范开展城乡建设用地增减挂钩试点，设立增减挂钩项目区，先易后难，通过建新、拆旧和土地复垦，实现项目区内建设用地总量不增加，耕地面积不减少，用地布局更加合理，以期有效保护耕地资源，节约集约利用建设用地，推动城乡用地科学合理布局。

通过开展城乡建设用地增减挂钩，减少农村建设用地，将其整理复垦成耕地或其他农用地，同时为城镇建设、工商业发展置换用地空间，最终引导农民向中心城区、农村新社区集中居住，促进农民生产和生活方式向城镇化方式转变，提高就业层次和生活品质，改善人居环境。特别要加大对"散、乱、小"自然村的撤并、空心村的整治力度。

根据东涌镇土地利用现状分析，目前共有农村居民点用地1401.74公顷，分布于大稳村、东导村等17个行政村，按全镇农业人口67078人计算，人均农村居民点用地208.97平方米。未来期，如将人均用地设定为150平方米，理论上可整理复垦农村居民点用地395.57公顷，通过实施城乡建设用地增减挂钩，将其置换为城镇建设用地，能有效为东涌镇城镇发展拓展用地空间。

考虑到穗港高速铁路、地铁、高速公路沿线居民长期受车辆行驶的噪音影响，不利于正常生产生活，居民也有强烈的搬迁诉求，规划期内，主要将此区域内的村庄纳入增减挂钩拆旧区，并整理复垦成耕地等农用地，将建设用地指标置换到城镇和工业园区使用，预计规模为80.62公顷，主要分布在大简村、马克村等村。

表 33   东涌镇城乡建设用地增减挂钩潜力统计

行　政　村	拆旧类型	拆旧面积（公顷）
大简村	农村居民点	7.94
马克村	农村居民点	1.21
庆盛村	农村居民点	4.83
天益村	农村居民点	14.40
小乌村	农村居民点	9.90
鱼窝头村	农村居民点	23.25
小　　计		61.53
南涌村	建制镇	4.33
石排村	建制镇	9.51
庆盛村	建制镇	0.25
石基村	建制镇	5.00
小　　计		19.09
总　　计		80.62

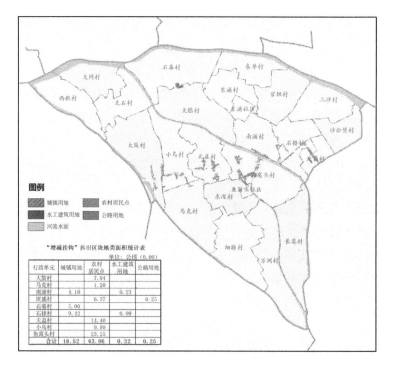

图 109   东涌镇拆旧地块潜力图

（二）扎实推进"三旧"改造工作

结合东涌镇创建广州特色名镇契机，扎实推进以"旧城镇、旧厂房、旧村庄"为主的城镇低效用地再开发工作，促进存量低效建设用地"二次开发"，拓展城镇发展空间。

采取市场与行政手段并用，新建与改造相结合的措施，推进旧城区整体改造工程，对镇区范围内建筑质量差、居住环境恶劣的旧城住宅区进行更新改造。降低建筑密度，增加综合配套设施，提高道路和绿化用地的比重，全面提高居住环境质量。

通过工业用地集中开发，带动旧厂区的搬迁和城镇中心区功能置换。将镇区内建筑质量低下、污染严重、干扰居民生活、影响城镇整体功能和结构的旧厂区、旧工业区逐步外迁，增建公共绿地，推动镇区工业用地合理置换。

力争将鱼窝头旧糖厂等144宗低效工业用地纳入区政府"三旧"改造计划。在东涌片区主要通过政府力量，实施城区升级改造工程、市南路景观改造工程和广州市观光休闲农业示范村（大稳村，包括石基村）打造工程；在鱼窝头片区，发挥本地居民和社会主体的力量，推进"三旧"整体改造。

通过对东涌镇"旧城镇、旧厂房、旧村庄"用地摸底调查，可挖潜利用存量建设用地223.54公顷，其中旧城镇、旧厂房改造53.58公顷，旧村居改造169.96公顷。

表34　东涌镇"三旧改造"潜力统计

行　政　村	用地类型	改造面积（公顷）
大简村	农村居民点	16.12
大同村	农村居民点	20
大稳村	农村居民点	14.86
东导村	农村居民点	5.78
东深村	农村居民点	14.13
马克村	农村居民点	5.04
庆盛村	农村居民点	3.33
三沙村	农村居民点	4.16
太石村	农村居民点	13.99
天益村	农村居民点	9.53
万洲村	农村居民点	18.67
西樵村	农村居民点	8.50

续表

行 政 村	用地类型	改造面积（公顷）
细沥村	农村居民点	1.87
小乌村	农村居民点	4.94
鱼窝头村	农村居民点	9.81
鱼窝头社区	农村居民点	13.13
长莫村	农村居民点	6.10
小　　计		169.96
东涌社区	建制镇	0.80
东涌村	建制镇	21.73
官坦村	建制镇	12.83
南涌村	建制镇	10.09
石基村	建制镇	3.24
石排村	建制镇	4.89
小　　计		53.58
总　　计		223.54

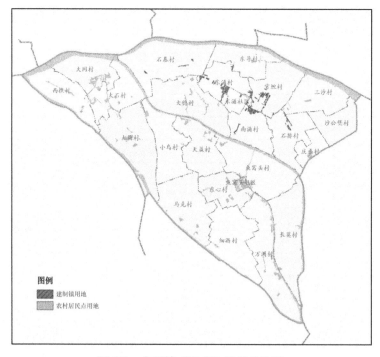

图 110　东涌镇"三旧"改造地块图

第四节　镇村体系建设

东涌镇处于城镇化发展的关键时期，构建多层次镇村体系，提升城镇规模能级，有效配置各类公共服务资源，增强服务和承载能力，发挥辐射和集聚效应，以公共服务区域性、规模化供给带动村庄集中和人口适度集聚，实现以城带乡、区域联动发展，是城镇发展的重要任务。

立足东涌镇现状及发展定位，着力打造东涌中心城区和鱼窝头副中心城区，并将现有 22 个行政村规划分为综合村、工业村、农业村和特色村四类。

一、综合村

范围：东涌中心城区规划范围内的东涌村、南涌村、石排村；鱼窝头城区规划范围内的鱼窝头村；庆盛高铁站综合商住区规划范围内的庆盛村、三沙村、沙公堡村。

定位：位于规划城镇建设用地内，通过城市更新和改造，成为服务于中心城区和本村的功能齐全的综合型村庄。

重点任务：此类村庄先划定旧村边界控制线，禁止新增村民住宅建设用地，禁止零星新建、改建、扩建建筑物。条件成熟时，按城市更新的标准进行改造，并逐步完成村改居工作，纳入城镇中心区范畴，实现农村人口的城市化，也为城镇进一步发展拓展空间。

二、工业村

范围：励业工业园区规划范围内的东导村、官坦村；太石工业园区规划范围内的太石村、大同村；鱼窝头中心工业园区规划范围内的东深村；万洲工业园区规划范围内的万洲村、长莫村。

定位：位于工业园区规划范围内，现状大部分为工业用地，以工业生产为主，同时服务于工业园区，为产业工人提供居住和公共服务。

重点任务：根据各村特点，通过统一规划和改造，加强生产生活和公共服务配套建设，形成布局合理、集约高效、管理规范的村民居住区，为工业园区拓展发展空间的同时，也承担着为工业园区提供居住和公共服务的职能。

三、农业村

范围：天益村、小乌村、大简村、西樵村、马克村、细沥村。

定位：位于规划城镇建设用地和工业园区以外，以特色农业和观光农业为主的村庄。

重点任务：此类村庄近期以环境整治为主，允许已完善用地手续的村民住宅及村民住宅布点规划确定的新增建设用地，按村庄规划及村民住宅布点规划的要求进行建设。条件成熟时，逐步推进农村集聚社区的建设，同时对原分散的村庄建设用地进行复耕，发展特色农业和观光农业。

四、特色村

范围：大稳村、石基村。

定位：具有典型岭南水乡特色及历史保留价值的村庄，打造广州市特色名村。

重点任务：此类村庄以保护村庄的原有机理和特色为重点，在此基础上鼓励对村容村貌进行整治和优化，鼓励对原有建筑物进行整饬。允许已完善用地手续的村民住宅及村民住宅布点规划确定的新增建设用地，按村庄规划及村民住宅布点规划的要求进行建设。

表 35　东涌镇镇村体系建设规划

行政村	现状人口（2011 年）	现状产业	规划人口	规划定位
城　区				
东涌居委会	2312	居住、商业		东涌中心城区
鱼窝头居委会	1094	居住、商业		东涌副中心城区
综　合　村				
东涌村	2693	以工业为主		纳入东涌中心城区规划范围
南涌村	2884	以工业为主		纳入东涌中心城区规划范围
石排村	2624	以工业为主		纳入东涌中心城区规划范围
鱼窝头村	4200	以农业为主		纳入鱼窝头城区规划范围

续表

行政村	现状人口 （2011年）	现状产业	规划人口	规划定位
庆盛村	2230	以农业为主		纳入庆盛高铁站综合商住区规划范围
三沙村	2137	以工业为主		纳入庆盛高铁站综合商住区规划范围
沙公堡	2077	以农业为主		纳入庆盛高铁站综合商住区规划范围
工　业　村				
东导村	2015	以工业为主		纳入励业工业园区规划范围
官坦村	2627	以工业为主		纳入励业工业园区规划范围
太石村	2182	以工业为主		纳入太石工业园区规划范围
大同村	2825	以工业为主		纳入太石工业园区规划范围
东深村	2591	以工业为主		纳入鱼窝头中心工业园区规划范围
万洲村	3750	以工业为主		纳入万洲工业园区规划范围
长莫村	3411	以农业为主		纳入万洲工业园区规划范围
农　业　村				
西樵村	2382	以农业为主		推进农村人口集中居住
天益村	2724	以工业为主		推进农村人口集中居住
细沥村	4179	工农业协调发展		推进农村人口集中居住
马克村	3733	以工业为主		推进农村人口集中居住
小乌村	3119	以工业为主		推进农村人口集中居住
大简村	3900	以农业为主		推进农村人口集中居住
特　色　村				
大稳村	4265	以工业为主		创建广东省特色名村
石基村	4530	以工业为主		创建广东省特色名村

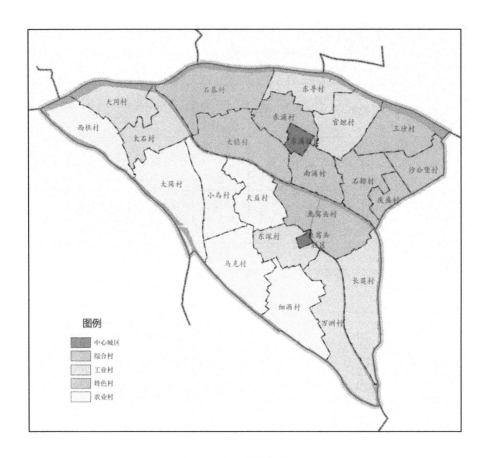

图 111　东涌镇镇村体系图

第五节　生态网络空间

优先布设生态基础设施，形成生态网络空间。生态网络空间应维持自然地貌的连续性，顺应自然地形地貌的形态；维系河道、水面及滨水地带的自然形态；设定和恢复生态通道。

充分利用镇域及周围的河涌、耕地、水面等自然生态条件及其人文历史特色，融城镇于自然之中，重点加强镇域生态绿道建设，保护现有优势生态资源，留存更多绿色空间，并将生态建设与农业生产、旅游休闲结合起来，力求生态效益和经济效益的统一，构筑"点、线、面"相结合的生态网络空间，打造岭南水乡特色的生态宜居名镇。

一、点

包括东涌公园、湿地公园、御鹿苑、农业生态博物园等点状城镇绿色空间，成为东涌生态网络空间中的点缀。

二、线

构建河涌、交通等线状地物两侧的绿色生态走廊，形成线状生态网络空间。

（一）东涌生态绿道

依托自然、历史、文化、旅游、成形道路等资源优势，从东涌镇区和乐路出发，建设一条平均 4 米宽掩映在果树之下的生态绿道，并蜿蜒向北延伸。东涌生态绿道沿线范围设立 5 个驿站，分别是文化广场驿站、三稳涌驿站、骝岗画廊驿站、沙鼻梁涌驿站和湿地公园驿站，可一览岭南水乡的田园美景，欣赏青砖黛瓦的沙田村落。

（二）河涌绿色生态走廊

配合饮用水源地保护及河涌水道养护，重点打造沙湾水道、西樵水道、骝岗水道沿线及两岸绿色生态走廊，三条绿色生态廊道基本依托环绕镇域的重要水系，形成整个镇域划分片区的自然分割廊道。

水上绿道依托东涌内部特有的河涌资源，位于大稳涌、三稳涌、沙鼻梁涌三条河涌主干道上，融合沿途村落、石桥、古榕等散落其中的原生态特有景致，形成有水、有景、有沙田风情的绿色生态胜地。

（三）交通绿色走廊

东涌镇域交通线路密集，结合路网建设，打造境内高速路、快速路、城市主干道、高速铁路、快速轨道线等两侧沿线的绿色走廊。

三、面

充分发挥农用地的生态、景观和屏障等多重功能，拓展镇域连片绿色空间，形成面状生态空间。严格保护耕地，特别是基本农田。到 2020 年，全镇耕地保有量保持在 4107.00 公顷，保证番禺区下达的基本农田保护指标 3955.00 公顷数量不减少，质量有提高，实际划定基本农田面积 4080.54 公顷。

表36 东涌镇各行政村基本农田保护面积 单位：公顷

行政村	规划基本农田保护面积	实际划定基本农田面积
大简村	296.12	344.20
大同村	17.29	78.92
大稳村	260.42	259.69
东导村	112.40	156.38
东心村	18.96	90.14
东涌村	114.80	154.09
官坦村	130.93	157.78
马克村	245.42	244.17
南涌村	127.92	142.60
庆盛村	39.25	33.27
三沙村	213.64	216.03
沙公堡村	149.34	129.16
石基村	296.60	333.03
石排村	122.74	108.48
太石村	20.61	68.26
天益村	203.73	164.03
万洲村	271.05	120.93
西樵村	216.41	200.75
细沥村	271.06	227.74
小乌村	204.06	199.79
鱼窝头村	318.61	318.02
合计	3955.00	4080.54

数据来源：东涌镇土地利用总体规划（2009—2020年）。

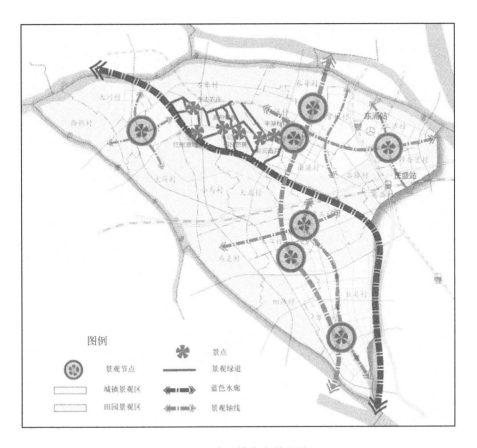

图 112　东涌镇生态景观图

第六章　产业转型与升级

第一节　总体思路与原则

一、总体思路

以科学发展为主题，以加快转变经济发展方式为主线，坚持走新型工业化道路。抓住当前国际产业布局大调整以及在开放经济条件下深化粤港澳台及东盟地区的经贸合作战略机遇，把握未来产业发展方向和技术变革的发展路径，充分发挥地处珠三角核心经济圈的优势，强化产业自主创新能力。按照构建现代产业体系的要求，以创新驱动、集约高效、环境友好、惠及民生、内生增长为导向，巩固提升传统工业，加快发展现代服务业。立足"广州总部经济产业配套新城"定位，打造高铁经济 CEPA（《内地与香港关于建立更紧密经贸关系的安排》）先行先试区，大力巩固提升以钢铁深加工、机械装备、电子电器、纺织服装鞋帽、珠宝首饰加工等为主的第二产业，加快发展以电子商务物流为主现代服务业，积极发展融观光休闲、旅游服务等为一体的现代农业。

二、发展原则

（一）优化资源配置

当前，珠三角地区面临的外部需求处在较快变化的时期，东涌镇外向型经济占有较大比重，而作为传统工业大镇，东涌镇产业发展的问题主要体现在结构问题上。因此，未来产业发展要注重长远发展与近期需要的结合，充分利用国际产业大调整的机遇，同时，在劳动力资源日渐紧张的情况下，以提高生产力诸要素的质量水平和效率能力为核心，大力发展高技术、高附加值、低能耗、低污染的现代服务业和先进制造业。利用好广东省"一镇一策"的政策，加大对高技术产业的支持，形成具有创新性、开放性、协调性、集约性和可持续性等的现代产业体系。

（二）提高产业竞争力

东涌镇传统的产业发展路径主要是依靠要素资源投入和劳动力比较优势进行产业扩张，被动参与低端竞争的粗放型产业发展方式。要提升东涌产业的总体地位，需要打破产业发展的传统路径依赖，以世界视野把握全球产业发展新格局，瞄准产业发展的国际水平，主动争取在国际产业价值链"微笑曲线"上逐步由低端切入高增值的环节和战略高端，即向上游的研发设计环节及下游的营销服务环节延伸；例如，依托庆盛高铁站，围绕近邻香港时尚前沿的优势，着力整合区域内传统的服装鞋帽制造，建设时尚创意产业基地。同强化自主创新的可持续发展能力，提升东涌镇企业参与产业链分工的地位。

（三）提升人力资源素质

东涌镇二产比重超过60%，而二产中，又以劳动密集型产业为主，即使如电子信息等新兴产业也被锁定在产业价值链的低端生产环节，人均产出率低，与产业发展和技术水平相适应的人才素质也偏低，没有显现明显的财富效应。应着力推进产业发展的知识技术密集化和资本密集化，优先扶持附加值高、就业潜力大的现代服务业特别是生产性服务业，加快发展科技含量高、带动效应好的电子产品制造、高技术装备等先进制造业，提高人力资源的经济效率。同时，不仅要注重产业本身的发展，还要注重以产业发展所带来的人才素质的提高、人才的培养及人才的合理流动，推动劳动力结构调整，实现产业与人才的同步提升和协调。

（四）实现资源与产业协调发展

东涌镇未来产业结构调整和发展方向，必须要在资源开发和环境保护层次上进行重构，努力协调资源环境约束与产业高速增长的矛盾，大力培育绿色现代产业，加大对环境保护的投入和污染治理力度，实现从高投入、高消耗、高污染、低效益的粗放型产业发展方式向低消耗、低污染、高效益的集约型产业发展方式转变。通过完善公共设施和服务平台建设，进一步促进产业集聚、集群发展。改造提升工业园区和产业集聚区，推进新型工业化产业示范基地建设，加快推动产业布局向集约高效、协调优化转变。

第二节　积极发展现代农业

一、发展思路

以加强区域联系，发挥农业示范和带动作用为出发点，以循环经济为理念推进农业产业化发展，走精细化和示范化发展路径，发展生态休闲农业和绿色养殖业，重点发展集生态休闲、风情感受、农艺欣赏、游客农作体验和果蔬采摘等于一体的生态休闲农业示范基地，打造广州乃至珠三角地区精细化生态农业生产基地和生态农业示范区。

加快农业现代化建设步伐，建设以现代农业为基础的现代产业体系，发挥农业农产品供给、生态保护、文化传承等多种功能，加强农业的设施化建设、标准化生产、品牌化销售、组织化管理、社会化服务，强化农业在实现城乡居民收入倍增中的促进作用，切实改善农村生产生活条件，不断缩小工农、城乡差距，在工业化、城镇化发展中同步实现农业现代化。

二、发展目标

围绕观光休闲和高效生产目标，力争到 2020 年实现农业增加值 35 亿—40 亿元，年均增长率保持在 10%—15%；依托省级鱼苗繁育基地等科研机构，大力发展养殖业和高效设施农业；大力扶持农业龙头企业发展，塑造"东涌"农产品品牌，主要农产品加工转化率达到 50% 以上。

在发展模式上，一是依托科研基地，提高农业产出效益，建设广州郊区重要农产品供应基地；二是充分发挥农业的生态休闲观光职能，依托岭南水乡特色，以农业旅游节庆活动为载体，开发水乡农业体验、林果采摘、娱乐为一体的多功能特色农艺园，展示水乡农业生产和农作过程，发展观光休闲农业。

三、重点任务

一是强化农业龙头企业带动作用，增强农民组织化程度。

以培育龙头企业为重点，以持续增加农民收入为目标，按照"扶大、扶强"的原则，在品牌创建、技术创新、信贷支持等方面重点扶持"东涌"食品有限公司等农业产业化龙头企业做大做强。积极推进"公司＋农户"、"公司＋农户＋基地"和"公司＋农户＋基地＋合作社"农业产业化合作模式。围绕龙头企业对农户的带动功能，不断创新组织模式，按照不同发展阶段、不同产业、不同产品的特点和要求，积极探索不同的利益连接方式，使"农户＋企业"真正形成"风险共担、利益共享"的共同体。

重点扶持樵丰蔬菜、富民蔬菜、中天淮山以及世丰虾业等农民专业合作组织，以农民专业合作组织为载体，不断提高农村剩余劳动力就业率和合作组织规模化经营，促进农民持续增收。

二是以区域内鱼苗基地、苗木基地等为带动，重点抓好特色养殖品种以及农产品的标准化生产。

围绕生猪、家禽、水产养殖等，重点推进精细化农业示范基地和畜禽优良品种培育生产基地建设，加快发展生猪、家禽、水产养殖基地，加强园艺、苗木等特色农业基地建设。

按照农产品集散地（超市、商场、物流企业等）的要求建立适合东涌镇特点的科学合理的特色农产品标准化体系；建立特色农产品标准化生产示范区，如甘蔗、香蕉、淮山等标准化生产示范园，通过建设特色农产品标准化生产基地和标准化示范园区，使基地和园区生产从一开始就纳入标准化轨道，使生产过程变为标准化流程，让标准规范农产品质量，达到市场准入的要求，进一步提高农产品的市场竞争力。

加大对农产品标准化工作的支持，政府要必须给予足够的重视和经费的投入，包括设立专项扶持资金，重点扶持标准体系建设、标准制订修订与标准推广示范等工作；加强特色农产品标准化工作的宣传指导，强化农户对农产品标准化生产的认识，提高农户进行标准化生产的意识。

三是促进土地集约规模化经营。采取政府引导，企业参与的模式，积极促进土地流转经营。具体运作模式为政府搭建土地流转平台，为农民、中介组织和承包方提供合同制定、监督管理等服务，由农村土地中介组织，如农村信用社等以银行运作方式组织经营和管理，农民自愿将土地承包经营权以一定价格存入合作社，合作社支付给农民一定的土地租金；同时合作社将土地租赁给种植大户和当地龙头企业发展设施农业，促进土地集约化和规模经营，保障农民有稳定的收入，解放农村劳动力。

第三节　巩固提升传统优势产业

东涌镇传统优势产业包括钢铁深加工与机械装备制造，服装鞋帽、首饰加工等时尚产业以及电子电器产业等。

一、巩固提升钢铁深加工与机械装备制造业

（一）发展思路

在钢铁深加工方面，加快技术改造，大力提高产业信息化水平，发挥

裕丰钢铁有限公司的企业技术优势与规模优势，积极开发国内短缺的关键钢材品种，不断扩大"裕丰牌"螺纹钢的市场占有份额，强化东涌镇作为广东省三大钢材生产基地的地位。鼓励企业走出去，建立生产基地，促进企业由传统经营向电子商务以及总部经济的转型。同时，加快建设商品化钢筋加工配送网络，形成以东涌为总部的钢铁现代服务业体系。

在机械装备制造方面，以敏嘉数控机床制造技术有限公司等龙头企业为基础，以特色优势为依托，以建设珠三角重要的机械装备现代产业基地为目标，以优化产业结构为主线，通过行业资源整合，实现区域联合、上下游互动、环境和服务设施相配套，推动机电装备制造业转型升级发展。

（二）发展目标

到2020年，钢铁深加工行业总产值达到150亿元左右，年均增长速度达到15%—20%；机械装备制造业企业总产值达到120亿—150亿元，规模以上企业达到15家，行业总产值年均增长达到20%。

（三）重点任务

加强产业集群建设，重视产业链条中核心企业的作用。加快制造业信息化建设，针对重点龙头企业，充分发挥其规模和技术优势，吸引为其配套的上下游企业，构筑具有竞争力的钢铁加工和机械装备制造业产业链。

一是以裕丰钢铁、敏嘉数控、豪剑摩托等骨干龙头企业为带动，利用裕丰钢铁的规模效益优势和研发优势，积极开发特种钢材；利用敏嘉数控牵头负责国家科技重大专项"弧面凸轮加工工艺研究"的机遇，着力提升装备制造企业在关键基础零部件、基础工艺、基础材料、基础制造装备研发和系统集成水平。

二是以项目为抓手，大力支持龙头企业生产扩建项目，壮大龙头企业规模、延伸产业链条；近期，重点推进包括裕丰钢铁旧厂改造、裕丰商品化钢筋生产配送技改、巨大集团长嘉生产总部基地、中德电控等在内的重点项目建设。

三是建立和完善对龙头企业的扶持办法，继续加强对骨干重点龙头企业员工入户以及子女入学方面的支持，帮助企业解决员工的后顾之忧，在能源及土地供应、政府品牌创建支持资金等给予优惠，加快龙头企业发展。

四是加快技术创新，大力推进企业产学研结合发展，支持重点企业采取自主研发和科研院校合作，依托企业建立科技成果转化平台，打造高新技术创新中心，以科技研发促进行业升级优化。

二、打造"时尚产业"基地

（一）发展思路

顺应消费品品牌化、时尚化的趋势，利用东涌镇服装鞋帽制造、纺织轧花、珠宝加工、电子影音电器等产业基础，发挥紧邻香港时尚前沿的区位优势，在相关产业转型发展中，坚持创新和时尚化策略，加强相关制造行业门类的整合，整体打造"时尚产业"基地区域品牌。

（二）发展目标

规划到 2020 年，以服装、制鞋、珠宝首饰、电子影音电器等为主的时尚产业年均产值增长幅度达到 20%—25%，到 2020 年，时尚产业产值达到 350 亿元，占全镇工业总产值的比重达到 40%—45%，比现有比重提高5—10 个百分点；形成一批全国知名、并具有一定国际影响力的自主品牌企业。

（三）重点任务

一是大力推进科技创新，完善"产—学—研"产业体系配套，建设本土化的设计研发中心；积极拓展与国内外珠宝、服饰设计、生产、销售单位的合作，提升珠宝、服饰鞋帽等产品的创意设计水平。近期，依托以锦兴、天创公司等纺织和制鞋龙头企业，大力打造总部经济及时尚创意产业基地，建设集设计、生产、销售时尚用品于一体的综合基地。

二是实施品牌化战略，其中，一方面要加强区域品牌推广宣传，整合相关产业，由政府设立相关基金，通过举办技能大赛、服装首饰创意展示等活动，大力推介"时尚产业基地"的区域品牌。另一方面，支持企业品牌创建，支持一批在国内市场具有影响力的龙头型、消费型企业加快品牌建设和推广。近期，重点支持天创鞋业、锦兴纺织、文华羽绒、大利高制衣、广德泰制衣等一批自主品牌服装制鞋企业；同时着力支持长星服饰、锦宏服装、涌明手套等企业加快品牌创建。

三是促进产业集群发展，利用东涌庆盛站位于广州南站和香港中间节点的地理交通优势，紧抓广州建设国家中心城市、南沙大开发机遇，依托本地成熟生活条件和现有产业基础，通过粤港合作，吸引香港时尚产业北上，与国内时尚产业对接发展，吸引国际级时尚品牌落户，围绕庆盛高铁站，建设集设计研发总部、营销总部、展贸展易服务、生活配套等于一体的高铁经济先行先试区。

四是鼓励企业开展产品功能化开发，丰富产品体系。例如，鼓励纺织服装等企开发各种功能性、定向性产品，将产品从普通应用转变为可专业领域的产品。依托现代生产性服务业，促进企业发展各种直营、加盟、网络销售等灵活的营销模式，覆盖多重范围的消费市场，提高东涌镇企业产品的市场辐射能力。

三、优化产业发展平台

在规划产业园区的基础上，重点围绕"广州总部经济产业配套新城"定位，依托广州南拓及南沙新规划发展的辐射，打造"总部＋生产基地"的运营模式，构建区域性民营经济总部。以鱼窝头、太石、万洲、励业四个产业园区为基础，形成特色鲜明、产业集聚、协同促进的工业发展格局。大力提升园区综合发展效益，降低发展中的环境与生态成本。

立足 CEPA 先行先试目标，围绕庆盛高铁站，打造整合各类时尚消费行业的综合性基地。在园区建设上，借鉴国内外高端工业园发展经验，提前谋划，积极作为，促进研发、生产、展示、服务、休憩等的融合。

第四节　加快发展现代服务业

一、发展思路

坚持产业互动、城乡联动、改革推动、创新驱动，加强三产联动发展。大力促进生产性服务业发展，加快现代服务业与制造业融合的步伐，合理引导现代服务业的"制造化"趋向，鼓励服务业特别是与生产过程相关的现代服务业向制造业渗透，加快物流仓储业、职业技能培训等生产性服务业的发展。促进多层次的生活性服务业的发展，积极发展融吃住游购玩和商务配套等于一体的城市商贸综合体，建设具有生产性、生活性功能的市场综合体，构建与东涌镇城市化和工业化进程相协调、与城乡居民需求相适应的现代服务业体系。

二、发展目标

规划期内，依托广东名镇名村建设，重点完成对镇区综合服务功能的进一步完善和提升，打造特色鲜明的岭南名镇；通过物流基地建设，使东涌镇成为区域重要的物流集散中心和仓储基地。

三、重点任务

（一）提升生活性服务业水平

根据东涌镇综合服务区发展相对滞后、中心性不够突出的特征，大力完善中心镇区商业综合服务功能。同时，根据不同层次人群的需求，发展多层次的生活服务业。

1. 打造综合性商贸服务业聚集区。以东涌镇城镇综合体建设为依托，构建集大型商贸中心、综合超市、交易市场和工业产品展览中心为一体的商贸服务业聚集区，完善商业核心区功能、增加城镇商业活力，重点打造以镇区为核心的综合性商贸服务业聚集区，积极发展鱼窝头片区综合商贸服务业聚集区。

2. 加快东涌镇房地产业发展。东涌镇外来人口多，但受土地以及相关规划等的限制，自 2007 年起，东涌镇区没有开发新的房地产项目，大量居住需求无法得到满足。未来，围绕镇区功能完善，加快房地产业发展。重点区域除镇区外，还包括鱼窝头工业园区以及未来庆盛高铁站周边部分区域。房地产开发中，要适当增加保障性住房的市场供给，加大对中小户型、中低价位商品房、经济适用房和廉租房的土地供应，满足东涌镇人口居住需求。

3. 大力开展便民生活工程建设。以宜人居为目标，完善社区服务体系，大力发展家政、养老、医疗、保健、娱乐、物业等居民服务业，为人民群众提供安全、便利、舒适的生活环境，提升发展居民服务业。支持便利店、中小超市、社区菜店等社区商店发展，完善农村服务网点，支持大型超市与农村合作组织对接，改造升级农产品批发市场和农贸市场。改造提升传统商贸餐饮业，大力推广餐饮业连锁经营模式和名牌产品，提升发展传统商贸业。

（二）大力发展生产性服务业

1. 现代物流业。依托区域内南沙港快速路、京珠高速公路、番禺大道、广州南二环路、黄榄快线等公路和广州地铁四号线、广深港高速铁路客运专线等轨道，重点培育和发展镇域综合性物流园区，发展以特色农产品、制造业原材料、工业半成品和成品集散中转、批发交易等提供场地及配套服务，为工业产品实现水陆联运、货物集散中转、专业仓储等提供物流服务。

重点任务：一是尽快规划和建设物流园区，培育和积极引进大型企业的物流配送、研发中心的服务机构，以物流龙头企业为带动，向规模化、专业化方向发展；二是优化和完善园区基础设施建设，开发以内河、公路、铁路联合运输为特色，合理规划物流园区和专业物流中心的网络体系，培育集商贸、物流、信息流为一体的现代物流体系；三是以工业园区为依托，建立开放式的多功能、多层次的综合物流信息平台，形成以物流园区、物流中心、配送中心相互协作的现代物流体系。

2. 大力发展专业中介服务。服务东涌镇未来时尚产业发展，鼓励金融、会计、检测等各种形式的商业性服务中介组织的发展，特别是东涌镇作为生产基地，要大力发展专业检测机构，并强化已有检测机构的服务功能，加强对服装、纺织品、鞋类生产的测试服务。

3. 旅游业。一是特色休闲农村旅游；以大稳村等名村建设示范村为依托并结合广东省绿道建设，以东涌镇特色农产品带动休闲农业旅游。通过农业生产—观光游览—农业体验—农村农业娱乐休闲产业链建设，实现农业休闲体验旅游的快速发展；利用良好的生态环境和地方特色风味，打造以吃农家饭、住农家院、体验浓郁的乡土气息和淳朴的民俗风情为主，极具地方民俗特色的农家乐；注重民俗旅游的标准化和服务质量的提升，突出岭南水乡特色，并逐步培育成广州市近郊的乡村旅游之名品牌。二是工业旅游；将东涌镇工业资源优势转化为旅游资源，采取综合型开发模式，开展工业旅游的内容可分为工业生产经营场所、工业生产过程、工业生产成果、管理经验等模式。特别是针对时尚产业制造企业，可以把贴近群众生活的产品生产过程呈现在游客眼前，拉近生产和消费的距离。通过工业旅游，扩大东涌镇时尚产业知名度。

4. 职业培训。作为传统工业大镇，东涌镇仍然面临人力资源相对不足的问题，特别是在职工技能方面，难以满足产业未来发展要求。为解决镇内企业长期发展过程中的人力资源矛盾，可通过引进职业培训机构，进行定期短期培训等方式，提升人力资源水平，尤其是利用靠近广州大学城的优势，促进校企联合，搭建校企合作平台。根据全镇现有产业发展优势和用工实际需求矛盾的问题，可由劳动就业部门与教育部门进行合作，统筹安排各项支持，保障农民工职业技能培训经费。

第七章 提升公共服务水平

第一节 完善基本公共服务水平

一、促进城乡基本公共服务均等化

坚持以人为本、保障基本，统筹城乡、强化基层的原则，继续加强农村教育、医疗、文化、就业和社会保障等公共服务能力，促进城乡基本公共服务均等化。

（一）教育

针对东涌镇农村幼儿教育相对薄弱的情况，加大对农村幼儿教育的财政支持，以"一村一园"为目标，加快农村幼儿园建设，同时全面推进村级幼儿园规范化配置和管理，同时在人口密集的鱼窝头社区新建一所高标准公办幼儿园。

根据农村发展实际需求，适当整合农村教学资源，加强农村基础教学的师资和设施保障，提高农村基础教育水平。合理规划农村教学点，撤并学校4所，扩建学校10所，新增校舍建筑面积20000多平方米，新增校园占地面积29000多平方米，新增设备设施价值达1500多万元，提前实现义务教育学校规范化率和中小学校园网建成率"两个100%"。

（二）医疗卫生

加快东涌医院升级改造工作和新建医院建设工作，拓展中心医院服务范围和内容；加强东涌、鱼窝头两所医院及镇内农村社区卫生站的软硬件建设，加大医务人才和先进医疗设备引进力度，扭转农村医疗卫生服务相对落后的局面。

全面推进农村社区卫生站建设，推动农村卫生机构向社区卫生服务转型，广泛开展送医送药下乡活动，努力让群众在家门口享受到健康教育、预防治疗、保健康复等公共卫生服务。

（三）就业及其他

以提高农产品附加值和农业生产效益为目标，加大农业科技推广，提高农民文化科技水平，推广特色农产品，促进高附加值农业生产。根据现有农业劳动力就业途径、文化水平和就业医院，努力做好农业劳动力职业培训和就业咨询服务，促进农业劳动力转移。

二、围绕产业升级的公共服务建设

（一）加强职业技能培训

充分发挥东涌镇成人教育设施完善，基础好的优势，积极建立企业、成人职校和省内相关科研院所、院校的合作关系，围绕产业转型和产业发展，做好职业技能培训工作。根据产业和企业发展需求，合理设置培训课程，重点加强时尚创意设计、机械装备、电子等专业水平，为东涌镇产业转型升级做好人才储备。

（二）科技、品牌扶持

根据产业发展导向，选择科技含量高、经济效益高、资源消耗低、环境污染低的项目，培育优质项目和新的经济增长点。改变单纯的经济效益评价方法，建立对项目的科技评价，对科技项目实施管理进行监督、服务。

努力营造尊重人才、尊重创造的良好氛围，对高层次科技创新、创业人才给予项目资助、资金、税收支持和子女落户、入学等方面的支持，调动科技人员的积极性和创造性。

镇政府做好与上级政府的协调沟通工作，积极帮助企业申请上级政府高新科技项目立项、科技研发资金扶持、财税政策支持和专利申请等，增强企业科技自主创新能力。

三、创新外来人口管理

（一）推动智能化管理

东涌镇外来人口多，分布密集，了解、满足外来人口生活、居住、就业等需求，及时、便捷传递政府服务、管理信息是外来人口管理的首要要求。镇政府应尽快建立政府公共微博账户，利用网络、微博等信息技术，广泛、便捷得收集民情民意，利用官方微博向居民及时反馈、传达政府服务动态，以及就业、居住等生活服务信息，扩大管理服务范围、提高管理服务效率。

（二）提供均等化服务

在完善外来人口信息登记平台的基础上，积极申请外来人口落户、社会保险、医疗服务、子女义务教育、保障方式申请等政策试点，按照市民化服务的原则和要求，为外来人口提供与本地居民均等的公共服务。

（三）塑造文明和谐氛围

在外来人口密集分布地区，建设集公共娱乐、图书阅读、文艺演出、体育锻炼等功能于一体的公共文化活动娱乐设施，定期举办主题健康、积极向上、贴近外来人口生活的各种文化活动，塑造文明和谐的生活氛围。

第二节　生态环境景观设施建设

结合特色名镇名村建设，整合提升现有资源，突出岭南水乡小城文化主题，以岭南水乡特色的建筑为载体，升级改造镇区内的公共服务基础设施，循环合理利用绿色资源，将东涌城区及周边地区打造成为既保有岭南水乡传统风貌，又体现现代化大都市怀抱中的小城镇浓郁风情气息，集聚人流、涵养人气、生态灵秀、宜居宜业的岭南水乡名镇。全面提升整个东涌的服务管理水平，带动现代产业发展，提升东涌人的幸福感。

一、明确打造重点

东涌镇旅游资源丰富，配合广东省特色名镇名村创建，确定镇区主路口吉祥围——岭南特色水乡民俗文化广场及商业街、濠涌岭南水乡风情街、东涌湖湿地生态景观、岭南特色园林公园等名镇打造重点；绿色长廊、湿地公园、十里骝岗画廊、十里沙鼻梁涌及三稳涌水上绿道等名村打造重点。线上精心串联景观节点，重点推进市南公路景观整治、城区道路升级改造和 26 千米绿道主线路网的建设和系列生态河涌、水系整治及湿地景观的打造，将各大景观亮点有机串联，并在沿线点缀分布各类生态绿化、亲水趣味区、农事体验区、户外拓展区和沙田传统美食配套服务，形成点线结合、有聚有散、观赏性和参与性、互动性相结合的布局。

二、实施三大工程

（一）城区升级改造工程

协调城区风格，提升服务功能。包括对城区所有建筑物按岭南水乡小城的风格进行规划设计整饬，改造升级文化广场、中心公园、城区道路和三线下地管网、中小学、医院，城区示范性河涌打造、城区及周边农村生活污水收集处理，将所有闲置地改造成能满足群众休闲、购物、健身娱乐场所或绿地，融合岭南水乡文化，增设水乡文化雕塑，并在其中点缀分布发展现代综合服务业，展示展销各类有东涌特色、番禺特色的产品、特产和沙田水乡特色饮食店档，为东涌人民和奔波、忙碌的都市人提供一个休憩休闲、幸福生活的港湾。

（二）市南路景观改造工程

一是对市南路（东涌段）的两旁建筑进行整饬，统一建筑物颜色和外墙风格；二是对沿途绿化景观进行改造升级，为东涌镇增添一道景观长廊；三是对市南路骝岗桥至镇政府路口沿途河涌按"水乡生态＋景观节点"标准进行整治。

（三）广州市观光休闲农业示范村打造工程

充分利用大稳村获评广州市观光休闲农业示范村的宝贵资源，加快完善农业生态博览园项目，在骝岗水道（骝岗桥上下游）滩涂进行红树林景观打造，在石基村规划建设番禺园艺世界项目，发展高端园艺产业，打造园艺之都，带动全镇农业从传统农业向都市型农业、旅游型农业升级转型，促进农业增效、农民增收；对大稳村三稳涌、沙鼻梁涌、大稳涌等三段河涌进行还原生态整治，并通过乡村休闲绿道网建设，将广州市观光休闲农业示范村大稳村、农业生态博览园和中心城区有机融合起来，打造星级观光旅游区。

第八章　规划实施保障措施

第一节　体制机制创新

一、创新行政管理体制

加快转变政府职能，理顺关系，优化结构，提高效能，形成权责一致、分工合理、决策科学、执行顺畅、监督有力的行政管理体制，建设服务型政府，根据人口规模、经济总量和管理任务，科学设置结构和人员编制，提高行政办事效率。非垂直部门事项属地管理，其所属人员工资、办公经费由镇财政列支，并对其享受管理权限，对垂直部门，实行双重管理、属地考核制度，主要领导任免需征求东涌镇党委意见。

二、强化规划实施

明确《东涌镇经济社会发展战略规划》的定位和作用，镇级城镇总体规划、环境保护规划等各专项规划应与《东涌镇经济社会发展战略规划》做好衔接，符合战略规划的思路和目标。根据经济社会发展变化情况、因地制宜，修编城镇总体规划和控制性详规，合理修改容积率等关键指标，释放城镇改造活力，促进规划落实。

三、组织实施机制

争取国家有关部门对东涌镇发展的指导和协调。争取各级政府的指导、协调、完善规划实施措施，依据本规划调整相关城市规划、土地利用规划、环境保护规划等规划，按照规划确定的功能定位、空间布局和发展重点，选择和安排建设项目。

第二节 加强要素保障

一、土地要素

一是增加新增建设用地保障。给予东涌镇新增建设用地指标方面政策倾斜，保障高铁综合商务区、万州工业集聚区等重点项目用地需求。

二是大力支持用地调整改造。鼓励支持镇域内高污染、高能耗、低效益企业搬迁，搬迁企业用地由政府依法收回后通过招标、拍卖、挂牌方式出让的，在扣除收回土地补偿费用后，其土地出让纯收益可安排部分专项支持企业发展。工业用地、商服业用地在符合城镇总体规划，改造后不改变用途的前提下，提高土地利用率和增加容积率的，不再增收土地价款。城镇规划区内集体建设用地依法改变用地性质并转为国有建设用地的，允许原所有者农村集体按照城镇规划自行或合作开发使用。

二、资金要素

一是加大财政扶持力度。争取享受广州市对中心镇的财政支持政策，市、区两级财政继续安排一定数额的财政补贴或转移支付资金支持东涌镇建设。

二是调整财政分配体制。按照财权与事权相统一的原则，调整东涌镇财政分配制度，适度提高东涌镇在一般预算收入和预算外收入方面的分配比例，东涌镇产生的土地有偿收入除上缴国家、省部分外，全部返还东涌镇。

三是加大项目资金倾斜。上级政府加大对东涌镇镇的水、电、交通、通讯、文化、教育、卫生等基础设施建设的支持，争取省、市、区三级政府每年安排一定数额的城镇建设专项扶持资金，用于支持东涌镇基础设施和公共服务设施建设，并建立随各级政府财力增长而适度增加的机制。

三、科技人才要素

一是优化人才引进体制环境。建立人才引进、培养和管理服务体制环境。通过解决户口、子女教育和保障房申请等途径，鼓励和吸纳外来高层次技术人才。重点培养德才兼备、兼具基层经验和战略眼光的领导干部，以及具有自主创新能力和市场开拓能力的优秀企业家,从事技术创新的科技研发人才。加强与相关高校、科研院所的合作,以科研项目合作为平台,加快创新人才培养。建立政府、企业共同出资设立的创新人才基金,对行业内技术创新人才进行表彰奖励。

二是建立鼓励科技创新机制。坚持将科技创新作为东涌镇产业转型发展的动力。以境内高新技术和品牌企业为基础,以市场为导向,积极推动产学研相结合,实现制造业、电子和时尚设计创意产业的发展。完善科技创新体制机制,加强政府对科技创新企业的扶持,积极搭建产学研合作平台,完善技术研发体系,对从事科技创新的企业给予用地、资金和项目申请等方面的倾斜,加强对企业人才落户,住房和子女教育方面的社会服务保障。

第三节　加强组织实施

争取国家有关部门对东涌镇发展的指导和协调。争取省、市、区政府的指导,协调、完善规划实施措施,依据本规划调整相关城镇规划、土地利用规划、环境保护规划等规划,按照规划确定的功能定位、空间布局和发展重点,选择和安排建设项目。

建立健全规划实施监督和评估机制,监督和评估规划的实施和落实情况,协调推进并保障本规划的贯彻落实。在规划实施过程中,适时组织开展对规划实施情况的评估,并根据评估结果决定是否对规划进行修编。

完善社会参与和监督机制。积极开展公共参与,动员各方力量投入城市化建设。积极扩大东涌镇发展战略的公共参与,政府主导、专家领衔、发动企业、集体和居民各方力量,切实推动公共参与实践。加强土地利用规划、城镇建设规划、土地利用综合整治规划等重要规划思路确定、资金投入模式和产权利益调整等重点环节的公共参与力度,确保东涌镇经济社会发展战略规划顺利实施。

附录3 孔村镇经济社会发展战略规划
（2012—2020 年）

　　小城镇是吸纳农业转移人口的重要载体，是实现新型城镇化发展和促进城乡经济社会一体化发展的重要平台。随着新型城镇化研究和探索实践的深入，中央提出要"增强中小城市和小城镇产业发展、公共服务、吸纳就业、人口集聚功能"，"构建科学合理的城市格局，大中小城市和小城镇、城市群要科学布局"等决策，小城镇发展迎来了新的机遇和空间。我国目前有2万多个建制镇，在经济基础、区位条件、发展驱动力等方面存在差异性，有一类小城镇交通区位优势不明显，通过利用本地资源培植主导产业，人口流动性不强，城镇发展动力以内生因素为主，走常规性发展的城镇化道路。此类城镇在我国具有一定的普遍性，仍将承担重要的产业发展、人口集聚和公共服务功能，需要规划的合理引导和政策支持来促进发展。

　　课题组于2012年9月对孔村镇进行了实地调研，对孔村镇经济社会基本情况进行考察，并编制《孔村镇经济社会发展战略规划》。规划范围为孔村镇行政管辖范围99平方千米，规划期限为2012—2020年。孔村镇符合内生型城镇的基本特征，提出孔村镇发展的重点仍然是依靠内生的城镇化机制，充分重视并发挥本地各种资源的综合效用，创新培育新的经济社会发展动力，逐步实现城镇化水平和质量的提升。

第一章　基本情况

第一节　地理位置

孔村镇位于山东省济南市平阴县东南部，距县城13千米。东与肥城市石横镇相接，北与榆山办事处交界，西与东阿镇接壤，南与孝直镇相连。

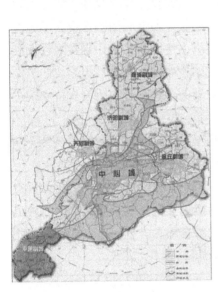

平阴县在济南市的位置

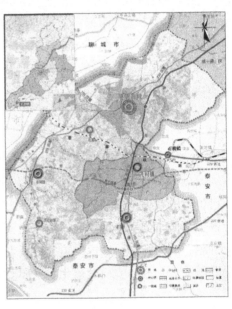

孔村镇在平阴县的位置

图113　孔村镇区位图

第二节　交通联系

孔村镇交通便利，105国道纵贯镇域全境，与220国道交汇于县城，将平阴县与济南及周围县市紧密相连。随着济菏高速公路（济南到菏泽）的通车以及规划中青兰（青岛到兰州）高速公路在孔村镇过境并将设置出入口，将大大加强孔村与省会济南及鲁西南地区的经济和交通联系，为孔村镇融入区域经济将提供更加有利的条件。

　　孔村镇域内道路总里程为 144.45 千米，其中县道 20.14 千米，乡道
49.64 千米，村道 74.67 千米，镇区内道路已经全部完成硬化和绿化。镇
区交通条件较好，西侧有济菏高速（道路宽度 27 米）、105 国道（道路宽
度 14—24 米），驻地内道路已完成硬化和绿化。

图 114　孔村镇交通联系图

第三节　人口及就业

　　根据第六次人口普查数据，2010 年孔村镇常住人口为 43812 人，其中
户籍人口 40555 人，城镇人口约为 1.6 万人。对比第五次人口普查数据，
孔村镇户籍人口总数增加了 2950 人，年均增长率达到 8‰。近年来，孔村
镇工业快速发展，基础设施逐步完善，居民生活水平不断提高，吸引了一
定数量的外来人口，2010 年孔村镇外来人口为 10695 人，比 2000 年增加
了 9000 人，年均增长率达到 20%。孔村镇人口主要集中在镇区和东部地
势平坦的地区，人口在空间分布上呈现东多西少的特点。

　　人口就业结构与产业结构密切相关。2010 年孔村镇三次产业结构为

11.2：81.6：7.2，第二产业明显偏高，就业人口主要集中于第二产业。

第四节　资源条件

一、自然条件

孔村镇属暖温带大陆性半湿润季风气候，四季分明、光照充足、降水集中、无霜期 200 天，全年日照为 2382.4 小时，多年平均降水量为 631mm。

孔村镇位于华北平原南端，黄河以南。西部为低山丘陵，东部为平原，地势总体上西高东低，有山地、丘陵、平原、洼地四种地形，以及荒山坡、岭坡梯田、近山阶地、山前平地四个微地貌类型。

二、历史文化资源

孔村镇历史深厚，传春秋时孔子曾在村西山上教书堂讲学，后人为其修庙纪念，该山定名为孔子山，山下村庄名为孔村，孔村镇名称由此而来。孔村镇位于济南、泰安、聊城三地市的结合部，自古就是华北与中原，山东半岛与西部地区进行通商贸易的必经之地，历史悠久，环境宜人，风光秀丽，境内仕宦代出，名人沓至，古迹荟萃，名胜众多。主要有 11 处文物保护区和 5 个非物质文化遗产保护项目。

表37　孔村镇主要文化资源

类　别	具体项目
11 处文物保护区	孔子山孔庙、杏坛遗响碑、前转湾廉氏住宅、高路桥、半边井遗址、胡坡遗址、团山遗址、菩萨山普济院
5 个非物质文化遗产保护项目	王皮戏、平阴渔鼓、太平拳、任侠王翀宇传说、孔村舞狮

第二章　发展优势

第一节　经济基础较好

一、经济实力位于全县前列

（一）经济总量快速增长

2007—2010 年，孔村镇经济总体呈现出快速增长的态势，主要指标实现翻番增长，孔村镇地区生产总值由 12.5 亿元增长到 26.33 亿元，年均增长率达到 27%。受到国际国内市场环境的影响，2011 年孔村镇主导产业炭素行业不景气，全镇地区生产总值出现较为明显的下降。

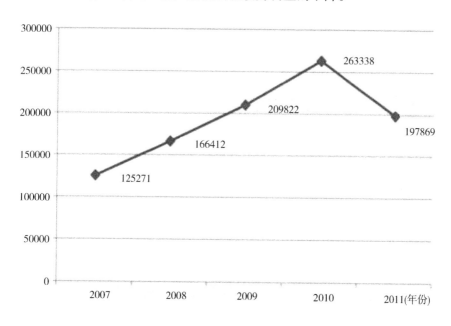

图 115　2007—2011 年地区生产总值变化情况

（二）收入水平逐年上升

孔村镇政府财政收入从 2007 年的 1000 万元增长到 2011 年 4400 万元，年均增长 45%，增长势头强劲。孔村镇农民人均纯收入从 2007 年的 5405

元增长到 2011 年的 8490 元，实现稳步增长，2011 年农民人均纯收入高于山东省平均水平。

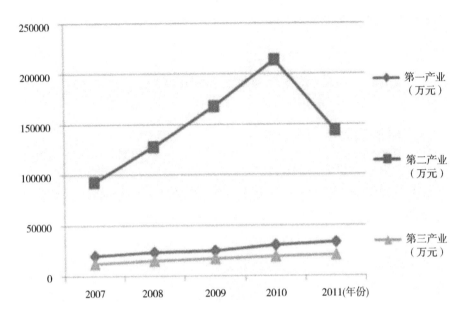

图 116　2007—2011 年三次产业增加值变化情况

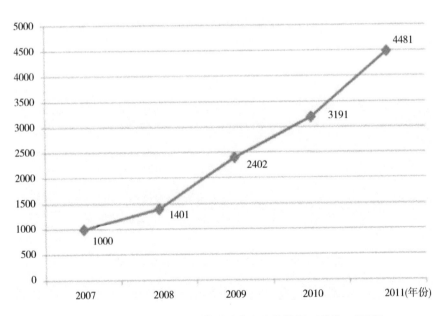

图 117　2007—2011 年孔村镇财政收入变化情况（单位：万元）

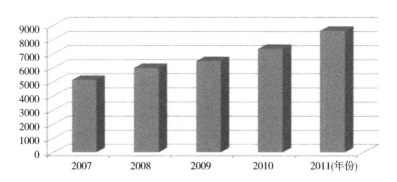

图118 2007—2011年孔村镇农民人均纯收入变化情况（单位：元）

（三）经济发展在平阴县名列前茅

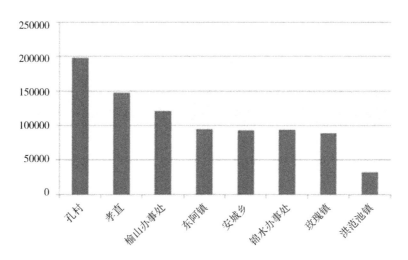

图119 2011年平阴县各乡镇地区生产总值比较（单位：万元）

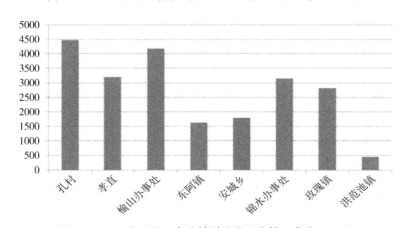

图120 2011年平阴县各乡镇财政收入比较（单位：万元）

根据 2011 年平阴县分乡镇主要经济指标看，孔村镇在平阴县乡镇中经济总量及增长速度位列第一，生产总值 197869 万元，增长 40.4%，占平阴县生产总值的 22.79%，地方财政收入的 20.64%。

二、产业特色鲜明

孔村镇三次产业发展呈现出"一产特色鲜明，二产强势主导，三产平稳起步"的态势。第一产业已形成国内和省内享有一定知名度的特色品种，第二产业以炭素生产为主导，由于城镇人口有限，第三产业仍以传统、零散的餐饮服务业为主，占经济比重较低。

（一）第二产业优势明显

全国重点炭素生产基地之一。从 2007 年至 2011 年孔村镇产值情况看，孔村镇三次产业中第二产业占据了绝对优势，其中主导产业集中在炭素产业。孔村镇炭素产业已有 20 多年的发展历史，是目前全国重点炭素生产基地之一，产能占全国总产能的六分之一。全镇规模以上工业企业 9 家，其中炭素销售收入过亿元企业占有 6 家，拥有省级名牌产品 1 个、市级名牌产品 2 个、市级以上著名商标 3 个。

炭素产业对孔村镇经济的决定性影响。自 2009—2011 年期间炭素行业在全镇规模以上工业总产值的比重不断增加，2011 年炭素行业产值占第二产业比重超过了 90%，规模以上工业总产值的比重更高达 96.97%。炭素产业带动全镇完成各项税收总额、出口创汇、地方财政收入分别为 1.8 亿元、1.3 亿美元、4481 万元，同比分别增长 55.4%、133% 和 48%，打造了全国"炭素工业第一镇"的美誉。炭素产业未来发展以加快节能减排，改造提升产业档次，延伸产业链条，充分发挥炭素企业的市场优势，加大资源整合力度，推进企业资源共享、集团发展。新增钢用炭电极、空气渗透性低炭素阳极、高石墨含量炭素阳极和光伏产业用石墨等产品，努力建设成全国最大的综合性炭素制品基地。在炭素工业园区，已形成五家物流公司、营运性车辆 200 余辆计 7000 余吨货运能力的物流服务体系，成为全镇支柱产业的重要生产性服务业支撑。

（二）第一产业特色产品丰富

孔村镇充分利用本镇地形地貌特点，以发展特色农产品种植为重点，在空间上形成了"东菜、西菌、中药材"的空间分布根据。努力提升农业生产效益和水平。培育形成了"食用菌、蔬菜、中药材、干鲜杂果"等富民产业，使广大农民直接受益，大大鼓励了农民参与特色农业种植的积极性。孔村镇反季节鸡腿菇、禾宝中药材享有一定的知名度。

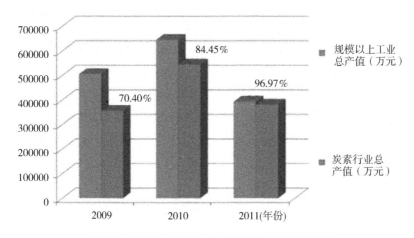

图 121　2009—2011 年孔村镇炭素行业产值比重

西部食用菌产业实现五个第一。西部食用菌产业起步于 2004 年，近年来已经发展成为济南市现代农业特色品牌基地。孔村镇食用菌具有规模大、效益高、品牌响和生态技术好等特点，在行业内实现了五个第一，一是拥有近 3000 条土洞，总面积达 200 万平方米成为土洞鸡腿菇生产规模的全国第一；二是产品远销大、中城市，反季节市场占有率第一；三是每洞平均年收入三万元左右，生产效率第一；四是全国鸡腿菇生产中首家获得国家农业部有机食品认证；五是生态环保生产技术第一，采用酒糟为原料既解决生产原料问题又减少酒糟对环境的污染。目前食用菌产业，已使近 8000 名低收入人口实现了脱贫，从业人员人均增收 7000 元。

中部中药材基地初具规模。中药材基地采取"龙头公司＋基地＋合作社＋农户"的发展模式，已建有种植示范基地、中药材科技培训中心、种植推广合作社、中药饮片工厂，形成"种植示范＋科技培训＋技术推广＋采取加工＋销售的一条龙服务。禾宝中药材基地目前是山东省中药现代化科技示范基地、济南市特色品牌基地、山东中医药大学学生实习基地、山东省中医药研究院学生实习基地、山东省科学院实验基地、济南市中药材科普教育基地，在区域范围内具有一定的影响力。基地通过采取统一供应良种、统一技术服务、统一签订合同、统一保护价收购"四统一"方式，带动周遍平阴县、长清区、东阿县、章丘市、泰安市4000多家农户发展中药材种植1万2千余亩，使农民增产增收。同时基地也种植有很好观赏价值的中药材，形成了农艺农耕体验、中草药花卉观赏等极具休闲观光的中药材生产基地，成为未来观光农业发展的重要组成部分。

东部蔬菜种植逐步崛起。孔村镇东部地区交通便利、地势平坦开阔、土壤肥沃、水源丰富，自然环境状况良好，适宜连片种植，具备发展大规模优质蔬菜种植的条件。目前在寿光市蔬菜种植基地的带动下，在政府蔬菜种植扶持政策的支持下，本地区建成12个蔬菜大棚，蔬菜种植面积达到2万平方米，通过在技术手段、基地建设、营销组织、市场渠道等方面的带动作用，正在探索实践政府、企业、专业合作社、基地、农户产供销一条龙的生产经营体系，吸引更多的农户加入优质蔬菜种植，对当地农民收入和生活水平、改善生态环境，实现农业和农村经济的快速发展，维护农村稳定都起到积极作用。

（三）第三产业借机平稳起步

孔村镇第三产业以传统、零散的餐饮服务、商贸服务为主，主要满足本地居民基本生产和生活需求。由于孔村镇镇域人口规模较小，消费需求有限，孔村镇第三产业服务层次和水平不高。同时孔村镇现有第三产业集中在镇区，商贸服务业空间布局较为零散，且与人口集聚区具有一定距离，空间布局不合理影响了第三产业的发展。随着孔村镇新型农村社区建设，农村人口向城镇集聚，目前孔村镇第三产业发展出现了新的机遇。

农村新型社区建设带来的契机。新型社区带来大规模的人口集中，随着农村居民生产生活方式向城市生产成活方式的转变，为孔村镇第三产业发展带来新的契机。围绕社区促进商贸服务业集聚，能有效促进本地第三产业服务水平和层次升级。

文化创意产业的起步。2011年青岛绿泽画院落户孔村镇，填补了孔村镇文化创意产业的空白，同时为孔村镇服务业发展带来了机遇。目前绿泽画院以学员培训、订单制作为主，通过学院自身的广告效应有效提升了孔村镇的知名度，有潜力产生集聚效应吸引越来越多的外来人员从事艺术创造活动，形成浓厚的艺术氛围。李村山区地带凭借其景观优势为绿泽学员绘画写生提供了活动场地，未来可以进一步通过和其他艺术高校合作发展成为学生写生实习的定点基地，为形成文化创意产业基地奠定基础。同时画院目前正开始利用山区丰富的石料资源开展工艺品加工，开拓了一条非常具有潜力的发展方向。孔村镇未来积极开展石料工艺品产业具有得天独厚的优势，山区石料资源丰富成本低廉，绿泽画院可解决产品艺术设计的问题，同时加工工艺门槛较低，可推广性强。尽管文化创意产业仍处于起步阶段但长远来看同孔村镇中药产业、精品蔬菜产业可以有机的结合形成以休闲文化养生为主导的乡村旅游产业。

第二节　村庄集聚成果显著

近年来，通过大力开展新农村建设行动，镇驻地逐渐形成规模，农民新型社区建设逐步展开，以此引导辖区居民逐步向镇驻地及新型社区集中。镇驻地建成区面积达到 3.72 平方千米，道路、供气、教育、医疗等基础和公共服务配套设施趋于齐全。孔村镇逐步加大对小型村、自然村、偏远村的迁并力度，按照"镇并村"的模式，规划将全镇 46 个行政村逐步实行整体搬迁，集中安置到孔村社区及李沟、东天宫等 6 个基层社区，目前已基本完成晁峪、张山头、王庄 3 个村庄的整体搬迁和复垦工作。在建的孔村社区位于镇驻地中北部，总占地面积 517.3 亩，总建筑面积 35 万平方米，可容纳 3000 户，人口近 1 万人，通过高标准配套建设，成为全县唯一通"双气"的农村新型社区。

第三节　历史文化传统深厚

孔村镇历史悠久，文化底蕴深厚。孔村镇名即源于孔子讲学的孔子山，素有孔子 3 次孔村行和孔子传学授教的传说。全镇拥有数量众多的名胜古迹，同时又有省、市两级非物质文化遗产 5 项，构成了孔村丰富多彩的文化基础。

一、历史文化深厚

（一）孔子山、孔庙、"杏坛遗响"碑遗址

孔子山本名紫盖山，在孔村镇西北 2 千米处。据传，鲁定公七年（公元前 503 年），49 岁的孔子携弟子北上，来到鲁国西北边城京兹（即今孔村镇），授徒传教，隐居求志。相传，秋后一日，孔子与弟子出游，忽见一山，山巅紫云笼罩，久聚不散，孔子甚喜，曰："山有祥云定有福地，此乃紫盖山也！"紫盖山因此得名。据考证，东汉时，山顶有杏亭，亭内竖有"杏坛遗响"碑。北宋熙宁五年（公元1072年），于孔子教书堂遗址处修建孔林书院，亦称孔庙。明弘治十五年（1502）重修孔庙（即"孔林书院"），始立孔子及四配像。明万历二十四年（公元1596年），知县姚宗道将孔庙从山顶迁至山东坡。孔子山孔庙是除曲阜孔庙外唯一的孔子教书堂遗址，"杏坛遗响"原是平阴八大景之一，古隶书"杏坛遗响"碑的年代早于曲阜孔庙内的杏坛碑，据考证为出自东汉著名学者赵岐之手。

（二）"任侠"王翀宇传说

王朝屏，字翀宇，号太平王，绰号铁脖子，生于1616年（明万历四十四年），卒于1712年（清康熙五十一年），享年九十六岁。据《清·平阴县志》载："明季国初，邑地大乱，王翀宇平贼治乱，为民排忧解难，乡邦赖以安"。王翀宇自幼行侠仗义、疾恶如仇，练就一身好本领，他凭借自身的武功和智慧，为百姓排忧解难，疏财好施，重承诺、讲信义、轻生死。顺治三年，王翀宇解平阴之围后，获赐"任侠"之名并封武孝廉，后官拜漕运总督、吉安府等职。为平反治乱，戎马三十余载，战功赫赫，官至二品。六十六岁时获罪于康熙帝，贬为庶民还乡，自此在孔村授徒传武。三百多年来，王翀宇的传说被后人及弟子广为流传，以孔村为中心，辐射周边东平、肥城、东阿、平阴、泰安、聊城及河南一代。"任侠"、"王铁脖子"侠肝义胆、见义勇为的故事广泛流传，经久不息。2010年"任侠王翀宇传说"被列为济南市非物质文化遗产项目。

孔子是中国古代伟大的思想家与教育家，其创立的儒家思想对中国乃至东亚地区的历史发展具有深远的影响。孔子在孔村孔子山的活动历史及留下的遗址、传说，是孔村镇宝贵的思想与文化财富。孔子重"仁"，重"教"，重"诗"、"书"、"礼"、"乐"，这些都为孔村镇发展以"仁义"为精神核心的文化事业提供了至高的思想渊源。任侠王翀宇的传说是孔子思想在后世的继承与生动体现，王翀宇传说中体现出的"仁"、"义"、"智"、"信"等优秀品德，极好地诠释了孔子的儒家思想对世人的影响。以孔子授学和任侠王翀宇的传说故事为基础，结合新时期全镇经济与社会发展的新目标、新要求、新行动，形成具有鲜明特色的"孔村精神"，更好地为孔村的长期发展提供源源不断的精神给养与动力。

二、建筑古迹丰富

（一）廉氏故居古建筑群

廉氏故居古建筑群位于孔村镇前转湾村北部，坐北向南。明朝中期由战国时期赵国名将廉颇的 40 代传人廉一桂授怀远将军时兴建。整个建筑群依照中轴线布局，房屋错落，布局严谨。东西两侧有跨院多处，房屋数百间。各院既自成格局，又相互通连。目前建筑群中的主要建筑物尚存，围墙基础清晰，环溪尚存。

（二）白云峪三王来朝堂与若瑟山圣若瑟（Saint Joseph）堂

白云峪天主堂（三王来朝堂）始建于 1883 年（清光绪九年），由天主教济南教区传教士梅泽民兴建[①]，此后成为当地的教会活动中心。1899—1900 年的"平（阴）肥（城）教案"，白云峪教堂成为"义和团"拳民与教民数次正面交锋的场所，见证了山东义和团运动的发展。

圣若瑟堂始建于 1843 年（清道光二十三年）前后，2002 年重新扩建，是国内敬礼大圣若瑟（耶稣养父）的圣地。目前，每年的三月若瑟月间，前来瞻礼朝圣的全国天主教徒络绎不绝，达到数万人之多。

包括上述名胜古迹在内，孔村镇还有玄帝庙、玉洞宫、菩萨山普济院等古建筑和半边井、胡坡、团山等商周古遗址，共计 11 处名胜古迹，均为孔村悠久历史的见证。

廉氏故居与白云峪教堂等文物古迹是孔村镇发展文化旅游观光产业的重要基础。廉氏故居的明代建筑特色、名将廉颇及其后人的相关历史传说、白云峪教堂与义和团运动的历史关系、圣若瑟堂在国内天主教界的特殊地位等均可称为孔村开发文化、旅游资源的重点内容和重要抓手。结合孔子山孔庙和"杏坛遗响"碑遗址的恢复建设，开辟孔村文化名胜游览路线，可以为游客营造古今中外的特色旅游体验。

三、群众文化活动丰富

孔村镇的民间文化活动内容丰富，其中，王皮戏、太平渔鼓、太平拳和舞狮相继被列入山东省省级非物质文化遗产名录和济南市市级非物质文化遗产名录。

---

① http：//www.jinan.gov.cn/art/2005/9/1/art__40__8654.html.

王皮戏亦称"王皮调"，是流传在孔村镇郭柳沟村的民间小戏，距今已有160余年的历史。村民们平时从事农业劳动，农闲时搭班演戏，至今仍活跃在乡间舞台上。

"渔鼓"起源于唐代，是道教"唱道情"化缘用的伴奏乐器，也是民间艺人说书的一种曲艺形式。平阴渔鼓历史悠久，具有浓郁的地方特色，深受群众的喜爱。

太平拳发源于孔村镇孔村村，三百余年前由王氏高祖王翀宇所创，其充分吸收少林、武当功夫的精华又加以改进，兼具南北派功夫的优点，形成了稳、准、狠的基本特征，手法多变、快捷实用，具有鲜明的地方特色。

孔村舞狮起源于清代康熙年间，至今已有三百多年的历史。改革开放以来，孔村舞狮技艺得到了较大发展和提高，在保留传统技术特点的基础上，由传统的场地表演逐步发展到舞台表演，在表演动作技巧上融入了不少杂技艺术，增加了不少高难度表演技巧，增强了观赏性。

丰富多样的群众文化活动形式是孔村镇继承悠久历史传统、巩固精神文明建设成果、塑造"文化孔村"、提高全镇知名度的重要基石。通过开展民间文化活动，不仅能够丰富基层群众业余生活，传播健康、文明、和谐、幸福的积极思想，更能从而形成独具特色的地方风俗风情，"走出去"，能够作为孔村镇的文化名片，"迎进来"，能为到孔村镇经商、旅游、定居的宾客带来更为亲切而丰富的生活体验。在形成广泛群众基础的基础上，孔村镇的文化产业发展将获得更大的助力，从而将取得更好的成果。

第四节　基础设施不断完善

一、道路交通

孔村镇交通便利，105国道和济菏高速在镇域内贯穿南北，成为沟通孔村与济南市、济宁市、菏泽市等周边重要城市的交通干线。石姜线、陶李线等县道连接起李沟乡及镇域内各村，镇区道路与农村道路基本形成网络。在公路网络实现"村村通"的基础上，共有16个村实现了"户户通"，镇政府获得"济南市农村公路建设先进集体"称号。

孔村镇现有平阴至李沟、平阴至店子和平阴至齐集三条客运班线经过孔村，孔村镇客运站日接送旅客规模达到6000人次，极大地方便了全镇居民的出行。

二、水电燃气与通信

全镇已成功实施了"村村通自来水"工程，构筑了联村供水的大管网，全镇自来水"村村通"率达100%，"户户通"率达95%，全镇居民基本喝上了安全、卫生的自来水。

在镇区和工业区，已初步建成覆盖面积2.5平方千米，服务人口3万人的城市污水处理设施和配套污水管网。

全镇现年用电总量为近1万万千瓦时，有11万伏变电站和3万伏变电站两处，有7条主要输变线路：太平线、李沟线、南官线、孔工线、李工线、陈屯线、卧龙线。

镇域内有泰安至孝直天然气管道通过，在镇区北部已建成天然气阀室，可供镇区居民和工业区企业生活与生产使用。农村地区70%实现了沼气燃气的使用。

在广电通信方面，镇域已实现"村村通光缆，村村通有线电视信号"，已建成主干光缆线路110余千米，有线电视用户与互联网络用户人数不断增加。

第五节　公共服务不断提升

一、教育

孔村镇现有中学1所，小学5所，幼儿园7所，成人教育中心1处（见表）。全镇适龄儿童入学率达到100%，幼儿入园率达到98%，初中合格毕业率达到了99%以上。

表38　孔村镇教育发展概况

教育机构	数量	在校学生人数	教职工人数	备注
中学	1	1105	98	
小学	5	1816	162	
幼儿园	7	880	—	1所市级一类 1所市级二类
成人教育中心	1	—	—	年均培训 1000余人次

近年来，通过实施孔村中学综合改造加固工程、孔村中心社区幼儿园新建与二期扩建工程、李沟小学等五所学校卫生设施改建工程等，全镇学校硬件设施和办学条件得到极大的改善和加强，成功实现了资源整合和优化配置，为实现"办学条件优良，校园环境优美，教育管理优化，教师队伍优秀，教学质量优异"的孔村教育发展目标奠定了坚实的基础。

在外来人口子女入学的问题上，孔村教育坚持与本地学生一视同仁的原则，确保外来人口适龄儿童在孔村接受良好的教育。

二、医疗卫生

在医疗卫生机构方面，全镇有镇卫生院1所，村级卫生所20个。孔村卫生院始建于1958年，是一所集医疗、预防、保健为一体的综合性乡镇卫生院。2010年10月，原李沟卫生院合并到孔村卫生院，扩充了全院医疗力量。目前卫生院设有精神科、内科、中医科、妇产科、外科、五官科等临床科室，门诊输液大厅和病房整洁舒适，管理规范。各类中、西医医疗设备较为齐全。

精神科是孔村镇卫生院的特色专科。2011年11月，在卫生院的基础上加挂"平阴县精神卫生中心"，成为平阴县唯一的精神卫生专业机构。

全院共有在编职工100人，专业技术人员占95%，其中副高级职称3人，中级职称21人。辖区内20个村卫生所共有51名乡村医生，所有卫生所全部完成了标准化建设并实行了一体化管理。

三、文化科技

孔村镇文化广场和综合文化站位于孔村镇区，占地2.5公顷，服务设施齐全，集文艺演出、科技培训、书画阅览、科普教育、健身娱乐为一体，是全镇传播精神文明、丰富群众文化生活的重要阵地。全镇46个行政村均建有农家书屋和健身广场，文体设施齐全。依托完善的文化设施，城镇与农村居民自发组织起了丰富多彩的文化活动，在活跃村居、社区生活氛围，传播、继承和发扬孔村镇五项非物质文化遗产方面起到了重要的推动作用。

依托孔村镇成人教育中心和综合文化站，孔村镇开办农民夜校等一系列科技培训班，服务指导农业大户、科技示范户及农民专业合作组织，推广先进技术，培训新型农民，近5000名农民群众免费受训，其中80%为当地农民，15% 为企业职工，5% 为其他人群。培训内容包括农业科技（食用菌、蔬菜种植知识为主）、文化艺术、转移劳动力就业、安全生产、巾帼农民技能、残疾人康复等，深受广大农民欢迎，在全面提升群众农业科技创新与推广应用能力、依靠科技增产增收方面发挥了巨大作用。

第三章 发展突出问题

第一节 产业发展受到制约

一、第二产业中主导产业过度集中

根据多数地区和国家工业化进程的一般特征，经济结构丰富、产业链条完整，产品附加值不断提高，城镇化和工业化水平才会越高。通过对比2006—2011年孔村镇三次产业结构可以看出，2006年第二产业增加值占全镇地区生产总值的72%，2011年第二产业增加值占全镇地区生产总值的73%，第二产业结构比例没有明显变化，占据着绝对优势地位，主导孔村镇经济发展。孔村镇第二产业类型单一，以炭素行业为主，炭素行业税收占到全镇总税收的90%。过度依赖炭素行业的发展对孔村镇经济存在一定的风险，2011年由于全球经济不景气，炭素行业受到市场波动的影响，效益下滑，孔村镇第二产业增加值和地区生产总值明显下降，分别从2010年的213779万元和263338万元下降到2011年的143506万元和197869万元。

表39 2006—2011年期间产业结构

年份	国内生产总值（万元）	第一产业生产总值（万元）	第二产业生产总值（万元）	第三产业生产总值（万元）	三产比
2006	103622	18191	74280	11151	18：72：10
2007	125271	19946	92869	12456	16：74：10
2008	166412	23402	127782	15228	14：77：9
2009	209822	24857	167742	17223	12：80：8
2010	263338	30453	213779	19106	12：81：7
2011	197869	33535	143506	20828	17：73：10

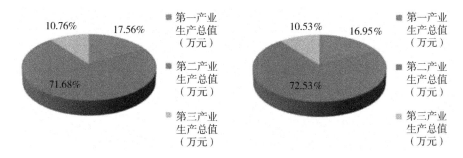

图 122　2006 和 2011 年孔村镇产业结构

工业比重过大也给孔村镇的环境污染问题带来了一定的压力，虽然目前孔村镇炭素产业和机械铸造产业均采取天然气及电，无煤渣产生，生产工艺上要求对工业用水进行重复利用，减少了废水排放量，但仍存在一定程度的工业废气和废渣，炭素产品在生产和运输过程中对周边区域造成了污染，影响了镇域环境。

二、农业产业化水平低

孔村镇特色农产品丰富，但由于缺乏龙头企业带动，品牌意识不强等原因，孔村镇农业规模经营仍处于起步阶段，农业产业化水平比较低。中药材种植方面，虽然有济南禾宝中药材有限公司作为龙头企业带动发展，但由于存在固定投入大，中药材种植周期长，贷款难度大等因素，中药材有限公司发展较为缓慢。合家乐蔬菜合作社正处于产业化、规模化的发展初期，部分村正初步尝试大棚种植，没有形成全面的农户参与，蔬菜整体目前规模化种植范围有限，尚未能发挥其引导作用。特色食用菌种植在国内市场份额较大，且具有一定的知名度，但受到种植条件的限制，仍以零散的农户种植和销售为主，没有形成具有标志性的食用菌包装、加工和物流企业。同时是食用菌还是精品蔬菜在农业经营方面都忽视了品牌化的建设，缺乏知名产品，同时也失去了品牌化对产品的重要作用，造成产品附加值不高，影响经济收益。

三、三产服务业滞后

孔村镇三产服务业无论在总量、业态、层次上都和经济发展现状不适应，三次产业在区域内的排名远远落后于孔村镇的经济水平排名。三产服务业以围绕居民生活消费的传统零散的餐饮、商贸服务为主。孔村镇商业网点包括企业、农民专业合作、个体工商户三种类型。其中企业 85 家，农民专业合作社 47 家，个体工商户 628 户。国有商业网点 7 家经营内容包括加油站、通信营业厅、保险服务点三类。孔村镇服务业中以个体商户为主，个体商户尽管数目多，但经营规模小，业态单一，基本以生活所需的小百货、小餐饮为主，多采用家庭式的门店作为主要的经营模式。缺乏一定规模和档次的零售、大型餐饮及住宿项目。孔村镇新兴的仓储物流、金融保险、房地产、文化娱乐等现代服务业发展滞后。

孔村镇现有服务业在空间分布上较为零散，形式上以马路经济为主要模式，孔村镇政府驻地及各个行政村都有商业网点存在。60% 以上商业网点分布在镇政府驻地的主要街道及周边铝厂路及 105 国道两侧的地区，镇政府驻地的核心区域内目前已有三条规模相对集中的商业街：府前街、振兴街、财源街。这三条街道无论是设计的街道规模，还是商业经营类型，基本大致相同。在孔村镇这样一个本地人口规模较少，外来人口的小城镇中，有限的消费需求难以同时促进几个商业街的升级发展，人口和服务业的配比及分布极为不协调。

孔村镇服务业在整体上存在层次欠丰富、空间较分散、规模提升困难的问题。城乡整体上没有形成城、镇、村三级联动的商业网络格局。物流、信息、金融等现代服务业发展滞后，在一定程度上已经制约了孔村镇的经济发展。

第二节　城镇建设分散

现孔村镇是由原来的孔村镇、李沟乡于 2005 年经过行政区划调整合并而成的。受行政区划的影响，原有乡镇中心分别位于镇域的东部李沟社区和目前的中心镇区。城镇发展、基础设施和公共服务设施配套围绕原镇中心而建，这在整体上决定了城镇建设的分散格局。

镇域行政村较多，在全镇 99.68 平方千米的土地上，分布了 46 个行政村、52 个自然村，由于历史发展的原因，镇域各行政村比较均匀地分布并独立地发展建设，使得各种建设用地布局也比较分散。行政村多且布局分散不利于土地资源的节约集约利用、基础和公共服务配套设施的集中布局。

目前孔村镇正在实施镇区周边部分村庄整体搬迁，在镇驻地中北部建设可容纳 3000 户居民的农村社区，以促进人口向镇区转移；而现有商服业主要集中在镇区南部，与人口集聚区存在一定距离，使得社区居民无法就近享受商服配套，同时新建中心社区与炭素工业园区邻近，存在制约工业园区发展空间和环境污染的影响。镇区功能分区与人口布局、产业发展存在一定的矛盾，是需要解决的重点问题。

第三节　城乡统筹任务重

按"百镇建设示范行动"要求，"推动产业向园区集中、人口向镇区集中、居住向社区集中"是行动的关键内容。规划期间，综合考虑人口集聚、土地集约、产业发展、公共服务等因素，统筹城乡发展，以此提高城镇综合承载能力，是孔村镇发展的重点。目前孔村镇城乡统筹发展方面存在以下问题。

第一，加快三农发展有一定难度。孔村镇农业户籍人口约 3.5 万人，占总人口的 83%，目前该镇农村环境面貌较差，配套相对不足；农民普遍没有流转承包地的想法，不积极不主动，土地流转动力不足，农村劳动力转移不充分，技术能力普遍较低；农业产业发展相对粗放，缺乏农业龙头企业和农业品牌，农业生产适度规模化经营不足。

第二，人口集聚难度较大。实施合村并点是促进人口向镇区集中的重要途径，全镇 46 个行政村，在已纳入土地整治的 7 个村庄中，目前只有晁峪和张山头实施了整村搬迁，这些村庄地处偏远山区，房屋较为破旧且多数无人居住，加之村民承包地多已流转，因而拆迁难度较小。而镇域其他村庄，不具备实施整村拆迁的条件。大规模推动合村并点具有一定难度，影响了人口向镇区集中的进程。

第三，公共服务配套欠缺。一方面，基础和公共服务配套设施多集中于镇驻地和大型社区，村庄和人口布局分散的现实情况制约了镇域农民享受均等化、高效优质的公共服务；另一方面，农民群众对改善公共服务的需求急剧增长，相关配套建设速度已明显跟不上需求增长的步伐。

第四，城乡统筹资金筹措困难。仅靠镇政府单薄的财政实力，难以支撑统筹城乡发展的巨大资金投入，如何借助市场力量、充分利用城乡要素资源自由流动来筹措资金，是发展即将面临的一个课题。

第四节　公共服务水平有待提升

一、基础设施

（一）道路交通

孔村镇域内道路普遍采取了较低的设计标准，交通流量容纳能力较小，随着家用机动车和农业机械化普及水平的陆续提高，镇域内机动车保有量不断上升，与有限的道路交通容纳能力之间的矛盾也日益突出。镇域内46个村的农村道路虽然已经全面实现了"村村通"，但道路等级普遍较低，路面狭窄，通过能力有限。还有30个行政村未实现"户户通"，部分偏远村落的居民仍存在不同程度的出行困难。孔村镇客运路线仅覆盖了镇区和一部分行政村，大部分行政村还没有开通"村村通"客运公交线路，农村居民出行主要依靠自备交通工具，还未能获得与城镇居民相同的公交客运服务。

（二）环境设施

镇区已初步建成污水处理设施和污水处理管网，但是在农村地区，养殖废水和生活污水依然以就地排放为主，在镇区和农村地区还存在较大的生产与生活污水处理水平的差距。

镇环卫部门目前有侧挂垃圾车2辆，压缩垃圾车2辆，洒水车1辆，抽粪车1辆，三轮车1辆，在镇区内设置了垃圾箱600个，公厕6处，基本上满足镇区环境卫生管理的需求。生活垃圾的处理以"村收集、镇运输"为主，由镇环卫从各村收集后运输至金沟、尹庄两处垃圾场进行简易堆放处置。这种处理方式易造成一定范围内一定程度的大气和地下水污染，并容易导致各类病原微生物的传播，与卫生填埋法等无害化处理方式相比还有一定的距离。

（三）农业水利设施

孔村镇地质地貌较为丰富，有山地、丘陵、平原、洼地四种地形；荒山坡、岭坡梯田、近山阶地、山前平地四个微地貌类型。在这种地形条件下，水库、灌渠等农田水利设施是开展农业生产的基本保障。然而，孔村镇的水利设施目前面临较大的问题，主要表现为：

第一，水利设施老化严重。孔村镇大部分水利设施修建时间较早，普遍有不同程度的老化、失修和损毁，病险情况严重，严重影响了农业生产，造成农产品产量下降。

第二，部分水利设施配套不全，无法充分实现其设计功能，在防旱抗涝工作中不能发挥其应有的作用。西部山区由于农田水利设施的配套不足，使其干旱缺水问题未能得到有效解决。

第三，水利工程运行管理维护不力，存在着重建轻管现象，影响水利基础设施的安全维护和良好运行。河道、渠道破坏严重，侵种和人为毁坏的现象屡禁不止，不少渠道成了工业垃圾、废砖瓦、秸秆及生活垃圾随意乱倒的垃圾坑，不仅成为灌区发生事故的根源，也给渠道行水安全带来隐患。

二、公共服务

（一）教育

孔村镇教育方面的问题主要表现在城镇和农村学校存在差距，表现在以下几个方面：

一是城镇和农村硬件设施配置不均衡。由于受到办学经费的制约，城镇和农村学校软硬件条件不均衡，主要体现在校舍、文体设施、现代化教学设施等硬件方面。部分农村小学的校舍使用年限较长，亟须改造升级；大部分农村学校受到经费制约，缺乏标准化的篮球场等体育设施、电脑教室、图书室、实验室等教室，这些硬件设施的缺乏严重影响了学校的授课质量。

二是教师年龄结构老化，师资力量不足。由于部分农村地区条件艰苦，教师不愿意到偏远的学校去任教，造成各村小学间教师分配不均，学校教师资源不足。

三是城镇和农村学校管理不均衡。由于孔村镇地域较广，学校分散，增加了中心校对各村校的管理辐射难度，造成城镇和农村学校管理质量不均衡。

（二）医疗卫生

孔村镇医疗卫生事业存在问题主要集中在以下三点：

一是专业技术人员严重不足。由于孔村镇卫生院与平阴县精神卫生防治中心属于一个机构两块牌子，其中精神卫生人员没有独立核编，仍然占用乡卫生人员编制，但负责全县精神卫生防治工作，造成专职从事乡卫生医疗工作的人员数量超编实际缺编现象比较严重，影响乡卫生工作的开展。另一方面，由于县财政能力有限经常存在财政拨款不到位的现象，医疗卫生改革后卫生院也基本没有自己可支配的收入来源，医护人员工资发放存在问题，经常只能发到70%左右，在一定程度上打击了员工的积极性，造成优秀医护工作者的流失。

二是孔村镇卫生院业务用房不足。由于县精神科占用将近一半的病房，且有部分病人需要较长期的康复治疗，当前门诊和住院病人数量都有所上升的情况下，医院现有3800平方米的面积和住房条件已经无法满足百姓就医需要。

三是镇卫生院医疗设备相对落后。医改过后除去负责基本医疗部分医院还需为百姓提供基本公共服务，包括为百姓进行健康检查和健康干预等，由于缺乏资金支持，医疗设备更新换代慢，现有医疗设备无法满足查体人数需求，在一定程度上制约了医院的发展。

四是缺乏资金支持。孔村卫生院虽为精神病专科医院，精神病专科的软件及硬件设施都急需加强，但没有专项资金支持，工作开展困难重重，限制了医疗工作的正常开展。

第四章　发展机遇和背景

一、城镇化和城乡统筹发展重要性日益凸显

2011年3月16日发布的"十二五"规划提出积极稳妥推进城镇化，构建以大城市为依托、以中小城市为重点，促进大中小城市和小城镇协调发展的格局。提出强化中小城市产业功能，增强小城镇公共服务和居住功能、稳步推进农业转移人口转为城镇居民、增强城镇综合承载能力等城镇化发展重点任务，为"十二五"期间城镇化和城乡统筹发展的指明了方向。

2012年11月，党的十八大报告再次强调了坚持走中国特色新型工业化、信息化、城镇化、农业现代化道路，将城镇化作为促进经济结构战略性调整和扩大内需的重点任务。同时提出加大统筹城乡发展力度，完善城乡发展一体化体制机制、促进城乡要素平等交换和公共资源均衡配置。

城镇化已经成为我国在新的发展时期的重点任务，是全面建设小康社会的重要内容和抓手。孔村镇应抓住这一历史机遇期，立足发展实际，结合城镇化和城乡发展一体化要求，做好相应的工作准备。

二、山东百镇建设示范镇行动

为了解决小城镇经济实力不强，产业层次偏低，承载能力较弱的问题，进一步发挥小城镇在联结城乡、辐射农村、扩大内需中的作用，山东省于2012年7月，在全省范围内选择100个镇，开展"百镇建设示范行动"，孔村镇位列其中。"百镇建设示范镇行动"以将示范镇培育为县域产业成长的新载体、创业发展的新平台、人才集聚的新高地为目标，推动产业向园区集中、人口向镇区集中、居住向社区集中、重点在强化规划引导、提出产业发展、完善基础设施、扶持就业创业、优化公共服务、健全体制机制等方面进行示范建设。为了保障"百镇建设示范行动"的顺利实施，省政府给予扩权强镇、保障发展用地、适度扩大财权、加大金融支持、加强资金扶持、培养引进人才和优化机构设置等等方面的政策支持。明确的发展目标、方向以及强有力的政策支持，为孔村镇经济社会发展注

入了强大发展动力。

三、济南市突破平阴发展思路

2012 年，济南市政府提出"三年突破平阴"的发展号召，以将平阴县建设为济南市次中心城市为目标，促进平阴县经济社会跨越式发展。针对突破平阴发展思路的落实工作，济南市政府提出了支持平阴加快发展的 5 大类、21 项具体措施，5 大类支持政策涵盖土地、财政金融、产业、交通、城镇建设及民生等方面。平阴县"十二五"规划中，孔村镇的重要任务是立足生态特色和产业优势，加大资源开发，壮大主导产业，打造特色经济主导型城镇。孔村镇作为平阴县第一经济强镇，对于提升全县经济实力具有重要作用，三年突破平阴的发展思路，为孔村镇发展指明了明确的方向和目标，并提供了有力的政策保障，孔村镇应发挥更大的示范和带动作用。

第五章　总体发展战略

第一节　战略思路

以城乡发展一体化为目标，以重点项目和新型社区建设为抓手，推动产业转型升级生态经济社会和谐发展的特色城镇。

一、促进产业转型升级

围绕农业特色产品，延长产业链，增加农产品附加值和农民收入；以工业园区为载体，促进主导产业技术创新、产品升级，培育符合地方发展实际的新兴产业；结合人口和村庄集聚，优化三产服务业布局，提升城镇服务业水平。

二、提升城镇服务功能

在城乡建设规划一体化的前提下，优化城镇功能区布局，规范开展城乡建设用地增减挂钩试点，稳妥推进村庄聚集和土地整治，完善农村社区的基础设施和公共服务配套，加大对保留村庄环境卫生、村庄内道路等农村基础设施的建设。

三、完善公共服务水平

完善农村公共服务体系和水平，促进公共资源均衡配置，缩小城乡公共服务差距。拓宽农业人口非农就业、努力增加农民收入、有序推进农业转移人口市民化，促进城乡发展一体化。

四、打造孔村特色品牌

充分发挥孔村镇历史文化深厚，生态环境良好的特点，融合孔村镇自然风光、儒家文化、宗教文化、特色产业等于一体，多角度、全方位打造孔村镇特色。

第二节　指　导　思　想

以邓小平理论，"三个代表"重要思想为指导，全面落实科学发展观，深入贯彻党的十八大关于"增强中小城市和小城镇产业发展、公共服务、吸纳就业、人口聚集功能。有序推进农业转移人口市民化，努力实现城镇基本公共服务常住人口全覆盖。加快完善城乡发展一体化体制机制，着力在城乡规划、基础设施、公共服务等方面推进一体化"等关于城镇化和城乡统筹发展的要求，以提高人民生活水平和增强经济发展实力为目标，以"百镇示范建设行动"为契机，以转变经济发展方式、提升城镇化质量和促进城乡发展一体化为重点，以重点项目建设为抓手，实施产业调整升级、居民收入增加、品牌特色增强、公共服务完善四大战略，积极推进新型城镇化，工业化和农业现代化，把孔村建设成为经济繁荣、生活富裕、环境优美和服务完善的新市镇。

第三节　战　略　定　位

根据指导思想，充分考虑孔村镇现状和发展需求，孔村镇的总体定位是济南市生态经济社会和谐发展的特色城镇。功能定位是：山东省新型城镇化建设示范镇、济南市特色产业乡镇，济南市生态文化特色乡镇。

一、山东省新型城镇化建设示范镇

抓住山东省"百镇建设示范行动"的机遇，充分发挥孔村镇经济实力较强、城镇建设经验丰富的优势，利用山东省"百镇建设示范行动"相关政策支持，坚持以人为本、科学发展的原则，积极促进人口向城镇集中、产业向园区集中和居住向社区集中，加强就业、社保、基础设施和公共服务等方面的配套，将孔村镇建设成为山东省新型城镇化建设示范镇。

二、济南市特色产业乡镇

以现有炭素产业为主导、"东菜、西菌、中药材"等富有特色的新型产业结构为基础，延伸农业产业链条，提高特色农产品附加值，加大宣传力度，打造特色农产品品牌；提高炭素产业和铸造业产品技术含量和产品档次，夯实产业实力，打造济南市特色产业乡镇。

三、济南市生态文化特色乡镇

加强西部山区生态环境保护和合理利用，深入发掘孔村镇历史文化资源，培育绿泽画院为龙头的文化创意产业，打造济南市生态文化特色乡镇。

第四节　战略目标

一、总体目标

以建设济南市生态经济社会和谐发展的特色城镇为目标，坚持走新型工业化、城镇化和农业现代化道路，着力打造山东省新型城镇化示范镇、济南市特色产业乡镇和生态文化特色乡镇，加大经济结构调整和转型力度，提高农业产业化水平，提升公共服务质量，促进城乡发展一体化，力争到 2020 年全面建成小康社会，把孔村镇建设成为产业繁荣、服务完善、生活富裕、生态文明、社会和谐的新市镇。

二、具体目标

表 40　孔村镇经济社会发展目标

类别	序号	指　标	2015 年	2020 年	指标属性
经济发展	1	地区生产总值年均增长率（%）	18	15	预期性
	2	城镇居民人均可支配收入年均增长率（%）	18	15	预期性
	3	农民人均纯收入年均增长率（%）	18	15	预期性
	4	规模以上工业产总值年均增长（%）	20	15	预期性
科技创新	5	全社会 R&D 投入占地区生产总值的比重（%）	>5	>8	预期性

类别	序号	指 标	2015	2020	指标属性
社会发展	6	常住人口总量（万人）	4.2	5	预期性
	7	人口自然增长率（‰）	8	7	约束性
	8	小学入学率、巩固率（%）	99.9	100	约束性
	9	高中阶段入学率（%）	90	100	约束性
	10	千人综合病床数（张）	3	5	约束性
	11	社区卫生服务覆盖率（%）	100	100	约束性
城乡建设管理	12	万元地区生产总值能耗达到市区要求			约束性
	13	城市空气质量达到市区要求			约束性
	14	大气污染物二氧化硫、氮氧化物排放总量达到市区要求			约束性
	15	农村生活污水处理率（%）	85	100	约束性
	16	城市绿化率（%）	40	42	约束性
	17	工业固体废物综合利用率（%）	99	100	约束性

第五节 战略重点

一、空间布局优化

以促进产业集聚、人口集聚和城镇服务功能相协调为原则，对城镇空间和镇区空间进行合理布局优化，为孔村镇发展创造良好的空间。

（一）镇村体系布局

根据村庄和镇中心区空间位置和人口分布情况，构建多层次镇村体系，确定村庄合并集聚的规模和发展方向，加强对人口集中的镇区和中心村的基础设施建设和公共服务资源配置，实现以工促农、以城带乡的新型城乡关系。

（二）镇区空间优化

以提升城镇规模和功能为宗旨，合理优化镇区商贸服务业、居民社区、工业园区、文化活动区的布局，有效配置各类公共服务资源，增强镇区的服务和承载能力，发挥镇区辐射和集聚效应。

二、产业转型升级

（一）提高农业产业化水平

以现有特色农产品为基础，积极培育新特色农产品，扩大农产品种植规模，扩大孔村特色农产品知名度，走规模经营和特色发展的道路；培育农产品加工龙头企业，延伸农业产业链条，提高农产品附加值和农业生产经营效益。

（二）巩固提升第二产业

发挥炭素企业和机械铸造企业的技术优势和规模优势，坚持自主创新，重点开发技术含量更高的深加工产品，推动炭素和机械铸造产业转型升级发展；加快建设炭素为主的物流配送网络，延伸物流、技术培训等生产性服务业，拓宽市场，完善产业体系。

（三）提升商贸服务业水平

结合镇域和镇区社区建设，以完善和提高商贸服务水平为目标，促进商贸服务业与人口集聚区相融合，打造城镇核心功能的商贸服务业集聚区，加强对零售业、餐饮业的服务监督和管理，提升商贸服务等生活性服务业水平。

三、城乡统筹发展

以城乡规划为龙头，按照因地制宜、集约节约的原则，结合城乡建设用地增减挂钩等土地综合整治工作，促进农村居民点集中和新型社区建设。

促进农村土地规模经营，扩大特色农产品市场规模和知名度，发展农产品深加工行业，增加农业生产收入；做好农业劳动力职业培训和就业支持工作，发挥以工促农的作用，促进农村劳动力转移，增加工资性收入。

加强对农村居民点垃圾、污水处理等基础设施建设，提高农村教育、医疗等基本公共服务质量，促进城乡发展一体化。

四、公共服务提升

以农民新型社区建设为契机，多渠道收集社情民意，重视由于村民生产生活条件变化而增加的教育、医疗、社会保障等公共服务需求，努力为社区居民提供优质、高效的公共服务。以促进城乡统筹，提高农民收入为目标，结合孔村镇产业发展需求，加大对职业培训、居住等基本生活保障等方面的支持，积极促进农村劳动力转移。

五、生态文化发展

深入发掘孔村镇历史、文化资源，加大对地方历史、文化资源保护的投入，扩大历史文化资源的宣传、传承；引入各类开发主体，对历史和文化资源进行保护性开发，加强历史文化资源的生命力；充分利用孔村镇的生态资源，培育文化创意产业。

第六章　空间布局优化

第一节　镇域总体布局

响应"三年突破平阴"重大战略，紧抓山东"百镇建设示范行动"契机，主动接受济南城市西进辐射，通过优化镇域空间布局，协调好城镇建设、产业发展和生态保护之间的关系，按照"产业向园区集中、人口向镇区集中、居住向社区集中"的思路，将镇域居住、产业、生态、基础设施等功能区域有机融合，形成现代农业、镇区居住、低碳工业和生态景观为相互依托、相得益彰的空间发展格局，科学谋划"一主一副、两轴两区"，统筹镇域空间发展。

一、一主一副

"一主"即中心镇区，包括镇驻地、新型工业园区、现代工业园区、孔村社区。定位为孔村镇的政治文化、产业发展、公共服务中心，建成以居住、产业集聚和公共服务为主要功能的现代化镇区。

"一副"即李沟片区，包括李沟老镇区。李沟老镇区产业、人口集中，定位为孔村镇副中心，以满足李沟片区居民生产和生活需求为主，完善教育、医疗、商贸服务和居住等主要功能，为周边区域提供必要的公共服务。

二、两轴

以镇域主要交通干道为轴线，吸引人流、物流、信息流，带动沿线区域发展，包括南北走向城镇发展轴、东西走向乡村发展轴。

城镇发展轴：以国道105线和济菏高速为轴线，纵贯镇域南北，向北对接平阴市区，中连中心镇区，南接济宁，是孔村重要的人口、产业集聚带，重点布局新型工业、商贸服务等产业，打造生态人居和谐社区，促进镇域人口向中心镇区集聚。

乡村发展轴：以青兰高速为轴线，横贯镇域东西，串联重点镇村，是孔村重要的农业发展、生态保护带，重点布局特色农业、旅游休闲等产业，以中心村为基础，建设功能齐全社区，促进周边人口集聚。

三、两区

以地形地貌特征为标准，将镇域划分为山地风貌区和平原风貌区，以此制定适宜的人口、资源、产业发展策略。

山地风貌区：涵盖镇域西部区域、中部部分区域，多为山地，适合发展特色农业、休闲旅游业，以生态涵养保护为主。

平原风貌区：涵盖镇域东部区域，包括中心镇区，多为平原，适合发展现代新型工业、商贸服务业，吸引镇域人口集中居住。

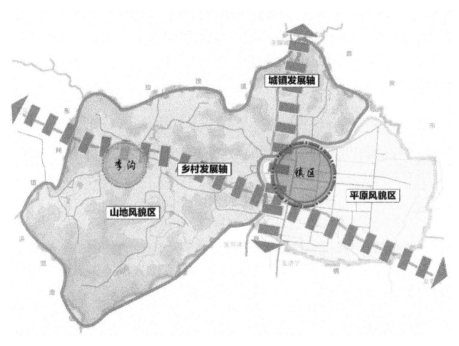

图 123　孔村镇总体规划图

第二节　功能分区

根据孔村镇城乡建设和自然资源现状，形成城镇综合服务区、工业集聚区、生态涵养保护区和农业发展区的功能区划格局。完善功能区基础设施和公共服务水平，促进产业集中、人口集中和设施集中，提高孔村镇空间利用效益。

一、城镇综合服务区

（一）范围和定位

城镇综合服务区包括镇驻地、孔村社区、李沟社区。其中镇驻地定位为集教育、文化、商贸服务和宜居等多功能为一体的核心区，为全镇政治文化、公共服务中心，是展示孔村城镇风貌、体现城镇形象和品位的重点区域。

城镇综合服务区应加大投入，完善商贸、居住、文教三个功能区框架，形成"六横六纵"的路网框架。

（二）重点任务

1. 提升商贸服务功能。重点扩大镇驻地南部现有商贸规模，规划主要商贸服务设施，使其成为全镇的商贸服务中心，为本镇及外来群众服务；沿主要道路布置沿街商业，方便居民使用；另结合居住区的建设，分别布置部分沿街商业服务设施。

2. 着力建设居住社区。重点将居住区相对集中紧凑布置，形成布局合理、设施配套、环境优美的现代化居住社区。规划形成孔村中心社区、李沟社区，用于安置村庄搬迁居民及外来迁入人口，引导人口集中居住。居住用地主要为现状村庄，通过旧村改造，完善服务设施，统一配套市政设施，转化为居住社区。

3. 加强文教设施建设。以镇中学为中心，将其建设成为科研教育、文化娱乐中心。对现有小学、幼儿园在原址进行改扩建，重点在规划社区配套相关文教设施。

4. 完善基础服务设施。加强对产业和人口密集地区的道路、给排水、排污、垃圾处理、停车场、公共卫生间等基础设施进行升级改造，提高设施承载能力。建设公共绿地、文化休闲广场、街边休闲公园等设施，为周边居民提供休闲空间。

二、工业集聚区

（一）范围和定位

工业集聚区是孔村镇最重要的产业和经济基础，是增强全镇经济实力的核心区域。依据孔村镇原有基础，优化工业结构，推进资源节约与合理高效利用，重点做强三个集聚区，一是以镇驻地北部炭素工业区为基础打造的 3000 亩新型工业园区，二是镇驻地西部 1500 亩现代工业园区（孵化园区），三是镇驻地南部物流园区。

新型工业园区位于镇驻地东北，与泰安肥城市相毗邻，涵盖东区工业一路、鞍子山路、东区工业三路和马山口路所围合的区域。

现代工业园区（孵化园区）位于镇驻地西南，紧靠 105 国道和济广高速，涵盖府前街、西环路、西区工业三路和 105 国道所围合的区域，属于远景工业用地。

物流园区在镇驻地南部，是依托济广高速所形成的以物流为主的区域。

（二）重点任务

1. 促进产业集聚。依托新型工业园区和孵化园区，重点布局炭素产业集群和高端高质项目落地，依托海川炭素、澳海炭素、汇发科技公司等骨干企业，加强协作配合，拉长产业链条，逐步形成纵贯南北、带动孔村经济跨越式发展的基础工业区。

2. 提高土地利用效率。对工业集聚区内闲置、低效工业用地进行盘活，转移转产或停产的低效益、高耗能、高污染企业，推进低效闲置工业用地腾退，为转型升级产业提供空间，提高土地利用效率。

3. 促进产业转型升级。鼓励技术改进，增强自主创新能力，着力调整优化产业结构，加快培育发展壮大生产性服务业，推进高耗能、高污染、低附加产业有序退出，发展具有独特竞争力的企业，积极促进现有产业转型升级。

4. 加强基础设施建设。着力解决工业集聚区内企业发展和生产过程中的交通、用水、用电等需求，不断提高工业集聚区承载能力，加强污染企业的环境基础设施建设，降低环境污染。

三、生态涵养保护区

（一）范围和定位

生态涵养保护区主要包括西部丘陵水土保持区、东部水源地保护区（一级水源地：孔子山村南；二级水源地：大荆山、李沟、后大峪）。

顺应自然地形地貌形态，充分利用镇域及周围的耕地、河道、水面等自然生态条件及其人文历史特色，融城镇于自然之中，保护现有优势生态资源，留存更多绿色空间。

（二）重点任务

提升发展西部旅游休闲观光农业区。按照在保护中发展、在发展中保护的原则，坚持生态改善和生态富民并重，严格空间资源开发管制，重点发展生态旅游、观光农业，逐步将打造成为生态休闲观光区。

1. 加强西部山区水土保持。西部山区地形地貌复杂，植被率普遍较低，地面径流较大，水土流失严重，属强度溶蚀侵蚀区。适宜走水源涵养、水土保持、以林致富之路。此区域应进一步搞好山区绿化，以水土保持林为主。

2. 强化东部水源地保护。东部平原属典型的"富水区"，是全镇人民尤其是西部山区人民生活、生产用水的重要来源，特设水源地保护区。一级水源位于孔子山村南，二级水源位于大荆山、李沟、后大峪。水源地保护范围内不得堆入废渣，不得设立化学物品仓库、堆或装卸垃圾、粪便和毒物的场地；不得使用工业废水或生活污水灌溉及持久性或剧毒农药，不得从事放牧等有可能污染该段水域水质的活动。

四、农业发展区

（一）范围和定位

农业发展区具有承担农业生产、解决农村人口就业和保护生态环境的功能，围绕食用菌、干鲜杂果、中药材等农业特色产业，打造"东菜西菌中药材"为地域特征的优质农产品供应基地。

（二）重点任务

1. 农业耕作区。主要分布在东南部沿汇平原和西北部山谷相对平坦及坡度小于25度的山坡地带，重点发展以小麦、玉米和小杂粮为主的传统种植业，发挥种、养殖大户、龙头企业的带动作用，促进土地流转和农业生产规模化经营。

2. 林果、食用菌种植区。镇域西部属于山坡丘陵地型，发展林果及食用菌种植。以李沟、高路桥为中心，发展以核桃为主的林果、干果生产基地。山谷内做山洞，生产灵芝、鸡腿菇、白平菇、白灵菇等，并适当发展食用菌加工业。

3. 畜牧养殖区。以孙庄、范皮为中心建立奶牛养殖。奶牛养殖采取集中饲养的方式，积极组织奶牛的发展和引进，大力发展畜牧养殖业以及与之相配套的农贸市场物流及其他第三产业，为农民增收注入了新的活力。在北茅峪、小峪、前大峪建立山鸡养殖区。

第三节　镇村体系建设

按照统筹规划、合理布局、适度超前的原则，以完善功能、突显特色、提升品位、优化环境、产业集聚、人口集中、辐射带动为目标，逐步形成以镇驻地为核心，社区、基层村有机结合、等级层次分明、规模序列完善、职能分工互补、空间布局合理的镇村体系，全面提高城镇发展质量。

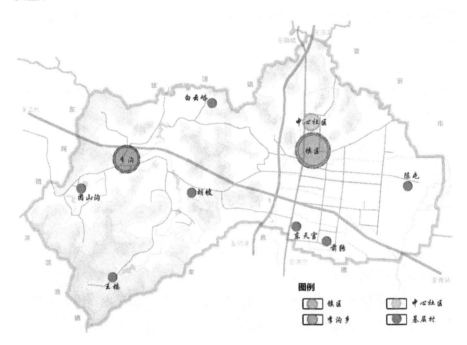

图 124　孔村镇镇村体系规划图

一、镇驻地

（一）范围和定位

镇驻地为孔村镇政府所在地，定位为集教育、文化、商贸服务和宜居等多功能为一体的核心区，为全镇政治文化、公共服务中心，同时也是全镇的工业产业集聚区。

（二）重点任务

积极拓展发展空间，不断优化内部结构，切实增强公共服务功能，发挥辐射带动作用，将其建设成为经济繁荣、布局合理、功能完善、社会文明、环境优美的新型城镇。围绕工业、商贸、居住、文体"四区"功能完善，加大投入和开发力度，填充城镇框架。加快重要街道、节点整治力度，规划建设垃圾处理场，加快实施炭素产业园污水处理设施及配套管网工程，全面提升城镇形象和品位，形成优美和谐的人居环境。

二、中心社区

（一）范围和定位

中心社区包括孔村中心社区和李沟社区。

孔村中心社区位于镇驻地的中北部，在孔子山与福禄山景观连接线以北，东至龙山路，西临105国道，北至昌盛街。李沟社区位于镇驻地西部，是原李沟乡政府所在地。

中心社区定位为基层村的商贸集散地和产品加工地，同时为基层村提供相应的公共服务。

（二）重点任务

以改善农村人居环境、提高农村住房质量、促进城乡一体化为目标，遵循"先行试点、梯次推进、重点突破"原则，用活用足政策，整合资金投入，重点打造"一主一辅"。"一主"，即孔村中心社区；"一辅"，即李沟社区。

围绕完善中心社区，整合利用炭素工业余热资源，推进城镇供热及天然气管道建设，进一步提高基础设施配套设施水平，提升承载发展的能力，增强城镇辐射带动作用。抓住城乡建设用地增减挂钩试点机遇，采取村并村、镇并村、旧村提升三种方式，加快建设农村新型社区建设，配套完善学校、卫生、文化、健身等公益设施和各类基础设施，打造服务功能完善、管理水平较高、生态环境优美的农村新型社区。

三、基层村

（一）范围和定位

通过归并现有行政村，重点建设团山沟、王楼、胡坡、白云峪、东天宫、前转、陈屯等7个基层村。将基层村定位为直接从事农业生产的基地，立足本村资源,发挥生产基地主导作用,发展优势产业,增加农民收入。

(二)重点任务

稳步推进基层村建设,有序推进自然村落归并、宅基地置换,整合土地资源。对现有村庄实施迁并整合,应本着大村并小村,强村并弱村,交通便捷的村并交通不便的村,合并临近村的原则,对现有人口在300人以下的规模过小、发展条件过差的村庄,原则上予以适当撤并,逐步引导人口向其他人口规模较大、发展条件较好的中心村或基层村转移,形成具有一定规模、配套相对完善的新农村居民点。

对位于自然保护区核心区、水源保护区内的村庄,逐步进行搬迁撤并,向其他位于区外的村庄转移;对周围存在潜在地质灾害威胁或位于山区、受地形条件限制难以发展的村庄,进行搬迁撤并,逐步向其他用地和交通条件较好的村庄转移;对位于城镇建设用地范围内的村庄,纳入城镇建设范围,统筹规划,统一安置;对与区域大型交通设施、基础设施建设项目存在矛盾和影响的村庄,应服从区域基础设施的统一规划,逐步搬迁,向其他与区域基础设施建设无冲突的村庄转移。

基层村作为农村服务中心,重点加强中小学教育、文化、农村卫生站等基本公共服务设施和小型商贸服务设施的建设,增强人口集聚能力,引导周边农村的居民逐步向中心村集中居住。

第四节　城镇空间挖潜

一、积极争取新增建设用地指标

孔村镇应抓住发展机遇,主动协调,积极向上级政府争取本级新增建设用地指标;同时争取更多项目列入省级或市级重点项目,使用国家建设用地指标。

充分用好山东省为支持"百镇建设示范行动",在"十二五"期间每年为示范镇安排的50亩新增建设用地计划指标。

二、规范开展城乡建设用地增减挂钩工作

统筹规划镇村土地利用,稳妥推进村庄土地整治。在尊重农民意愿、确保农民利益的前提下,依据土地利用总体规划,规范开展城乡建设用地

增减挂钩试点，设立增减挂钩项目区，先易后难，通过建新、拆旧和土地复垦，实现项目区内建设用地总量不增加，耕地面积不减少，用地布局更加合理，以期有效保护耕地资源，节约集约利用建设用地，推动城乡用地科学合理布局。

通过开展城乡建设用地增减挂钩，减少农村建设用地，将其整理复垦成耕地或其他农用地，同时为城镇建设、工商业发展置换用地空间，最终引导农民向中心城区、农村新社区集中居住，促进农民生产和生活方式向城镇化方式转变，提高就业层次和生活品质，改善人居环境。特别要加大对"散、乱、小"自然村的撤并、空心村的整治力度。

三、多途径拓展城镇用地空间

探索集约用地的方式和途径，鼓励开展"旧房、旧村、旧厂"改造和荒地、废弃地开发利用，支持迁村并点、土地整理。通过土地综合整治节余的用地指标和存量用地挖潜节约的土地，要优先保障示范镇重大项目和城镇发展建设需要。进一步探索农村集体建设用地使用权流转方式，确保集体建设用地依法规范流转。

第七章　产业转型升级

第一节　总体思路

一、总体定位

以"一产特色化、二产专业化、三产多元化"作为发展方向，深化发展第一产业，突出特色农业，增加农民收入；促进炭素行业改造升级，丰富炭素产品类型，提升炭素产品科技含量，积极发展机械铸造产业，确保第二产业稳定发展；充分发掘和利用人口向城镇集中后所带来的服务需求，围绕打造生活服务核心区积极培育生活性服务业，结合城镇现有特色农业和文化旅游资源，培育新兴产业，促进城镇第三产业的多元化，进一步优化孔村镇产业经济结构。

二、发展思路

围绕促进产业结构调整转型，构建现代产业体系为目标，依托现有产业基础和资源潜力，坚持"以工强镇、以农稳镇、以商富镇"的指导思想，逐步促进"一产特色化、二产专业化、三产多元化"的发展道路。积极开展多渠道、多形式的招商引资（技术、资金、智力），吸引相关企业及个人以各种方式积极投资孔村镇。

重点围绕炭素产业、特色农业、文化旅游开展定向招商、以商引商工作，逐步形成以炭素产业基地为主导，以机械铸造为补充，以现代服务业为支撑，以设施农业和生态观光农业为基础，三次产业协调发展的新格局，为孔村镇的经济社会协调发展提供持续动力。

（一）第一产业特色化

按照"以农稳镇"的指导思想，在现有的"东菜、西菌、中药材"的农业布局基础上，继续加强农产品生产的规模化和产业化，积极培育和引进涉农龙头企业，不断完善"企业＋基地＋农户"的基本生产模式，提高农产品商品化、规模化，实现农业增效和农民增收的双赢目标。整合现有同时整合精品蔬菜、中药材基地和文化旅游资源，积极挖掘文化旅游及养生类的项目潜力，大力发展设施农业，有序发展观光、采摘农业，促进农业精细化和产业化。

（二）第二产业专业化

按照"以工强镇"的指导思想，坚持"二产集群化和园区化"的发展模式和"综合化、科技化"的发展方向，继续做大、做强炭素产业，延伸产业链条，提高行业抵御市场风险的能力，建成全国最大的综合性炭素制品基地，围绕主导产业积极发展配套服务业逐步推动制造业与现代服务业的融合；依托现有的龙头企业，积极引进新技术和培育新产品形成生产、研发、综合性的产业基地。同时，不断优化工业发展空间布局，以工业园区化为发展格局，实现土地、基础设施等利用效益最大化目标。

（三）第三产业多元化

按照"以商富镇"的指导思想，逐步推动孔村镇服务业发展的多元化。继续围绕二产积极发展相关的配套生产服务业，充分利用正在开工建设的大型社区项目形成服务业的核心区域，有效的促成第三产业升级。以增强孔村集聚人才、资金等发展要素的能力为目标，不断丰富生活性服务业的业态和层次，完善城镇功能促进城镇三次产业的多元化。

第二节　积极促进农业产业化

一、发展目标

有序推动农用地流转，促进特色农业发展，实现规模经营积极引导精品蔬菜、中药材、菌类种植走规模化、品牌化的发展道路，全力打造现代特色农业示范园区建设。

二、发展思路

农业发展思路继续坚持走特色化的道路，围绕促进农业增效、增加农民收入为目的，在现有基础上主抓蔬菜、中药材、菌类三大特色产业，建设现代农业示范园区，促进农业产业现代化。

三、实施重点

（一）强化政府的引导作用

首先根据现有的特色农业分布，客观分析周边区域性中心城市的市场需求特点，孔村镇财政、农业、科技等相关的行政主管部门和技术支撑部门，要严格按照绿色优质的标准为东部蔬菜大棚、中部中药材示范基地、西部菌类基地加强对设施农业发展的技术援助和方向引导，要在品种选择、种植、管理等方面给予充分支持，同时对农产品的销售组织成立专业合作社提供相应的政策扶持及引导。不断强化区块化的农业的优势，逐步实现特色农业的规模化生产。

（二）积极推进农民市民化的进程

在农业示范园建设中有序推进农民市民化的进程。通过农民向镇区集中居住和土地承包经营权流转，促进农民到市民的身份转变，推进孔村镇城市化进程，以实现耕地资源、建设用地资源、劳动力资源、市场需求与公共服务资源的有效集聚。同时，有效缓解经济发展与保护土地资源的矛盾，走出一条保障发展、保护耕地的"双赢"之路。切实加快孔村镇的农业现代化进程。具体工作中做好以下几点：①基础调研工作，了解居民意愿；②由农业、国土、规划、建设、财政、科技、相关各村负责人组成领导小组；③积极争取国家、省、市等各级政府对农业发展在资金、政策等方面的扶持，探讨统筹城乡土地资源的制度改革；④按照政府主导、公司运作、农民参与的方式，逐步推动农业园区化建设，并引导现有条件成熟的地方扩大园区规模；⑤探索构建多层次的居民权益保障体系，妥善解决农民离开耕地后的安置补偿、养老、就业、医疗问题。

（三）促进规模经营

探索土地流转新模式，鼓励耕地向大户集中，推动农业规模经营。促进土地流转方面建议采取以下措施：成立镇、村两级土地流转协会等组织机构；土地流转相关信息的收集、分析和公开；土地流转条件的制定与调整；在有条件的村开展土地流转试点，然后逐步推广。

引导农业实现产业化经营，在现有基础上进一步推广合作模式，建议从科学种植、规范管理、品牌建设的角度，按照政府引导、农民主体、合作共管的模式，引导分散种植模式向规模化种植模式转变，并通过专业化、规模化提高种植效率、效益和产品品质，扩大生产规模进一步引入农产品加工企业打造完善的生产、加工及销售体系，在资金、土地、重点品种、适应能力、研发推广、龙头企业发展等方面，给予政策上的大力支持。

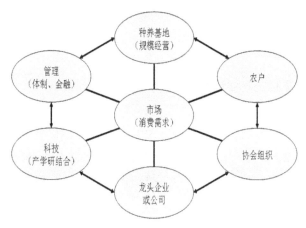

图125 农业产业化经营示意图

（四）加强技术指导

充分发挥农业合作社的优势，加强农业技术服务体系建设，实施科技入户工程，搞好农民培训，提高科技含量。同科研机构合作，积极聘请专家指导，增强农户对科技种植的意识，逐步引导更多的农户致富。切实有效地把科学技术运用到从选种、种植、生长、收割、到加工、储藏、运输等各个环节中。依靠科学技术来增加种植产量和产品附加值，实现科学增收。

同时在开拓市场方面，建议尝试成立专业的信息部门，通过组织干部、社员走访各个销售环节，及时准确地把握产品的市场走向。同时组织并培训专业的经纪人积极拓宽销售渠道建立销售网点。

（五）完善基础设施，培育龙头企业

加强农业基础设施配套以高标准农田为标尺，首先为农业发展奠定稳定的硬件基础。通过加大扶持力度，改善农业现有的基础设施和装备，加快农业机械化进程，提高农业生产效率。加强监督有效落实扶持农业的各项政策措施，改善农业生态环境。

以现有的三大特色产业为抓手，利用特色产业优势和影响力，充分发挥招商潜力，通过定向招商、以商引商的方式，加快培育出特色产业发展所需的龙头企业。同时积极推进农产品的深加工延长其产业链，推进农业观光等项目的开发，积极发挖掘潜在龙头企业。

第三节　提升传统优势产业

一、发展目标

积极促进炭素产业结构调整升级，逐步延伸产业链条，丰富炭素产品类型，提升产业技术含量，提高行业抗风险能力。进一步巩固提升机械铸造业发展水平，逐步调整炭素一业独大的工业格局，积极引进新兴产业和新能源项目的落户，进一步促进产业结构优化，进一步推进产业结构优化，引导孔村工业发展走"专业化、科技化、服务化"的道路。

二、发展思路

炭素产业未来发展以加快节能减排，改造提升产业档次，延伸产业链条为主，充分发挥炭素企业的市场优势，加大资源整合力度，推进企业资源共享、集团发展，努力建设成全国最大的综合性炭素制品基地。

三、实施重点

炭素产业是孔村镇的主导产业，应按照科学发展观引导其走新型工业化发展道路。针对产业现状积极研发，丰富产品档次，延伸产业链条链，进一步优化产业集群，提高炭素产业发展水平。同时大力扶持机械铸造等优势产业，努力构建多元的支柱产业体系，推动孔村镇产业结构优化。

（一）全力打造全国炭素制品基地

准确把握国家产业政策和行业市场需求变化，淘汰落后产能，通过人才、税收、信贷、土地等优惠政策支持提高产品档次和水平；重点支持澳海、海川等大型骨干企业，发挥行业带头作用，引进现代新技术，积极引导产品研发，新增钢用炭电极、空气渗透性低炭素阳极、高石墨含量炭素阳极和光伏产业用石墨等产品，衍生产业链，持续扩大生产规模，积极推进同周边的协作配套，进一步扩大市场份额，为打造综合性炭素制品基地奠定基础。

（二）发挥行业协会作用促进企业发展

成立炭素行业协会，充分发挥行业协会的优势及时掌握行业市场动态，同时增强区域内重点企业间的沟通和协助，降低内部企业间因竞争引起的不良影响，引导企业在产品类型、销售渠道、研发方向上形成一定的差异性降低区域内企业间的竞争矛盾，同时丰富了产品类型逐渐形成综合性的炭素制品基地。通过加强企业联合，推动产业区域发展：运用土地、税收等杠杆调节，引导大中型企业强强联合，在市场开拓、产品类型、产品档次等方面形成错位发展，在区域内形成上下一体、紧密结合的产业链条，强调区域发展与行业发展相结合，区域结构、产业结构、企业结构、产品结构逐步优化。

第四节　发展三产服务业

一、发展目标

通过围绕第二产业积极发展相关的配套产业，鼓励并扶持发展商贸、仓储、物流等现代服务业，推动当地的产业结构优化，提升经济结构的稳定性。

二、发展思路

生产性服务业：围绕炭素产业，加快相关的配套服务业发展，重点加快培育和引进物流配送行业的龙头企业。

生活性服务业：以在建的大型社区为中心，重点发展商贸服务、餐饮住宿服务、信息服务、文化休闲等产业，完善镇区服务功能，提高集聚发展要素能力。

三、实施重点

（一）为促进服务业发展完善政策保障

制定服务业发展规划，根据现有城镇服务业发展水平，确定规划期服务业发展重点方向、空间布局和任务。成立服务业发展领导小组，围绕规划落实，完善工作机制；分解目标，落实责任，健全监督检查机制，确保重点领域发展、重大项目建设和重点工作推动等落到实处。清理各种政策制约和体制障碍，合理放宽市场准入条件和范围，积极鼓励和引导民营经济兴办服务企业；积极推进公共服务市场化改革，引入竞争机制，逐步放开经营市场和作业市场，落实服务业企业用地、用水、用气、用电价格政策；进一步规范和降低各种审批登记、监督检查等行政性收费标准，实现服务业投资和经营主体多元化；积极探索对重大服务业项目和重点企业投资补助、财政贴息、以奖代补等有效措施。

（二）推动服务性行业建设

根据生产及生活需求，培育及扶持具有增长潜力的服务性行业，努力提升服务业发展活力，扩大就业空间。

1. 现代物流业。孔村镇重点围绕炭素行业推进现代物流业的发展，实现改善现有运输能力和培育新兴产业的目标。重点任务是结合现有物流行业发展现状，尽快完善物流园区发展规划，积极争取上级政策，解决物流园区建设的土地、资金等问题，努力发展集信息、运输、仓储、库存、装卸搬运、包装等环节于一体的物流业。

2. 商贸和餐饮服务业。优化商贸服务和餐饮服务业空间布局，围绕居民集中居住区和人流物流集中的镇区发展商贸服务和餐饮服务业。加强对新型农村社区和镇区的商贸和餐饮服务集中区的管理，提升居住和商贸核心区餐饮服务业水平；借助生态农业、休闲农业发展的契机，适时推进农家乐、采摘园等配套商贸服务设施建设，丰富商贸和餐饮服务业类型。

3. 社区服务业。针对孔村镇大力开展新型农村社区建设，促进农村人口向社区、镇区集聚的契机，以满足居民多样化的需求、建立完善社会服务体系为目标，推进社区服务业发展。加强社区服务业的基础设施建设，拓宽服务领域，鼓励全社会共同兴办社区服务业；鼓励发展社区医疗、养老、家政和物业管理；规范房地产中介、农业经纪人等营销中介；加强法律咨询、心理咨询、信息咨询等。

4. 其他生产性服务业。建设服务业中金融保险业，发展多种形式的融资担保机构，帮助企业落实银行贷款。金融服务业以及中介服务上，鼓励现有企业开发新的业务品种和拓展服务范围，同时，积极引进其他银行、证券、信托、保险、基金等各类机构，吸纳更多有条件的金融机构入驻孔村，适时引导多渠道资本注入，促进一、二、三产业健康发展。建立和完善信用联保制度，逐步实现信贷合理化加强社会诚信体系建设。加大对中小型企业的信贷扶持力度，为中小企业贷款融资创造条件，推进农村信用社改革，加快金融服务业发展。大力发展财务类、法律类、咨询类、市场交易类等服务业，逐步形成种类齐全、分布广泛、功能完善的现代中介服务体系。培育保险市场，调整优化险种结构，完善保险市场体系。

（三）打造诚信的投资环境

大力建设诚信孔村，解除金融机构后顾之忧，优化本地投资环境；加快推进服务业标准化建设，在现代物流、旅游、餐饮、住宿、交通运输、社区服务等产业树立标杆；积极开展企业履行服务承诺、服务规范、服务公约活动；规范市场竞争，强化社会诚信，加强服务业市场监管，培育高素质、讲诚信的市场主体为经济吸引资金、人才等生产要素提供一个诚信的城镇环境。

（四）积极培育文化创意产业

重视绿泽画院作为文化创意产业的对外沟通与交流作用，充分发挥绿泽画院的带动作用，以文化交流为突破口增强孔村的知名度和对外来人口的吸引力；培育好文化创意产业发展的氛围，将绿泽画院与孔村镇自然特色生态景观资源巧妙结合，改善绿泽画院周边基础设施和服务设施，创造良好的创作环境，为画院拓宽经营品种和类别提供支持；积极促进镇中小学、成人教育中心乃至与绿泽画院的沟通和交流，发掘培养艺术人才和爱好者，为文化创意产业的发展壮大储备人力资源。

第八章　提升公共服务水平

第一节　完善基础设施建设

基础设施建设是孔村镇社会经济发展的重要保障，是全镇实现全面建成小康社会建设目标的重要内容，应当本着"统一规划、民生优先、城乡均等、适度超前"的原则，加强基础设施建设力度，完善镇域内道路交通网络，增建环境基础设施，改善农田水利，丰富文体娱乐设施，推进城镇景观建设，为包括企业在内的全镇居民创造良好的生产和生活条件。

一、道路交通

利用建设青兰高速、泰聊铁路的契机，完善镇域内道路交通网络，增强与济南、平阴、肥城、东平、东阿等周边城市的联系，改善镇区内交通出行条件。优先建设工业园区道路网络，重点改善偏远农村基本路网。

规划至 2015 年，完成以济荷高速、青兰高速、泰聊铁路为第一级，以 105 国道、石姜线为第二级，以孔南路、安晁路、孔后路、太前路等镇区主干路和中心村干道为第三级的三级路网系统。

在现有长途汽车站的基础上进行扩建，开通面向镇区和中心村的"村村通"公交线路，并设置公共停车场，以方便全镇居民出行。

规划至 2020 年，在三级路网系统的基础上，完成包括行政村和自然村在内的所有基层农村改造，以农村干道为第四级，形成全镇四级路网系统。

面向全部行政村开通"村村通"公交线路，形成全镇域内无缝接驳的公交网络，使全部居民实现通过自驾、公交或混合出行方式，两小时内达到济南市中心城区。

二、环境设施

规划至 2015 年，在镇区及炭素产业园区现有污水处理设施及管网的基础上，继续配套完善，使全镇工业园区与居住社区全部实现污水管网覆盖。镇区工业污水与生活污水实现95%的达标排放率目标。全部中心村建设小型分散式污水处理设施，中心村生活污水实现80%的处理率目标。全镇实现生活垃圾村收集、镇清运的环卫管理体系，中心村实现城镇化环卫管理模式，保持村容村貌美观整洁，垃圾无害化处理率实现100%。医疗及其他特殊垃圾按照济南市统一安排进行处置。

规划至2020年，全部行政村主要社区配套小型分散式污水处理设施，全部农村生活污水实现80%的处理率目标。全部行政村实现城镇化环卫管理模式，全镇实行生活垃圾分类回收处置制度，实现镇域生活垃圾无害化处理率100%目标。

三、农田水利设施

加强对镇域内各类水库、排灌机井的常态化维护和管理，持续投入资金对病险水库、塘坝进行整修加固，为农业生产提供有力保障。对北部和东部中低产田实施土壤改良。

四、文化场所与文体设施

孔村拥有悠久的历史文化背景，众多的名胜古迹和丰富的非物质文化遗产项目也是全镇开展全民文化活动、开发文化产业的坚实保障。孔子山孔庙和"杏坛遗响"碑遗址、廉氏故居古建筑群、白云峪天主教堂等场所是镇域内重要的文化古迹，应进行系统性的开发与管理。规划至2015年，全镇基本完成名胜古迹修复并向公众开放。依托孔村综合文化站和文化广场，王皮戏、太平拳、平阴渔鼓、孔村舞狮等非物质文化遗产项目建成专用学习继承的活动场所，实现常态化的活动展示。全部中心村建成农家书屋和健身广场等多种形式的群众文化活动设施和场所。规划至2020年，全部行政村配套专用群众文化活动场所；孔村王皮戏、平阴渔鼓、太平拳、孔村舞师等非遗项目成为在济南具有一定影响力、在全镇具有深厚群众基础的全民文化活动项目。

五、城镇生态景观建设

孔村镇的生态景观建设分为三个部分，第一是镇区的现代城镇风貌景观区，第二是各行政村的乡村生态景观圈，第三是西部山区自然景观带。

规划至2015年，镇区景观风貌带、西部山区自然景观带完成基本建设，镇区中心社区人均公共绿地面积达到8m²/人，全镇镇域绿化率达到40%。景观风格以中国式为主，重点体现孔村中药材种植基地的特色。

规划至2020年，全部行政村实现乡村生态景观风貌改造维护，镇区现代城镇风貌景观区发展成熟，成为平阴县乃至济南市具有特色的小城镇。全镇绿化率达到50%。

图126　孔村镇生态空间布局图

第二节　提升公共服务水平

一、教育

继续推进全镇基础教育发展，持续改善幼儿园、中小学办学条件，推进职业教育和成人教育同步发展。规划至2015年，全面完成孔村中学、孔村小学、李沟小学、孔村中心幼儿园改扩建工程，主要教学楼及配套的运动、生活设施全部完工，建设标准适当超前，确保校舍安全。规划至2020年，全面完成所有村级幼儿园、中小学的撤并整改，以城乡统一标准完成硬件设施建设改造，教师在中心校和基层校之间的交流实现常态化，实现基础教育资源在城乡间的均等配置。在部分行政村采取公办、民办公助等较为灵活的方式新建、扩建学前教育机构，使学前教育及九年制义务教育全面覆盖全镇适龄少年儿童。

依托平阴县乃至济南市的优质教学资源，加强孔村镇中小学教师培训和交流，提高基层教师业务和管理水平，缩小镇中小学教育质量上的差距。依托平阴县职业教育中心、孔村镇成人教育中心，常态化开设各类中短期成人职业教育培训课程，重点面向炭素产业、中药材种植和菌菇种植业，提高企业员工和本镇农民的劳动职业技能，满足产业发展需求。

二、医疗卫生

重新规划建设平阴县精神病院，在上级卫生部门的支持下，将精神病院与孔村镇卫生院相独立，配备各自专门的行政编制与硬件资源。按照《二级精神病医院基本标准》对新平阴县精神病院进行规划、选址、建设，同时增配专门的精神病院医护人员，确保能够以更加完备的设施、周到的服务为全县相关疾病患者提供治疗和康复服务。

在现有孔村镇卫生院的基础上，继续加大对医疗卫生设备的投入，升级、新增现代化临床诊断、治疗设备。在完善基本医疗门诊和临床治疗服务的基础上，增强中医治疗糖尿病、心脑血管疾病、针灸推拿等特色科室建设，扩大其在孔村镇和平阴县周边地区的影响力。完善加强医护人员培训、学习和交流，促进医护人员业务水平和服务能力持续提高。

加强村卫生所建设，根据村庄体系布局要求，在行政村设立村卫生所，完善卫生所所需的医疗设备和医护人员配置。增大投入，为基层医护人员提供充分的培训、交流机会，促进基层医疗水平的稳步提高。推进卫生所与镇卫生院的医疗信息联网工程，重点加强村卫生所在农村社区保健、防疫、康复、养老方面的功能，在减轻镇卫生院日常工作负担的同时，使基层农村居民享受到更好的医疗卫生服务。

第三节　近期重点建设项目

表 41　近期重点建设项目

类别	项目名称	截止建设时间	项目情况及规模
道路与交通设施	海川街东段	2014 年	长 1.6 千米
	工业北路	2013 年	长 2.6 千米
	富民路	2014 年	长 1.2 千米
	东环路	2015 年	长 2.5 千米
	工业中路	2015 年	长 1.5 千米
	南环路	2015 年	长 4 千米
	铝厂街西段	2014 年	长 0.7 千米
	农村公路改造	2015 年	长约 90 千米
	海川街西段	2014 年	长约 0.8 千米
	海川街东山路改造	2013 年	长约 0.2 千米
	科技一街	2013 年	长约 0.7 千米
	科技二街	2013 年	长约 0.6 千米
	孔山路	2014 年	长约 0.7 千米
公共设施与商业设施	文化休闲轴	2015 年	建筑面积 2.8 万平方米
	便民服务大厅	2013 年	
	孔村中心小学	2013 年	占地 0.6 公顷
	孔庙	2014 年	占地 0.6 公顷
	商业街整治	2014 年	长约 0.7 千米
	卫生院扩建	2015 年	占地 2.5 公顷
	中心社区商业	2014 年	建筑面积 4.8 万平方米
居住	孔子山北社区	2015 年	占地 27.6 公顷
	龙山路社区改建与整治	2015 年	占地 35 公顷
	中心社区南区	2014 年	建筑面积 14 万平方米
	李沟社区北区－北毛峪片区	2013 年	建筑面积 3.2 万平方米
	孔子山社区改建与整治	2015 年	占地 12.2 公顷

类别	项目名称	截止建设时间	项目情况及规模
公用设施	污水处理厂	2015 年	日处理规模 600 吨，占地 15 亩
	自来水厂扩建	2014 年	占地 1.6 公顷
	天然气管道铺设	2015 年	长 12 千米
	孵化园基础设施	2015 年	配套给排水，供电，绿化 4000 平方米
	垃圾转运站	2013 年	基础设施配套及设备安装，占地 1500 平方米
	消防站	2013 年	办公楼 2700 平方米
绿地与广场	汇河、玉带河	2015 年	疏挖及桥涵闸改建
	福禄山绿化工程		
	孔子山绿化工程		
	干渠绿化整治工程		
产业发展	农业科技示范园	2013 年	道路硬化，供电、供水、排水系统一套、景观绿化 80000 平方米
	仓储物流园区	2015 年	占地 14.03 公顷，总投资约 1.3 亿元

第九章　规划实施保障措施

第一节　体制机制创新

根据经济总量和管理任务，科学设置机构和人员编制，提高行政办事效率。非垂直部门事项属地管理，其所属人员工资、办公经费由镇财政列支，并对其享受管理权限，对垂直部门，实行双重管理、属地考核制度，主要领导任免需征求孔村镇党委意见。

适应快速城镇建设的需要，适度放宽孔村镇政府城镇管理权限，镇域范围内环境卫生、市政公用设施的管理及相关的违章、违规案件的处罚，授权沟孔村镇管理部门统一行使，适度放宽孔村镇政府对城镇建设管理的审批权。

加快转变政府职能，发挥政府宏观调控和政策导向作用，加强公共管理机制体制创新，完善公共管理体系和政策，建立社会参与和监督机制。拓宽公众参与渠道，通过法定的程序使公众能够参与和监督规划的实施。同时，推动企业、民间开展全方位、多层次的联合协作，引导社会力量参与规划实施和区域经济合作。

第二节　组织保障措施

加强对孔村镇发展的指导和协调。山东省、市、县各级政府要切实加强组织领导，完善规划实施措施，要依据本规划要求给予孔村镇发展项目、资金和土地指标等方面的支持，并严格按照规划确定的功能定位、空间布局和发展重点，选择和安排建设项目。

建立完善市、县两级建设、规划、环保、交通等部门专业人才到孔村镇挂职制度，三年完成孔村镇党委政府相关人员的城市建设管理培训。

建立健全规划实施监督和评估机制。监督和评估规划的实施和落实情况，协调推进并保障本规划的贯彻落实。在规划实施过程中，适时组织开展对规划实施情况的评估，并根据评估结果决定实施对规划的调整和修编。

第三节　财政扶持政策

积极争取上级财政扶持政策，按照分税制的原则和要求，改革完善城镇财政体制，建立与孔村镇经济社会发展相适应的财政保障机制。将地方小税种全部留在孔村镇，延伸到镇的城市基础设施由市、县负责统一规划、建设。镇域内土地出让金的净收益、城镇基础设施配套费、社会抚养费等非税收入全部返还镇。全面建立向"三农"倾斜的公共财政分配体制，社会事业等方面的财政增量支出用于农村的比重不低于70%。

第四节　资金保障措施

深化投融资体制改革，加快建立政府引导、市场运作、社会参与的多元化投融资保障机制。探索建立资金回流农村的硬性约束机制，逐步构建商业金融、合作金融和小额贷款组织互为补充的农村金融体系。积极培育小额信贷组织，鼓励发展信用贷款和联保贷款，让更多的金融资金用于农村和城镇发展。

第五节　人力资源措施

实行按居住地登记户口的户籍管理制度。凡在孔村镇内拥有合法固定住所、稳定职业或生活来源等具备落户条件的本地农民和外来人员，可申报城镇居民户口。新落户人员在就学、就业、兵役、社会保障等方面，按有关规定享受城镇居民的权利和义务。

政府加大力度改善外来务工人员的就业条件和生存状态，严格监督企业用工制度，促使企业努力改善外来务工人员的劳动就业环境和生活待遇，为在孔村镇达到一定居住时间，有合法收入来源的外来人员提供安居乐业的条件；另一方面，大力宣传构建文明社区、和谐社区的理念，增进本地居民与外来务工人员的融合发展。

及时了解本地企业用工技术要求和务工人员技能水平，加强企业和本地成人教育学校的合作，针对企业要求和农民就业意愿开展针对性的技能培训，提供务工人员技能水平，促进企业劳动力素质提高。

根据产业发展要求，灵活采取技术顾问、长期聘用等形式引进中高级技术人才，在社会保障、子女教育、户籍管理、住房等方面给予引进人才优惠和支持政策。为孔村镇炭素和机械铸造等相关配套产业发展做好人力资源和智力储备。

第六节 加强公众参与

一是广泛宣传动员。加强孔村镇示范镇建设宣传，让全社会了解、关心和参与各项工作，提高全镇干部群众示范镇建设的积极性、能动性和创造性。

二是加强社会监督。充分利用各类新闻和媒体，及时公布示范镇建设的主要内容，定期发布建设进度和考核报告，全面接受社会监督。发挥典型指引、示范带动作用，及时总结推广孔村镇示范镇建设的经验，形成全社会关心支持孔村镇发展的良好氛围。